高等教育名校建设工程特色专业规划教材

移动通信系统与终端维修

主　编　许书君　裴国华

副主编　韩　梅　孟建明

参　编　莫晓菲　杜玉红　郭建勤　王　芳

中国水利水电出版社
www.waterpub.com.cn

内 容 提 要

本书内容分为上篇理论篇和下篇实践篇。理论篇共六个项目，以项目为引导，介绍了移动通信系统的整体认识，移动通信技术的关键技术，实现两部 GSM 手机、CDMA 手机和 3G 手机之间通信的理论知识，第四代移动通信系统（4G）的网络结构、关键技术，以及第五代移动通信系统（5G）的前沿技术。实践篇共三个项目，选取了有代表性的机型，对它们的性能特点、结构组成及信号流程进行了介绍；并且对维修时经常使用的检修方法和技巧做了详细介绍；分析了手机各单元电路，对其故障规律和检修要点进行了总结；并按故障类别进行了故障原因分析，同时精选了维修实例供大家参考。

本书是一本专为高职高专电子信息专业和通信技术专业师生编写的移动通信系统与终端（手机）维修课程教材。

图书在版编目（C I P）数据

移动通信系统与终端维修 / 许书君，裴国华主编
. -- 北京 ：中国水利水电出版社，2015.10（2021.1 重印）
高等教育名校建设工程特色专业规划教材
ISBN 978-7-5170-3720-0

Ⅰ. ①移… Ⅱ. ①许… ②裴… Ⅲ. ①移动通信—通
信系统—高等职业教育—教材②移动通信—终端设备—维
修—高等职业教育—教材 Ⅳ. ①TN929.5

中国版本图书馆CIP数据核字(2015)第241369号

策划编辑：石永峰　　　责任编辑：李 炎　　　封面设计：李 佳

书　名	高等教育名校建设工程特色专业规划教材 **移动通信系统与终端维修**
作　者	主 编　许书君　裴国华 副主编　韩 梅　孟建明
出版发行	中国水利水电出版社 （北京市海淀区玉渊潭南路 1 号 D 座　100038） 网址：www.waterpub.com.cn E-mail: mchannel@263.net（万水） 　　　　sales@waterpub.com.cn 电话：（010）68367658（发行部）、82562819（万水）
经　售	北京科水图书销售中心（零售） 电话：（010）88383994、63202643、68545874 全国各地新华书店和相关出版物销售网点
排　版	北京万水电子信息有限公司
印　刷	北京建宏印刷有限公司
规　格	184mm×260mm　16 开本　17 印张　426 千字
版　次	2015 年 10 月第 1 版　2021 年 1 月第 2 次印刷
印　数	2001—2500 册
定　价	34.00 元

前　言

我国是世界上通信系统终端的最大消费市场，通信系统终端（手机）的发展日新月异，而这些设备的售后技术服务在我国一直非常薄弱，所以移动通信系统与终端维修技术存在强大的需求潜力。为跟随快速发展的通信技术及满足社会需要，特组织编写本教材。本书是一本专为高职高专电子信息专业和通信技术专业师生编写的移动通信系统与终端（手机）维修课程教材。

本教材的特色是：

1. 以项目为载体，以提高学生技能为导向，较为全面、系统地阐述了现代移动通信的基本原理、基本技术和当今广泛使用的各类移动通信系统，较为充分地反映了当代移动通信的新技术。

2. 本着"强化能力，立足应用"的原则，以"必需、够用"为度，注重实用性，将理论与维修实践相结合，注重使读者掌握手机维修的特点和规律性的东西，注重检修方法与检修技巧的介绍。

3. 注重实训内容的操作性，将维修技能以项目实训的方式呈现，增强学生的实操技能，使读者能够看得懂、用得上，快速成为手机的维修高手。

全书内容分为上篇理论篇和下篇实践篇。理论篇共分六个项目，以项目为引导，介绍了移动通信系统的整体认识、移动通信技术的关键技术、实现两部 GSM 手机、CDMA 手机和 3G 手机之间通信的理论知识，第四代移动通信系统（4G）的网络结构、关键技术，以及第五代移动通信系统（5G）的前沿技术。实践篇共分三个项目，选取了有代表性的机型，对它们的性能特点、结构组成及信号流程进行了介绍；并且对维修时经常使用的检修方法和技巧做了详细介绍；分析了手机各单元电路，对其故障规律和检修要点进行了总结；并按故障类别进行了故障原因分析，同时精选了维修实例供大家参考。

本书由许书君、裴国华任主编，并负责全书的统稿、修改、定稿工作，韩梅、孟建明任副主编。主要编写人员分工如下：许书君编写了项目一、二、九，裴国华编写了项目六，韩梅编写了项目三、五，孟建明编写了项目七、八，莫晓菲编写了项目四。参与本书编写工作的还有杜玉红、郭建勤、王芳等。本书在编写过程中得到了山东电子职业技术学院有关院系领导、山东华辰泰尔信息科技股份有限公司 MSAP 产品经理裴国华及其他领导的大力支持，在此表示感谢！

本书可作为高职院校和大中专院校电子、通信等专业的教材，也可作为手机生产、维修人员的培训和自学教材。

由于作者的水平有限，书中难免会出现一些错误和不妥之处，敬请读者不吝指正。

编　者

2015 年 7 月

目　　录

下篇 实践篇

上篇　理论篇

项目一　移动通信系统整体认识

　　近年来，我国移动通信产业呈现出令人瞩目的成绩，已成为我国国民经济中的主要组成部分，发展态势相对于以往有所提高，加之随着我国市场经济发展，国民对移动通信的需求日益强烈、要求日益提高，这都为我国移动通信的发展带来了庞大的潜在客户。我国移动通信的发展取向与其技术特点具有紧密关联，例如个性化及移动化，且随移动网络的覆盖面不断拓宽，个人平摊成本得以降低，确切而言，从我国市场经济健康发展角度来看，为移动通信持久发展提供了良好机遇。

　　本章首先介绍了世界移动通信的发展历程，并介绍了我国移动通信的发展状况和无线电频谱管理与使用；对移动通信系统的组成部分如移动台（MS）、基站（BS）、移动交换中心（MSC）等进行了详细说明；对移动通信系统的特点及分类进行了简单介绍；最后介绍了移动通信的三种工作方式：单工、半双工和全双工。

- 移动通信发展历程
- 移动通信系统组成
- 移动通信的主要特点和分类
- 移动通信的工作方式

任务 1.1　认识移动通信

　　移动通信诞生于 19 世纪末 20 年代初，至今已有 100 多年的历史。早在 1897 年，意大利科学家马可尼在赫兹实验的基础上，成功地用无线电进行了消息传输，证明了在移动体之间以无线方式进行通信的可行性，这是移动通信的开端。但在此后相当长的一段时间内，移动通信的发展一直相当缓慢，只在短波的几个频段上开发出了专用移动通信系统，而且一般只用于军队和政府部门。但是近十几年来，移动通信的发展极为迅速，已广泛应用于国民经济的各个部门和人民生活的各个领域之中。

1.1.1　移动通信的发展历程

　　世界范围的移动通信，从其诞生之日至今大致经历了如下几个发展阶段。

　　第一阶段：从 20 世纪 20 年代至 40 年代。为早期发展阶段，在这期间主要使用短波频段进行通信。1934 年，美国已有 100 多个城市警察局采用调幅（AM）制式的移动通信系统。其代表是美国底特律市警察使用的车载无线电系统，该系统工作频率是 2MHz，到 20 世纪 40 年代提高到 30MHz～40MHz。

第二阶段：从 20 世纪 40 年代中期至 60 年代初期。公用移动通信业务问世，移动通信所使用的频率开始向更高的频段发展。1946 年，根据美国联邦通信委员会（FCC）的计划，贝尔系统在圣路易斯城建立了世界上第一个公用汽车电话网，称为"城市系统"，提出了最早的蜂窝概念。该系统采用调频（FM）制式，单工工作方式，使用频率为 150MHz 和 450MHz，信道间隔为 50kHz～120kHz，采用大区制，可用的信道数很少，网络容量也较小。

第三阶段：从 20 世纪 60 年代中期至 70 年代中期。自动拨号移动电话产生，全双工工作方式，使用频段为 150MHz 及 450MHz，信道间隔已缩小为 20kHz～30kHz，采用大区制，信道数目增加。其代表是美国提出的移动电话系统（IMTS），同时德国也推出了具有相同技术水平的 B 网。这一阶段是移动通信改进与完善的阶段。

第四阶段：从 20 世纪 70 年代中期至 80 年代中期。这是移动通信蓬勃发展的时期。在这时期微型计算机技术和移动通信技术相结合，以频率复用、多信道共用技术和全自动接入公共电话网的小区制、大容量蜂窝式移动通信系统正式向公众开放并被广泛使用。这一时期的典型代表有：

1969 年美国贝尔实验室开始研究的 AMPS（Advanced Mobile Phone Service）系统，1979 年在芝加哥城组网试用，1983 年投入使用。其工作频段为 800MHz，频率间隔为 30kHz。

1982 年英国开始研究的 TACS（Total Access Communications System），属于 AMPS 系统的改进。其使用频段为 900MHz，信道间隔为 25kHz。

1970 年由丹麦、芬兰、挪威、瑞典开始研究的 NMT（Nordic Mobile Telephone）系统，1981 年研制成功并投入使用，其工作频率为 450MHz，信道间隔为 25kHz。

这一时期，蜂窝网虽已正式开放供公众使用，但这只是第一代蜂窝网（1G），只提供模拟电话移动通信业务，而且系统容量小，保密性差，不能全球漫游。

第五阶段：从 20 世纪 80 年代中期至 90 年代中期。这是数字移动通信发展和成熟时期，泛欧数字蜂窝网正式向公众开放使用。采用时分多址（TDMA）技术，信道带宽 200kHz，使用新的 900MHz 频谱，称之为 GSM（全球移动通信）系统，属于第二代蜂窝网（2G），这是具有现代网络特征的第一个全球数字移动通信系统。在这期间，欧、美、日等国都着手开发数字蜂窝系统，其中以有希望成为世界性数字蜂窝移动电话系统技术标准的 GSM 系统为代表。GSM 不但能克服第一代蜂窝网的弱点，还能提供语音、数字多种业务服务，并与综合业务数字网（ISDN）兼容。

与 GSM 系统几乎同时诞生的另一项移动通信新成果，即美国的码分多址（CDMA）通信系统，与 GSM 相比具有许多优点，如每个信道所容纳的用户数比 GSM 多，大大提高了频谱利用率，抗干扰能力增强，采用软切换的方式大大提高了语音传输质量等。

第六阶段：20 世纪 90 年代末至 21 世纪初：一个世界性的标准——未来公用陆地移动电话系统（Future Public Land Mobile Telephone System，FPLMTS）诞生，1995 年，更名为国际移动通信 2000（IMT-2000）。IMT-2000 支持的网络被称为第三代移动通信系统，简称为 3G。3G 能够处理图像、音乐、视频流等多种媒体形式，提供包括网页浏览、电话会议、电子商务等多种信息服务。

移动通信系统经历了从第一代到第三代的发展，各个系统的应用范围及特点如表 1-1 所示。

表 1-1 三代移动通信的比较

第一代	第二代	第三代
模拟（蜂窝）	数字（双频）	多频
仅限语音通信	语音和数据通信	当前通信业务和一些新业务
主要用于户外覆盖	户内/户外覆盖	无缝全球漫游
固定电话网的补充	与固定电话网相互补充	结合数据网、因特网等，作为信息通信技术的重要方式
以企业用户为中心	企事业和消费者	通信用户
主要接入技术：FDMA	主要接入技术：TDMA	主要接入技术：CDMA
主要标准：TACS、AMPS 等	主要标准：GSM 等	主要标准：WCDMA、TD-SCDMA、CDMA2000 等

近期，第四代移动通信系统（4G）的研究已经开始。4G 需要达到 2Mbps～20Mbps 的数据传输速率，比第三代标准具有更多的优越性。

1.1.2 我国移动通信的发展状况

我国的移动通信虽然起步比较晚，但是发展很快。自 1987 年中国电信开始开办移动电话业务以来，到 1993 年用户增长速度均在 200%以上，从 1994 年移动用户规模超过百万大关，移动电话用户数每年几乎比前一年翻一番。1997 年 7 月 17 日，我国移动电话第 1000 万个用户在江苏南京诞生，标志着我国移动通信又上了一个台阶，意味着中国移动电话用不到 10 年时间所发展的用户数超过了固定电话 110 年的发展历程。2001 年 8 月，中国的移动通信用户数超过了 1.2 亿，已超过美国跃居为世界第一位；2003 年 6 月底移动通信用户总数达到 2.3447 亿户；目前我国移动通信用户总数达到 6.3 亿，移动通信网络的增长速度也名列世界第一位。我国移动通信发展史上几个标志性的事件如下：

（1）1987 年 11 月 18 日，第一个 TACS 模拟蜂窝移动电话系统在广东省建成并投入商用。

（2）1994 年 7 月 19 日，中国第二家经营电信基本业务和增值业务的全国性国有大型电信企业——中国联合通信有限公司（简称中国联通）成立。

（3）1994 年 12 月底，广东首先开通了 GSM 数字移动电话网。

（4）1995 年 4 月，中国移动在全国 15 个省市相继建网，GSM 数字移动电话网正式开通。

（5）1998 年，北京电信长城 CDMA 数字移动蜂窝网商用试验网——133 网，在北京、上海、广州、西安投入试验。2000 年开始大规模使用。

（6）1999 年 10 月底，在芬兰赫尔辛基举行的国际电联（ITU）会议上，由信息产业部电信科学技术研究院代表中国提出的 TD-SCDMA 标准提案被国际电联采纳为世界第三代移动通信（3G）无线接口技术规范建议之一。

（7）2008 年 7 月 20 日，中国移动接手的 TD-SCDMA 网（奥运 3G 服务标准）正式向公众试商用放号，标志着我国 3G 服务即将展开。

1.1.3 无线电频谱管理与使用

无线电频谱是宝贵的、有限的自然资源。无线电业务的发展取决于如何充分、高效、合理地分配和使用这有限的频谱资源，因此，国际上以及各个国家都设有权威的机构来加强无线电频谱资源的管理。我们知道电磁波的频谱是相当宽的，包括红外线、可见光、X 射线，作为无线电通信使用的频段，国际电联（ITU）定义为在 3000GHz 以下的电磁频谱。而使用 3000GHz 以上的电磁频谱的电信系统也在研究探索之中，它最大不能超过可见光的范围。

从频谱的规划与管理出发，对无线电频谱按业务进行频段和频率的划分，也就是说规定某一频段供一种或多种地面或空间业务在规定的条件下使用，这项工作称为频率划分。划分移动通信的工作频段时主要考虑以下几个因素：

（1）电波传播特性，天线尺寸。

（2）环境噪声和干扰的影响。

（3）服务区范围、地形和障碍物尺寸以及对建筑物的穿透特性。

（4）设备小型化。

由于受到频率划分使用政策、技术和可使用的无线电设备等方面的限制，ITU 当前只划分了 9kHz～400GHz 的范围，将其划分为 12 个频段，而通常的无线电通信只使用其中的第 4～11 个频段，表 1-2 给出了这几个常用频段的有关传播方式、应用范围及带宽。

表 1-2　无线电波传播特点与应用

序号	频段名称	频段范围（含上限）	传播方式	传播距离	可用带宽	应用
4	甚低频（VLF）	3kHz～30kHz	波导	数千公里	很有限	世界范围长距离无线电导航
5	低频（LF）	30kHz～300kHz	地波空间波	数千公里	很有限	长距离无线电导航战略通信
6	中频（MF）	300kHz～3000kHz	地波空间波	几千公里	适中	中等距离点到点广播和水上移动
7	高频（HF）	3MHz～30MHz	空间波	几千公里	宽	长和短距离点到点全球广播，移动
8	甚高频（VHF）	30MHz～300MHz	空间波对流层散射绕射	几百公里以内	很宽	短和中距离点到点移动，LAN，声音和视频广播，个人通信
9	特高频（UHF）	300MHz～3000MHz	空间波对流层散射绕射视距	100 公里以内	很宽	短距离点到点移动，LAN；声音和视频广播；个人通信；卫星通信
10	超高频（SHF）	3GHz～30GHz	视距	30公里左右	很宽	短距离点到点移动，LAN；声音和视频广播；个人通信；卫星通信
11	极高频（EHF）	30GHz～300GHz	视距	20公里	很宽	短距离点到点移动，LAN；个人通信；卫星通信

受电波传播特性的限制，大家所熟知的蜂窝移动通信业务一般只能工作在 3GHz 以下。我国无线电管理委员会分配给数字蜂窝移动通信系统的频率如表 1-3 所示。

目前，大容量移动通信系统均使用 800MHz 频段（CDMA），900MHz 频段（AMPS、TACS、GSM），并开始使用 1800MHz 频段（GSM1800/DCS1800），该频段用于微蜂窝（Microcell）系统。

表 1-3　数字蜂窝移动通信的频率分配

系统或使用部门	上行频率/MHz	下行频率/MHz
中国联通 CDMA	825～835	870～880
中国移动 GSM900	890～909	935～954
中国联通 GSM900	909～915	954～960
中国移动 DCS1800	1710～1720	1805～1815
中国联通 DCS1800	1745～1755	1840～1850

1992 年召开的世界无线电管理大会为移动通信业务和卫星移动业务划分和扩展了新的工作频段，以支持个人通信的发展。频谱分配如下：

1. 未来移动通信频段

（1）1710MHz～2690MHz 在世界范围内灵活应用，鼓励移动业务使用。

（2）1885MHz～2025MHz 和 2110MHz～2200MHz 用于 IMT-2000 系统和发展世界范围的移动通信。

2. 卫星移动通信频段

（1）137MHz～138MHz、400.15MHz～401MHz（下行）和 148MHz～149.9MHz（上行）用于小低轨道卫星移动业务。

（2）1610MHz～1626.5MHz（上行）和 2483.5MHz～2500MHz（下行）用于大低轨道卫星移动业务。

（3）1980MHz～2010MHz（上行）和 2170MHz～2200MHz（下行）用于第三代移动通信的卫星业务。

随着移动通信业务和容量的不断增加，世界无线电管理大会也将对频谱分配增加新的频率资源，以降低系统间干扰，极大地加快移动通信技术发展的进程。

任务 1.2　了解移动通信系统组成

移动通信一般由移动台（MS）、基站（BS）、移动交换中心（MSC）及与公用交换电话网（PSTN）相连的中继线等单元组成。图 1-1 给出了组成一个移动通信系统的最基本的结构。各单元的定义如表 1-4 所示。

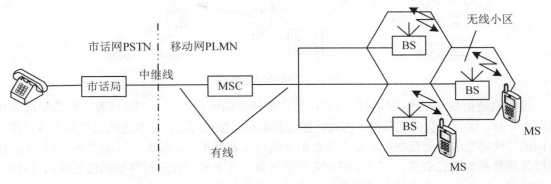

图 1-1　移动通信系统组成

表1-4　移动通信系统中各组成部分的定义

名称	定义
移动台（MS）	移动通信系统中所使用的终端，可以是便携式手持设备，也可以是安装在移动车辆上的设备，具有收、发信机和天馈线设备
基站（BS）	指在一定的无线电覆盖区中，通过移动通信交换中心，与移动电话终端之间进行信息传递的无线电收发电台。设有收、发信机和架在塔上的发射、接收天线等设备
移动交换中心（MSC）	是在大范围服务区中协调通信的交换中心，在移动通信中，MSC将基站和移动台连到公用交换电话网上，也称为移动电话交换局
无线小区	每个基站所覆盖范围的小块地理区域，其大小主要由发射功率和基站天线的高度决定
中继线	连接用户交换机、集团电话（含具有交换功能的电话连接器）、无线寻呼台、移动电话交换机等与市话交换机的电话线路

任务 1.3　了解移动通信系统的主要特点和分类

1.3.1　移动通信系统的主要特点

与其他通信方式相比，移动通信具有以下几个基本特点：

1. 具有多径衰落现象

在移动通信系统中，天线的电波传播因受到高大建筑物的反射、绕射以及电离层的散射，造成移动台所收到的信号是从多路径来的电波的叠加，将这种现象称为多径效应。其原理如图1-2所示。

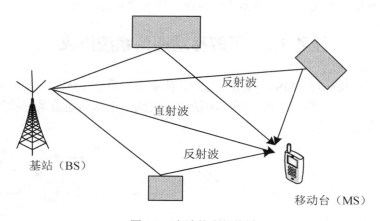

图 1-2　电波的多径传播

这些电波虽然从一个天线辐射出来，但由于传播的途径不同，到达接收点时的幅度和相位都不一样，而移动台又在移动，因此，移动台在不同位置时，其接收到的信号的合成强度是不同的。这将造成移动台在行进途中接收信号的电平起伏不定，最大的可相差30dB以上，这种现象通常称为多径衰落，它严重影响着通信质量。这就要求在进行移动通信系统的设计时，必须具有一定的抗衰落的能力和设备。

2. 强干扰条件下工作

移动通信的质量不仅取决于设备本身的性能，而且与外界的干扰和噪声有关。由于移动台经常处于运动状态中，外界环境变化很大，移动台很可能进入强干扰区进行通信。另外，接收机附近的发射机对通信质量的影响也很严重。归纳起来有互调干扰、邻道干扰、同频干扰、多址干扰以及"远近效应"（近基站强信号会压制远基站弱信号的现象）。因此，在系统设计时，应根据不同的外界环境、不同的干扰形式，采取不同的抗干扰措施。

3. 具有多普勒效应

当运动的物体达到一定速度时，固定点接收到的载波频率将随运动速度的不同产生不同的频移，通常把这种现象称为多普勒效应，如图 1-3 所示。其频移值 f_d 与移动台运动速度 v、工作频率 f（或波长 λ）及电波到达角 θ 有关，即

$$f_d = \frac{v}{\lambda}\cos\theta$$

从上式可以看出，移动速度越快，入射角越小，则多普勒效应就越严重，此时只有采用锁相技术才能接收到信号，所以移动通信设备都采用了锁相技术。

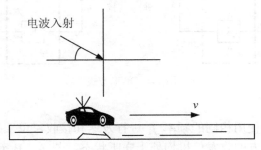

电波入射

v

图 1-3　多普勒频移效应

4. 具有跟踪交换技术

由于移动台具有时常运动的特点，为了实现实时可靠的通信，移动通信系统必须采用跟踪交换技术，如位置登记、频道切换及漫游访问等跟踪交换技术。

5. 阴影效应

当移动台进入某些特定区域时，会因电波被吸收或被反射而接收不到信息，这一区域称为阴影区（盲区）。在网络规划、设置基站时必须给予充分的考虑。

6. 对设备要求严格

移动通信的设备要求体积小、重量轻、省电、携带方便、操作简单、可靠耐用和维护方便，还应保证在振动、冲击、高低温环境变化等恶劣条件下能够正常工作。

1.3.2　移动通信系统的分类

移动通信的分类有很多种，按照不同的方式有不同的分类方法：

（1）按服务对象可分为公用移动通信和专用移动通信。

（2）按用途和区域可分为海上、空中和陆地卫星移动系统。

（3）按多址方式可分为频分多址（FDMA）、时分多址（TDMA）和码分多址（CDMA）。

（4）按工作方式可分为单工、半双工和全双工。

（5）按覆盖范围可分为广域网和局域网。

（6）按业务类型可分为电话网、数据网和综合业务网。

（7）按信号形式可分为模拟网和数字网。

任务 1.4 掌握移动通信系统的工作方式

移动通信按其通话状态和频率使用方法可分为三种工作方式：单工、半双工和全双工。

1. 单工方式

单工方式是指通信双方电台交替地进行收信和发信，通常用于点到点通信，其原理如图 1-4 所示。根据收、发频率的异同，单工又可分为同频单工和异频单工。

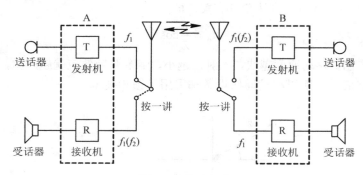

图 1-4 单工方式

（1）同频单工

同频是指通信的双方使用相同的频率 f_1 进行发送和接收，单工是指通信双方的操作采用"按—讲"方式。平时双方的收发信机均处于守听状态。若 A、B 双方的其中一方 A 需要发话时，则按下 A 方的"按—讲"开关，这时关闭了 A 方的接收机，打开了发射机。由于 B 方一直处于守听状态，则可实现 A 到 B 的通话。反之，也能实现由 B 到 A 的通话。在这种方式中，同一电台的发射和接收是交替工作的，收发信机使用同一副天线。

该方式的优点：移动台之间可直接通信，无需基站转发；设备简单，功耗小。缺点：操作不便，如配合不当，会出现通话断续；若在同一地区有多个电台使用相同频率，会造成严重干扰。

（2）异频单工

异频单工是指通信的双方使用两个不同的频率 f_1 和 f_2 分别进行发送和接收，而操作上仍采用"按—讲"方式。如 A 方用频率 f_1 发射，B 方也用频率 f_1 接收；而 B 方用频率 f_2 发射，A 方也用频率 f_2 接收，这样就可实现双方通话。由于收发采用不同的频率，同一部电台的收发信机可以交替工作，也可以同时工作，只用"按—讲"开关来控制发射。其优缺点与同频单工类似。

2. 全双工方式

全双工通信是指通信双方收发信机均可同时工作，在任一方发话的同时，也能收到对方的话音，无需"按—讲"开关，类似于平时打市话，使用自然，操作方便。其原理如图 1-5 所示。

采用该方式通信时，不论是否发话，发射机总是工作的，故电能消耗大。这对以电池为能源的移动台是很不利的。为缓解这个问题，在某些系统中，移动台的发射机仅在发话时才工作，而移动台接收机总是工作的，通常称这种系统为准双工系统，它可以和双工系统兼容。目前，这种工作方式在移动通信系统中获得了广泛的应用。

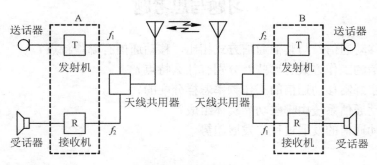

图 1-5 双工方式

3．半双工方式

半双工是指通信的双方有一方（如 A 方）采用双工方式，使用两个不同的频率 f_1 和 f_2，既能发射信号又能接收信号；而另一方（B 方）则采用双频单工方式，采用"按－讲"方式，收发信机交替工作。其原理如图 1-6 所示。

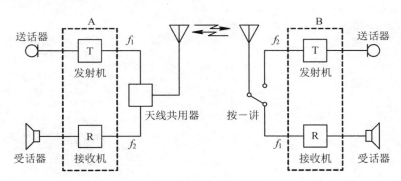

图 1-6 半双工方式

这种方式中，移动台不需要天线共用器，适合电池容量比较小的设备。与同频单工比较，该方式的优点：设备简单、功耗小，克服了通话断续的现象，但按键操作仍不大方便。目前的集群移动通信系统大多采用半双工方式工作。

项目小结

1．移动通信的发展和现状。

2．移动通信一般由移动台（MS）、基站（BS）、移动交换中心（MSC）及与公用交换电话网（PSTN）相连的中继线等单元组成。

3．移动通信的特点：多径衰落、强干扰条件下工作、多普勒效应、具有跟踪、交换技术及阴影效应等。

4．移动通信的工作方式，按照通话状态和频率使用方法将移动通信分为三种工作方式：单工制、半双工制和双工制。

5．无线电频谱的管理与使用，包括无线电频段的划分与利用以及我国对数字蜂窝移动通信系统频率的分配情况。

习题与思考题

1. 什么是移动通信？与其他通信方式相比，移动通信有哪些特点？
2. 移动通信的工作方式有哪些？分别有什么特点？
3. 我国数字蜂窝移动通信的工作频率怎样分配的？
4. 蜂窝移动通信系统由哪些功能实体组成？
5. 试述移动通信的发展过程与发展趋势。

项目二　认识移动通信系统关键技术

本章导读

随着移动通信的快速发展，涉及到的技术也更为繁多和复杂。如多址方式从单一的频分多址转变为时分多址与码分多址甚至空分多址的结合；从第二代的窄带系统到第三代的宽带系统，不仅信号所占频谱被拓宽，而且多址方式也统一以码分多址为主。

本章主要介绍移动通信中常用的多址技术——频分多址（FDMA）、时分多址（TDMA）、码分多址（CDMA）和空分多址（SDMA）的原理和特点；为了克服信道中码间干扰采用的技术——时域均衡与频域均衡；如何利用多径信号来改善系统性能的技术——分集接收技术；可提高系统频带利用率和信道容量的技术——语音编码；可提高系统抗干扰能力，从而保证良好通话质量的技术——信道编码；以及移动通信的组网制式、小区的结构、网络的结构、区群的构成、多信道公用技术和频率利用等移动通信的组网技术。

本章要点

- 多址技术——频分多址（FDMA）、时分多址（TDMA）、码分多址（CDMA）和空分多址（SDMA）
- 均衡与分集接收技术
- 语音编码与分集接收技术
- 扩频通信技术
- 移动通信的组网技术

任务 2.1　多址技术

移动通信系统是一个多信道同时工作的系统，具有广播信道和大面积覆盖的特点。在无线通信环境的电波覆盖区内，如何建立用户之间的无线信道的连接，是多址接入方式的问题。解决多址接入问题的方法叫做多址接入技术。

多址技术是指射频信道的复用技术，对于不同的移动台和基站发出的信号赋予不同的特征，使基站能从众多的移动台发出的信号中区分出是哪个移动台的信号，移动台也能识别基站发出的信号中哪一个是发给自己的。信号特征的差异可表现在某些特征上，如工作频率、出现时间、编码序列等，多址技术直接关系到蜂窝移动通信系统的容量。

蜂窝移动系统中常用的多址方式有频分多址（FDMA）、时分多址（TDMA）、码分多址（CDMA）和空分多址（SDMA）。下面将分别介绍它们的原理。

2.1.1　频分多址（FDMA）

FDMA 把可以使用的总频段划分成若干个占用较小带宽的等间隔的频道，这些频道在频域上互不重叠，每个频道就是一个通信信道，分配给一个用户。其宽度能传输一路话音或数据信息，而在相邻频道之间无明显的串扰。图 2-1 是 FDMA 的频道划分示意图。图 2-2 是 FDMA 系统的工作示意图。

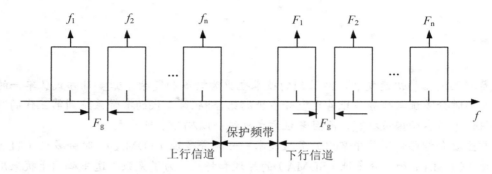

图 2-1   FDMA 频道划分示意图

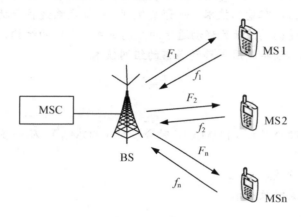

图 2-2   FDMA 通信系统工作示意图

由以上两图可以看出，在频分双工 FDD 系统中，分配给用户一个信道，即一对频率。一个频率做下行信道，即 BS 向 MS 方向的信道；另一个频率做上行信道，即 MS 向 BS 方向的信道。在频率轴上，下行信道占有较高的频带，上行信道占有较低的频带，中间为上下行的保护频带。在用户频道之间，设有保护频隙 F_g，以免因系统的频率飘移造成频道间的重叠。

在工作过程中，FDMA 系统的基站必须同时发射和接收多个不同频率的信号；任意两个移动用户之间进行通信都必须经过基站的转接，因而必须占用 2 个信道（2 对频率）才能实现双工通信。不过，移动台在通信过程中所占用的频道并不是固定分配的，它通常是在通信建立阶段由系统控制中心临时分配，通信结束后，移动台将退出它所占用的频道，这些频道又可以分配给别的用户使用。

频分多址方式有如下几个特点：

（1）单路单载频。每个频道一对频率，只可传送一路语音，频率利用率低，系统容量有限。

（2）信息连续传输。系统分配给移动台和基站一对 FDMA 信道，它们利用此频道连续传输信号，直到通话结束，信道收回。

（3）需要周密的频率计划，频率分配工作复杂。

（4）基站有多部不同频率的收发信机同时工作，基站的硬件配置取决于频率计划和频道配置。

（5）技术成熟，设备简单；但频率利用率低，系统容量小。

（6）单纯的 FDMA 只能用于模拟蜂窝系统中。

2.1.2 时分多址（TDMA）

在时分多址系统中，把时间分成周期性的帧，每一帧再分割成若干时隙（帧或时隙互不重叠），每一个时隙就是一个通信信道，然后根据一定的时隙分配原则，使各个移动台在每帧内只能按指定的时隙向基站发送信号。在满足定时和同步的条件下，基站可以分别在各时隙中接收到各移动台的信号而不发生干扰。同时基站发向多个移动台的信号都按顺序安排在预定的时隙中传输，各移动台只要在指定的时隙内接收就能在合路的信号中把发给自己的信号区分出来。图 2-3 是 TDMA 系统的工作示意图。

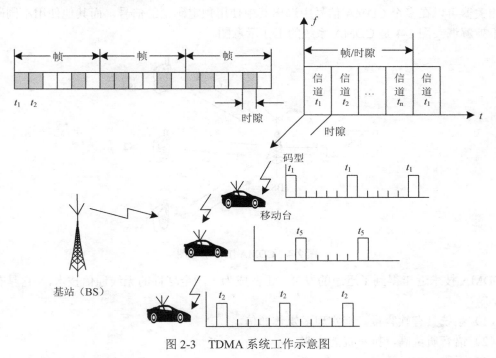

图 2-3　TDMA 系统工作示意图

时分多址方式有如下主要特点：

（1）每载频多路信道。TDMA 系统在每一频率上产生多个时隙，每个时隙就是一个信道，在基站控制分配下，可为任意一移动用户提供电话或非话业务。

（2）利用突发脉冲序列传输。移动台信号功率的发射是不连续的，只是在规定的时隙内发射脉冲序列。

（3）传输速率高，自适应均衡。每载频含有时隙多，则频率间隔宽，传输速率高，但数字传输带来了时间色散，使时延扩展加大，故必须采用自适应均衡技术。

（4）传输开销大。由于 TDMA 分成时隙传输，使得收信机在每一突发脉冲序列上都得重新获得同步。为了把一个时隙和另一个时隙分开，保护时间也是必须的。因此，TDMA 系统通常比 FDMA 系统需要更多的开销。

（5）对于新技术是开放的。例如当话音编码算法改进而降低比特速率时，TDMA系统的信道很容易重新配置以接纳新技术。

（6）共享设备的成本低。由于每个载频为多个客户提供服务，所以TDMA系统共享设备的每客户平均成本与FDMA系统相比是大大降低了。

（7）移动台设计较复杂。它比FDMA系统移动台完成更多的功能，需要复杂的数字信号处理。

2.1.3　码分多址（CDMA）

当前应用码分多址方式的主要蜂窝系统有北美的IS-95 CDMA系统。在码分多址CDMA通信系统中，不同用户传输信息所用的信号不是靠频率不同或时隙不同来区分，而是靠不同的码型（也称为地址码）来区分，系统中所使用的地址码必须相互（准）正交，以区别地址。在该方式中，码型即为信道。如果从频域或时域来观察，多个CDMA信道是互相重叠的。接收机用相关器可以在多个CDMA信号中选出其中使用预定码型的信号，而其他使用不同码型的信号不被解调。图2-4是CDMA系统的工作示意图。

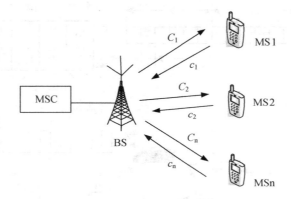

图 2-4　CDMA 工作示意图

CDMA技术近年得到了迅速的发展，正在成为一项全球性的无线通信技术，它具有如下优点：

（1）系统具有软容量，能实现多媒体通信。

（2）语音质量高，抗干扰能力强。

（3）无需防护间隔。

（4）实现低功耗。

（5）建网成本下降。

2.1.4　空分多址（SDMA）

空分多址利用无线电波束在空间的不重叠分割构成不同的信道，将这些空间信道分配给不同地址的用户使用，空间波束与用户具有一一对应关系，依波束的空间位置区分来自不同地址的用户信号，从而完成多址连接。在移动通信中，能实现空间分割的基本技术就是采用自适应阵列天线，在不同用户方向上形成不同的波束，如图2-5所示。

SDMA使用定向波束天线来服务于不同的用户。相同的频率或不同的频率服务于被天线波束覆盖的这些不同区域。扇形天线可被看作是 SDMA 的一个基本方式。在极限情况下，自适应阵列天线具有极小的波束和极快的跟踪速度，它可以实现最佳的 SDMA。将来有可能使用自适应天线，迅速地引导能量沿用户方向发送，这种天线最适合于 TDMA 和 CDMA。

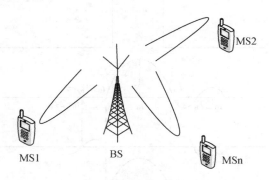

图 2-5　SDMA 工作示意图

CDMA 和 SDMA 有相互补充的作用，当几个用户靠得很近的时候，SDMA 技术无法精确分辨用户位置，每个用户都受到了临近用户的强干扰而无法正常工作，而采用 CDMA 的扩频技术可以很轻松地降低其他用户的干扰。因此，将 SDMA 和 CDMA 技术结合起来，即 SCDMA 可以充分发挥这两种技术的优越性。

任务 2.2　均衡与分集接收技术

　　由于传输信道特性的不理想，在实际的数字通信系统中总是存在码间干扰的。为了克服这个干扰，可在接收端抽样判决之前附加一个可调滤波器，来校正或补偿信号传输中产生的线性失真。这种对系统中的线性失真进行校正的过程就叫做均衡，而实现均衡的滤波器就是均衡滤波器。均衡技术就是用来克服信道中码间干扰的一种技术。

　　分集技术就是研究如何利用多径信号来改善系统的性能。它利用多条具有近似相等的平均信号强度和相互独立衰落特性的信号路径来传输相同信息，并在接收端对这些信号进行适当的合并以便大大降低多径衰落的影响，从而改善传输的性能。

　　下面分别介绍均衡技术和分集接收技术的工作原理。

2.2.1　均衡技术

　　均衡分为频域均衡和时域均衡两类。所谓频域均衡，就是使包括均衡器在内的整个系统的总传输函数满足无失真传输的条件。而时域均衡是直接从时间响应的角度去考虑，使均衡器与实际传输系统总和的冲击响应接近无码间干扰的条件。频域均衡比较直观且易于理解，常用于模拟通信系统中，而数字通信系统中常用的是时域均衡。因此，本节只介绍时域均衡的原理。

　　时域均衡的基本原理可通过图 2-6 来说明。它利用波形补偿的方法对失真波形直接加以校正，这可以通过观察波形的方法直接进行调节。

　　图 2-6（a）所示为单个脉冲的发送波形，图 2-6（b）所示的为经过信道和接收滤波器后输出的信号波形，由于信道特性的不理想和干扰造成了波形的失真，附加了一个"拖尾"。这个尾巴将在 t_0-2T_b，t_0-T_b，t_0+T_b，t_0+2T_b 各抽样点上对其他码元信号的抽样判决造成干扰。如果设法加上一个与拖尾波形大小相等、极性相反的补偿波形（如图 2-6（c）所示），那么这个

波形恰好就把原失真波形中多余的"尾巴"抵消掉了。这样，校正后的波形就不再有"拖尾"了，如图2-6（d）所示，也就消除了该码元对其他码元信号的干扰，达到了均衡的目的。

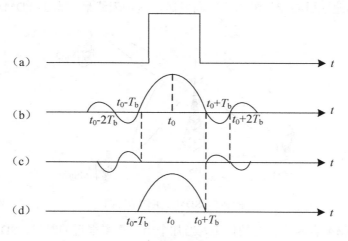

图2-6　时域均衡的原理

接下来的问题就是如何得到补偿波形及如何实现时域均衡。时域均衡所需的补偿波形可以由接收到的波形经过延迟加权后得到，所以均衡滤波器实际上由一抽头延迟线加上一些可变增益的放大器组成，如图2-7（a）所示。它共有$2N$节延迟线，每节的延迟时间都等于码元宽度T_b，在各节延迟线之间引出抽头共$(2N+1)$个。每个抽头的输出经可变增益（增益可正可负）放大器加权后输出。因此，当输入有失真的波形$x(t)$时，只要适当选择各个可变增益放大器的增益$C_i(i=-N,-N+1,\ldots,0,\ldots,N)$，就可以使相加器输出的信号$y(t)$对其他码元波形造成的串扰最小。图2-7（b）分别为存在码间干扰的信号$x(t)$和经过均衡后在判决时刻不存在码间干扰的信号$y(t)$的波形。

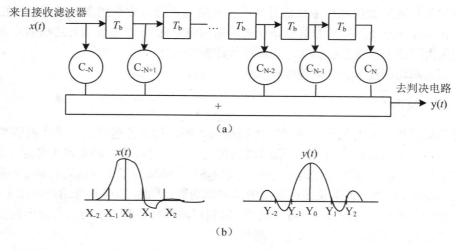

图2-7　均衡滤波器

理论上只有当$t\to\infty$时拖尾才会为0，故必须用无限长的均衡滤波器对失真波形进行完全校正，但事实上拖尾的幅度小于一定值时就完全可以忽略其影响了，即一般信道只需要考虑一个码元脉冲对其临近的有限几个码元产生串扰的情况就足够了,故在实际中只要采用有限个抽头的滤波器就可以了。

均衡器在实际使用过程中,通常都用示波器来观察均衡滤波器的输出信号的眼图,通过反复调整各个增益放大器的增益 C_i,使眼图的眼睛达到最大且最清晰为止。

2.2.2　分集接收技术

1. 分集技术的概念

所谓分集接收是指接收端对它收到的多个衰落特性互相独立（携带同一个信息数据流）的信号进行特定的处理,以降低信号电平起伏的方法。其基本思想是:将接收到的多径信号分离成独立的多路信号,然后将这些多路分离信号的能量按一定规则合并起来,使接收的有用信号能量最大、数字信号误码率最小。

分集有两重含义:一是分散传输,使接收端能获得多个统计独立的、携带同一信息的衰落信号;二是集中处理,即接收机把收到的多个统计独立的衰落信号进行合并,以降低衰落的影响。

2. 常用的分集技术

分集技术的种类有很多种,人们分别从时域、频域和空域上考虑去克服多径效应所带来的衰落。因此分集技术就包括了时间分集、频率分集和天线技术中的分集技术等。下面分别加以介绍。

（1）时间分集

对于一个随机衰落的信道来说,若对其振幅进行顺序取样,那么在时间上间隔足够远（大于相干时间）的 2 个样点是互不相关的。这就提供了实现分集的一种方法——时间分集,即发射机将给定的信号在时间上相隔一定时间重复传输 M 次,只要时间间隔大于相干时间,接收机就可以得到 M 条独立的分集支路,接收机再将这一重复收到的多路同一信号进行合并,就能减小衰落的影响。时间分集主要用于在衰落信道中传输数字信号,也有利于克服移动信道中由于多普勒效应引起的信号衰落现象。由于它的衰落速率与移动台的运动速度及工作波长有关,为了使重复传输的数字信号具有独立的特性,必须保证数字信号的重发时间间隔满足以下关系:

$$\Delta T \geqslant \frac{1}{2f_m} = \frac{1}{2(v/\lambda)} \tag{2-1}$$

式中,f_m 为衰落速率;v 为车速;λ 为工作波长。

若移动台处于静止状态,即 $v = 0$,由上式可知,要求 ΔT 为无穷大,表明时间分集对静止状态的移动台无助于减小此种衰落。时间分集只需使用一部接收机和一副天线。

（2）频率分集

由于频率间隔大于相关带宽的两个信号所遭受的衰落可以认为是不相关的,因此用两个以上不同的频率传输同一信息,以实现频率分集,根据相关带宽的定义,$B_c = 1/2\pi\Delta$,式中 Δ 为延时扩展。例如,市区中,$\Delta = 3\mu s$,B_c 约为 53kHz。这样频率分集需要两部发射机（频率相隔 53kHz 以上）同时发送同一信号,并用两部独立的接收机来接收信号。另外,在移动通信中,可采用信号载波频率跳变（调频）技术来达到频率分集的目的,只是要求频率跳变的间隔应大于信道的相关带宽。

（3）空间分集

空间分集是利用场强随空间的随机变化实现的。在移动通信中，空间的任何变化都可能引发场强的变化。一般两副天线间的间距越大，多径传播的差异也越大，接收场强的相关性就越小，因此衰落也就很难同时发生。换句话说，利用两副天线的空间间隔可以使接收信号的衰落降低到最小。

移动通信中空间分集的基本做法是在基站的接收端使用两副相隔一定距离的天线对上行信号进行接收，这两幅天线分别称为接收天线和分集接收天线。两副接收天线的距离相隔为 d，d 与工作波长 λ、地物及天线高度有关，在移动信道中，通常取市区：$d = 0.5\lambda$；郊区：$d = 0.8\lambda$。在满足上述条件时，两信号的衰落相关性已很弱，d 越大，相关性就越弱。

在 900MHz 的频段工作时，两副天线的间隔也只是 0.27m，在小汽车顶部安装这样的两副天线并不困难。因此，空间分集不仅适用于基站（取 d 为几个波长），也可用于移动台。

（4）极化分集

移动环境下，2 个在同一地点，极化方向相互正交的天线发出的信号具有不相关的特性。利用这一点，在发端同一地点分别装上垂直极化天线和水平极化天线，就可得到 2 路衰落特性互不相关的信号。极化分集实际上是空间分集的特殊情况，其分集支路只有 2 路。这种方法的优点是结构比较紧凑，节省时间，缺点是由于发射功率要分配到 2 副天线上，信号功率将有3dB 的损失。

目前把这种分集天线集成于一副发射天线和一副接收天线即可。若采用双工器，则只需一副收发合一的天线，但对天线要求较高。

3．分集合并方式

接收端收到 M（$M>2$）个分集信号后，如何利用这些信号以减小衰落的影响，这就是合并问题。一般使用线性合并器，把输入的 M 个独立的衰落信号相加后合并输出。假设 M 个输入信号为 $r_1(t)$，$r_2(t)$，$\cdots r_M(t)$，则合并器输出电压为：

$$r(t) = a_1 r_1(t) + a_2 r_2(t) + \cdots + a_M r_M(t) = \sum_{k=1}^{M} a_k r_k(t) \tag{2-2}$$

式中，a_k 为第 k 个信号的加权系数。选择不同的加权系数 a_k，就可以构成不同的合并方式，常用的合并方式有如下 3 种。

① 选择式合并：它检测所有分集支路的信号，以选择其中信噪比最高的那一条支路的信号作为合并器的输出。图 2-8 是二重分集选择式合并的示意图。两个支路的高频信号分别经过解调，然后做信噪比比较，将其中有较高信噪比的支路接到接收机的共同部分。选择式合并又称开关式相加。这种方法简单，实现容易。但由于未被选择的支路信号弃之不用，因此，抗衰落效果不好。

② 最大比值合并：如图 2-9 所示，每一支路信号为 r_k，每一支路的加权系数 a_k 与包络 r_k 成正比而与噪声功率 N_k 成反比，即 $a_k = r_k / N_k$。由此可得，最大比值合并器输出的信号包络为 $r_R = \sum_{k=1}^{M} a_k r_k = \sum_{k=1}^{M} r_k^2 / N_k$，式中 R 表征最大比值合并方式。理论分析表明，最大比值合并方式是一种最佳的合并方式。

③ 等增益合并：当最大比值合并法中的加权系数 a_k 为 1 时，就是等增益合并。因此等增

益合并无需对信号加权。等增益合并方式输出为 $r_E = \sum\limits_{i=1}^{M} r_i$，如图 2-10 所示。等增益合并性能仅次于最大比值合并，但由于省了加权系数的选定，实现起来比较容易。

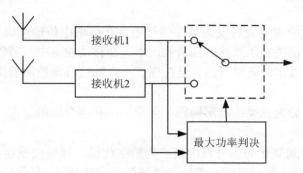

图 2-8　二重分集选择式合并器

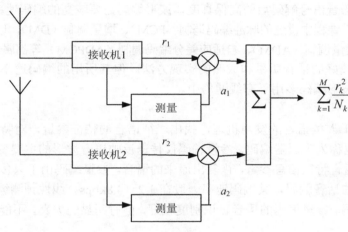

图 2-9　最大比值合并方式

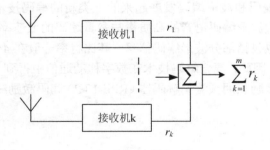

图 2-10　等增益合并方式

任务 2.3　语音编码及信道编码技术

语音编码和信道编码是移动通信中的两个重要的技术领域。语音编码技术属于信源编码，可提高系统的频带利用率和信道容量。信道编码技术可提高系统的抗干扰能力，从而保证良好的通话质量。

2.3.1　语音编码技术

语音编码是为了把模拟语音转变为数字信号以便在信道中传输，语音编码技术在移动通信系统中与调制技术直接决定了系统的频谱利用率。在移动通信中，节省频谱是至关重要的，移动通信中对语音编码技术的研究目的就是在保证一定的话音质量的前提下，尽可能地降低语音码的比特率。

语音编码技术通常分为三类：波形编码、参量编码和混合编码。

（1）波形编码

波形编码是将随时间变化的信号直接变换为数字代码，尽量使重建的语音波形保持原语音信号的波形形状。其基本原理是对模拟语音波形信号进行抽样、量化编码而形成的数字语音信号。解码是与其相反的过程，将收到的数字序列经过解码和滤波恢复成模拟信号。

为了保证数字语音信号解码后的高保真度，波形编码需要较高的编码速率，一般在 16～64kbps。"通信原理"课程中讲过的脉冲编码调制（PCM）、增量调制（DM），以及它们的各种改进形式——自适应增量调制（ADM）、自适应差分编码调制（ADPCM）等都属于波形编码技术。

波形编码有比较好的话音质量和成熟的实现方法。但其所用的编码速率比较高，占用的带宽比较宽。因此波形编码多用于有线通信中。

（2）参量编码

参量编码是基于人类语言的发声机理，找出表征语音的特征参量，对特征参量进行编码的一种方法，因此也称为声码器编码。参量编码仅传送反映语音波形的主要变化参量，在接收端，根据所接收的语音特征信息参量，恢复出原来的语音。参量编码由于只传送话音的特征参量，可实现低速率的话音编码，其编码速率一般在 1.2～4.8kbps。线性预测编码（LPC）及其变形均属于参量编码。参量编码的语音可识别度较好，但有明显的失真，不能满足商用语音通信的要求。

（3）混合编码

混合编码是基于参量编码和波形编码发展起来的一类新的编码技术，它将波形编码和参量编码结合起来，力图保持波形编码语音的高质量与参量编码的低速率。在混合编码信号中，既包括若干语音特征参量也包括部分波形编码信息。其比特率一般在 4～16kbps，语音质量可达到商用语音通信的要求。因此，混合编码技术在数字移动通信中得到了广泛的应用。使用较多的编码方案是规则脉冲激励长期预测编解码器（RPE-LTP）和码激励线性预测编码（CELP）。

2.3.2　信道编码技术

在移动通信中传送数字语音信号时，采用信道编码主要是使系统具有一定的纠错能力和抗干扰能力，可极大地避免传送中误码的发生，提高系统传输的可靠性。信道编码实际上是一种差错控制编码，其基本思想是在发送端给被传输的信息附上一些监督码元，这些多余的码元与信息码元之间以某种确定的规则相互制约。接收端按照既定的规则校验信息码元与监督码元之间的关系，一旦传输发生差错，则信息码元与监督码元之间的关系受到破坏，从而接收端可以发现错误并且能够纠正错误。

　　在数字通信中，要利用信道编码对整个通信系统进行差错控制。差错控制编码主要有两种：分组编码和卷积编码。

　　分组编码是按照代数规律构造的，故又称为代数编码。编码原理框图见图 2-11。将 k 个信息比特编成 n 个比特的码组，每个码组的 $r=n-k$ 个监督码元仅与本码组的 k 个信息位有关，而与其他码组无关，一般可用 (n,k) 表示。n 为码长，k 表示信息位数目，$R=k/n$ 为分组码的编码效率。

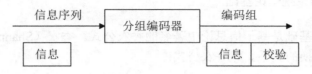

图 2-11　分组编码

　　卷积编码的原理框图见图 2-12。卷积编码也是将 k 个比特编成 n 个比特的码组，但 k 和 n 通常很小，适合以串行形式进行传输，时延小。与分组码不同，卷积码是一种有记忆的编码，它是以其编码规则遵循卷积运算而得名。卷积编码可记为 (n, k, m) 码，其中 k 表示输入信息的码元数，n 表示输出码元数，而 m 表示编码中寄存器的节数。

图 2-12　卷积编码

　　卷积编码后的 n 个码元不仅与当前的 k 个信息位有关，而且还与前面的 m 段信息有关。或者说，各码段内的监督码元不仅对本码段而且对前面 m 段内的信息元起监督作用。$N=m+1$ 为编码约束度，表示相互约束的码段个数；nN 为编码约束长度，表示相互约束的码元个数。$R=k/n$ 为编码效率。

任务 2.4　扩频技术

2.4.1　扩频基本概念

　　扩展频谱（Spread Spectrum，SS）通信简称为扩频通信。扩频通信是一种信息传输方式，在发送端采用扩频码调制，使信号所占有的频带宽度远大于所传信息必需的最小带宽。在接收端则用同样的码进行相关同步接收、解扩及恢复所传信息数据。

　　图 2-13 为典型扩频系统框图。它主要由原始信息、信源编译码、信道编译码（差错控制）、载波调制与解调、扩频调制与解扩频和信道六大部分组成。信源编码的目的是去掉信息的冗余度，压缩信源的数码率，提高信道的传输效率（即通信的有效性）。差错控制的目的是增加信息在信道传输中的冗余度，使其具有检错或纠错能力，提高信道传输质量（即通信的可靠性）。调制部分是使经信道编码后的符号能在适当的频段传输，如微波频段、短波频段等。扩频调制和解扩是为了某种目的而进行的信号频谱展宽和还原技术。

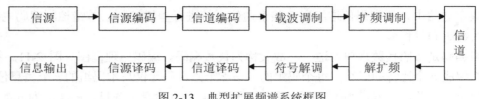

图 2-13　典型扩展频谱系统框图

2.4.2　扩频通信系统理论基础

扩频通信的理论基础是基于信息论中著名的香农公式。香农（Shannon）在其信息论中得出了带宽与信噪比互换的关系。即香农公式：

$$C = B \log \left(1 + \frac{S}{N} \right) \tag{2-3}$$

式中，C 为信道容量（信息的传输速率），单位为 bps；B 为信号频带宽度，单位为 Hz；S 为信号平均功率，单位为 W；N 为噪声平均功率，单位为 W。

由香农公式可知，为了提高信息的传输速率 C，可以从两种途径实现，即加大带宽 B 或提高信噪比 S/N。换句话说，当信号的传输速率 C 一定时，信号带宽 B 和信噪比 S/N 是可以互换的，即增加信号带宽可以降低对信噪比的要求，当带宽增加到一定程度，允许信噪比进一步降低，有用信号功率接近噪声功率甚至淹没在噪声之下也是可能的。扩频通信就是用宽带传输技术来换取信噪比上的好处，这就是扩频通信的基本思想和理论依据。

2.4.3　扩频通信系统工作原理

扩频通信的工作原理框图如图 2-14 所示。在发端输入的信号经信息调制形成数字信号，然后用一个带宽比信息带宽宽得多的伪随机码（PN 码，也即扩频码）对信息数据进行调制，即扩频调制；展宽以后的信号再对载频进行调制（如 PSK、QPSK、OQPSK 等），通过射频功率放大送到天线发射出去。在收端，从接收天线上收到的宽带射频信号，经过输入电路、高频放大器后送入变频器，下变频至中频，然后由本地产生的与发端完全相同的扩频码序列去解扩。最后经信息解调，恢复成原始信息输出。由图 2-14 可见，扩频通信系统与普通通信系统相比较，就是多了扩频调制和扩频解调两部分。

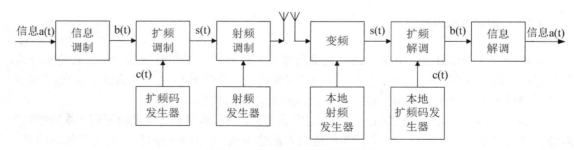

图 2-14　扩频通信系统原理框图

扩频通信系统传输中信息的频谱变换图如图 2-15 所示。信息数据经过信息调制后，输出的是窄带信号，其频谱如图 2-15（a）所示；经过扩频调制后频谱展宽如图 2-15（b）所示，其中 $R_c \gg R_i$；在接收机的输入信号中加有干扰信号，频谱如图 2-15（c）所示；经过解扩后有用信号频谱变窄恢复出原始信号带宽，而干扰信号频谱变宽，如图 2-15（d）所示；再经过窄带滤波，有用信号带外干扰信号被滤除，如图 2-15（e）所示，从而降低了干扰信号的强度，改善了信噪比。

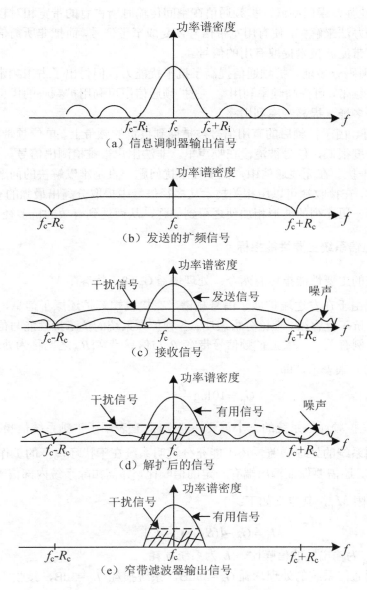

（a）信息调制器输出信号

（b）发送的扩频信号

（c）接收信号

（d）解扩后的信号

（e）窄带滤波器输出信号

图 2-15　扩频通信系统频谱变化图

2.4.4　扩频通信系统的主要特点

扩频通信具有许多窄带通信难以替代的优良性能，使得它能迅速推广到各种公用和专用通信网络之中。简单来说主要有以下几项特点：

（1）易于同频使用，提高了无线频谱利用率。无线频谱十分宝贵，虽然从长波到微波都已得到开发利用，仍然满足不了社会需求。为此，世界各地都设立了频谱管理机构，用户只能使用申请获得的频率，依靠频道划分来防止信道之间发生干扰。由于扩频通信采用了相关接收技术，信号发送功率极低（<1W，一般为 1～100mW），且可工作在信道噪声和热噪声背景中，易于在同一地区重复使用同一频率，也可以与现今各种窄带通信共享同一频率资源。

（2）抗干扰性强，误码率低。扩频通信在空间传输时所占有的带宽相对较宽，而接收端又采用相关检测的办法来解扩，使有用宽带信号恢复成窄带信号，而把非所需信号扩展成宽带信号，然后通过窄带滤波技术提取有用的信号。

（3）可以实现码分多址。扩频通信提高了抗干扰能力，但付出了占用频带宽度的代价，多用户共用这一宽频带，可提高频率利用率。在扩频通信中可利用扩频码的优良的自相关和互相关特性实现码分多址，提高频率利用率。

（4）保密性好。由于扩频后的有用信号被扩展到很宽的频带上，单位频带内的功率很小，即信号的功率谱密度很低，信号被淹没在噪声里，非法用户很难检测出信号。

（5）抗多径干扰。在无线通信中，抗多径干扰问题一直是难以解决的问题，利用扩频编码之间的相关特性，在接收端可以用相关技术从多径信号中提取分离出最强的有用信号，也可把多个路径来的同一码序列的波形相加使之得到加强，从而达到有效的抗多径干扰。

2.4.5　扩频通信系统主要性能指标

扩频通信系统的主要性能指标有两个：处理增益 G_p 和干扰容限 M_j。

扩频通信系统由于在发送端扩展了信号频谱，在接收端解扩还原了信息，这样做带来的好处是大大提高了抗干扰容限。理论分析表明，各种扩频系统的抗干扰性能与信息频谱扩展后的扩频信号带宽比例有关。一般把扩频信号带宽 B 与信息带宽 B_m 之比称为处理增益 G_p，工程上常以分贝（dB）来表示，即：

$$G_p = 10\log\frac{B}{B_m} \tag{2-4}$$

处理增益 G_p 是扩频通信系统的一个重要性能指标。它表示了扩频系统信噪比改善的程度。

仅仅知道扩频系统的处理增益，还不能充分说明系统在干扰环境下的工作性能。因为通信系统要正常工作，还需要保证输出端有一定的信噪比，并需扣除系统内部信噪比的损耗，因此需引入抗干扰容限 M_j，其定义如下：

$$M_j = G_p - [(S/N)_o - L_s] \tag{2-5}$$

式中，$(S/N)_o$ 为输出端的信噪比，L_s 为系统损耗。

例如：某扩频通信系统的处理增益 G_p =33dB，系统损耗 L_s =3dB，接收机的输出信噪比 10dB，则该系统的干扰容限 M_j =20dB。这表明该系统最大能承受 20dB（100 倍）的干扰，即当干扰信号功率超过有用信号功率 20dB 时，该系统不能正常工作，而二者之差不大于 20dB 时，系统仍能正常工作。

由此可见，干扰容限 M_j 与扩频处理增益 G_p 成正比，扩频处理增益提高后，干扰容限大大提高，甚至信号在一定的噪声湮没下也能正常通信。通常的扩频设备总是将用户信息（待传输信息）的带宽扩展到数十倍、上百倍甚至千倍，以尽可能地提高处理增益。

2.4.6　扩频通信系统的分类及实现

按照扩展频谱的方式不同，目前的扩频通信系统可分为直接序列扩频（DS）、跳频（FH）、跳时（TH）以及混合方式（上述几种方式的组合）。

（1）直接序列扩频（Direct Sequence Spread Spectrum），简称直扩方式。

所谓直接序列扩频，就是直接用具有高码率的扩频码序列在发端去扩展信号的频谱；而在收端，用相同的扩频码序列去进行解扩，把展宽的扩频信号还原成原始的信息。它是一种数字调制方法，其原理如图 2-16 所示。具体说，就是将信源发出的信息与一定的 PN 码（伪噪声码）进行模二加。例如在发端将"1"用 11000100110，而将"0"用 00110010110 去代替，就实现了扩频，而在接收机处把收到的 11000100110 恢复成"1"，00110010110 恢复成"0"，这就是解扩。这样信源速率被提高了 11 倍，同时也使处理增益达到 10dB 以上，有效地提高了整机信噪比。

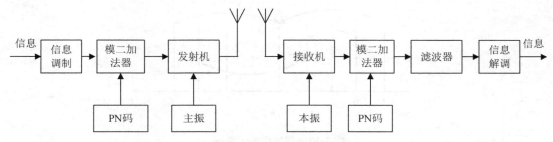

图 2-16　直接序列扩频原理框图

（2）另外一种扩展信号频谱的方式称为跳频（Frequency Hopping，FH）。所谓跳频，比较确切的含义是：用一定码序列进行选择的多频率频移键控。也就是说，用扩频码序列去进行频移键控调制，使载波频率不断地跳变，所以称为跳频。

简单的频移键控如 2FSK，只有两个频率，分别代表"1"码和"0"码。而跳频系统则有几个、几十个，甚至上千个频率，用复杂的扩频码去控制频率的变化。图 2-17（a）为跳频的原理示意图。在发端信息码序列经信息调制后变成带宽为 B 的基带信号后，进入载波调制，产生载波频率的频率合成器在扩频码发生器的控制下，产生的载波频率在带宽为 $W（W \gg B）$ 的频带内随机地跳变，如图 2-17（b）所示。在收端，为了解出跳频信号，需要有与发端完全相同的本地扩频码发生器去控制本地频率合成器，使其输出的跳频信号能在扩频解调器中与接收信号差频出固定的中频信号，然后经中频带通滤波器及信息解调器输出恢复的信息。由此可见，跳频系统占用了比信息带宽要宽得多的频带。

（3）跳变时间（Time Hopping）工作方式，简称跳时（TH）方式。与跳频相似，跳时是使发射信号在时间轴上跳变。首先把时间轴分成许多时片。在一帧内哪个时片发射信号由扩频码序列去进行控制。可以把跳时理解为：用一定码序列进行选择的多时片的时移键控。由于采用了非常窄的时片去发送信号，相对说来，信号的频谱也就展宽了。图 2-18 是跳时系统的原理示意图。在发端，输入的数据先存储起来，由扩频码发生器的扩频码序列去控制通—断开关，经二相或四相调制后再经射频调制后发射；在收端，由射频接收机输出的中频信号经本地产生的与发端相同的扩频码序列控制通—断开关，再经二相或四相解调器，送到数据存储器和再定时后输出数据。只要收发两端在时间上严格同步进行，就能正确地恢复原始数据。跳时也可以看成是一种时分系统，所不同的地方在于它不是在一帧中固定分配一定位置的时片，而是由扩频码序列控制的按一定规律跳变位置的时片。跳时系统的处理增益等于一帧中所分的时片数。由于简单的跳时抗干扰性不强，因此很少单独使用。跳时通常都与其他方式结合使用，组成各种混合方式。

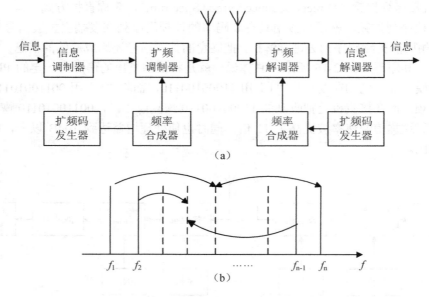

图 2-17　调频原理示意图

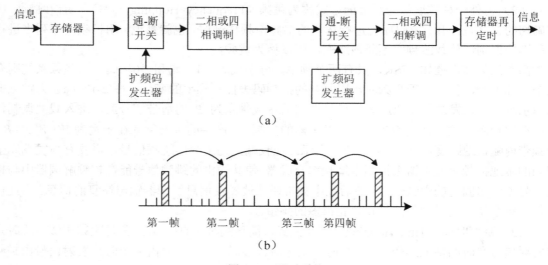

图 2-18　跳时系统

（4）混合方式。在上述几种基本的扩频方式的基础上，可以组合起来，构成各种混合方式。例如 DS/FH、DS/TH、DS/FH/TH 等。

　　一般说来，采用混合方式看起来在技术上要复杂一些，实现起来也要困难一些。但是，不同方式结合起来的优点是有时能得到只用其中一种方式得不到的特性。例如 DS/FH 系统，就是一种中心频率在某一频带内跳变的直接序列扩频系统。其信号的频谱如图 2-19 所示。

由图可见，一个 DS 扩频信号在一个更宽的频带范围内进行跳变。DS/FH 系统的处理增益为 DS 和 FH 处理增益之和。因此，有时采用 DS/FH 反而比单独采用 DS 或 FH 获得更宽的频谱扩展和更大的处理增益。甚至有时相对来说，其技术复杂性比单独用 DS 来展宽频谱或用 FH 在更宽的范围内实现频率的跳变还要容易些。对于 DS/TH 方式，它相当于在扩频方式中加上时间复用，采用这种方式可以容纳更多的用户。在实现上，DS 本身已有严格的收发两端扩频码的同步。加上跳时，只不过是增加了一个通-断开关，并不增加太多技术上的复杂性。对于 DS/FH/TH，它把三种扩频方式组合在一起，在技术实现上肯定是很复杂的。但是对于一个有多种功能要求的系统，DS、FH、TH 可分别实现各自独特的功能。因此，对于需要同时解决诸如抗干扰、多址组网、定时定位、抗多径和远-近问题时，就不得不同时采用多种扩频方式。

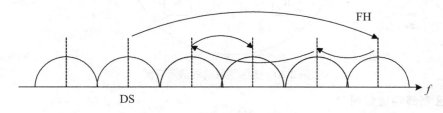

图 2-19 DS/FH 混合扩频示意图

任务 2.5   移动通信的组网技术

要实现移动用户在大范围内进行有序的通信，就必须解决组网过程中的一系列技术问题。下面主要介绍移动通信的组网制式、小区的结构、网络结构、区群的构成、多信道公用技术和频率利用。

2.5.1   组网制式

根据服务区覆盖方式的不同，可将移动通信网分为大区制和小区制。

1. 大区制移动通信网

大区制是指在一个服务区（如一个城市或地区）只设置一个基站（Base Station，简称 BS），并由它负责移动通信网的联络和控制，如图 2-20 所示。

为了增大覆盖区域，大区制中基站的天线架设得很高，可达几十米至几百米。发射机的输出功率也很大，一般为 25～200W。系统的基站频道数有限，容量不大，不能满足用户数目日益增加的需要，一般用户数为几十至数百个。在大区制中，基站的天线高，输出功率大，移动台（MS）在这个服务区内移动时，均可收到基站发来的信号，即下行信号；由于移动台的电池容量有限，并且其发射机的输出功率也比较小，当移动台远离基站时，基站却收不到移动台发来的信号，即上行信号衰减过大。为了解决两个方向通信不一致的问题，可以在服务区域中的适当地点设置若干个分集接收台，即图 2-20 中的 R，这样可以保证服务区内的双向通信质量。

大区制的主要优点是建网简单、投资少、见效快，在用户数较少的地域非常合适。但为了避免相互之间的干扰，服务区内的所有频率均不能重复使用，因而这种制式的频率利用率及用户数都受到了限制。为了满足用户不断增长的需求，在频率有限的条件下，必须采用小区制的组网方式。

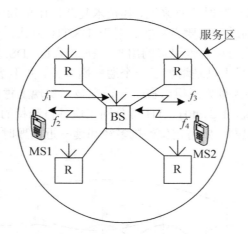

图 2-20　大区制移动通信示意图

2. 小区制移动通信网

小区制就是把整个服务区域划分为若干个无线小区，每个无线小区中分别设置一个基站，负责本小区移动通信的联络和控制。同时还要在几个小区间设置移动业务交换中心（MSC）。移动业务交换中心统一控制各小区之间用户的通信接续，以及移动用户与市话网的联系。例如，将图 2-20 所示的大区制服务区域一分为五，如图 2-21 所示。

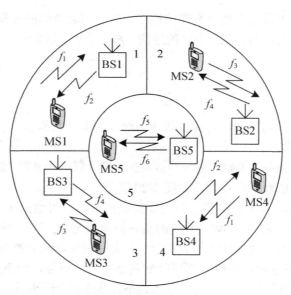

图 2-21　小区制移动通信示意图

图中每个小区各设一个小功率基站（BS1~BS5），发射机的输出功率一般为 5~10W，覆盖半径一般为 5~10km。可给每个小区分配不同的频率，但这样需要大量的频率资源，且频谱的利用率低。为了提高频谱的利用率，需将相同的频率在相隔一定距离的小区中重复使用，例如小区 1 与小区 4、小区 2 与小区 3 就可以使用相同的频率而不会产生严重的干扰。在一个较大的服务区中，同一组信道可以多次重复使用，这种技术称为同频复用。此外，随着用户数目的增多，小区还可以进一步划小，即实现"小区分裂"，以适应用户数的增加。

采用小区制最大的优点是有效地解决了频道数量有限与用户数增大之间的矛盾。其次是由于基站功率减小，也使相互之间的干扰减小了。所以公用移动电话网均采用这种制式。

在这种制式中，从一个小区到另一个小区通话，移动台需要经常更换工作频道，这样对控制交换功能的要求提高了，加上基站的数目增多，建网的成本增加，所以小区范围不宜过小，要综合考虑而定。

2.5.2　正六边形无线区群结构

1. 小区形状

在研究无线区域服务网的划分与组成时，涉及到无线区的形状，它取决于电波传播条件和地形地物，所以小区的划分应根据环境和地形条件而定。为了研究方便，假定整个服务区的地形地物相同，并且基站采用全向天线，它的覆盖区大体是一个圆，即无线区是圆形的。

又考虑到多个小区需要彼此邻接来覆盖整个区域，故用圆内接正多边形代替圆。圆内接正多边形彼此邻接来覆盖整个区域而没有重叠和间隙的几何形状只有三种可能的选择：正六边形、正方形和正三角形，如图 2-22 所示。对这三种图形进行比较，如表 2-1 所示。

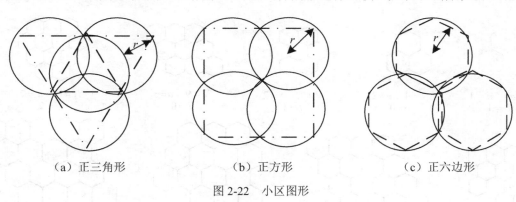

| （a）正三角形 | （b）正方形 | （c）正六边形 |

图 2-22　小区图形

表 2-1　三种形状小区特性比较

小区形状	正六边形	正方形	正三角形
邻区距离	$\sqrt{3}r$	$\sqrt{2}r$	r
小区面积	$2.6r^2$	$2r^2$	$1.3r^2$
交叠区宽度	$0.27r$	$0.59r$	r
交叠区面积	$0.35\pi r^2$	$0.73\pi r^2$	$1.2\pi r^2$
最少频率个数	3	4	6

通过表 2-1 的比较结果可以看出，正六边形小区的中心距离最大，覆盖面积也最大，重叠区面积最小，即对于同样大小的服务区域，采用正六边形构成小区所需的小区数最少，从而所需的频率个数也最少，因此采用正六边形组网是最经济的方式。正六边形构成的网络形同蜂窝，因此把小区形状为六边形的小区制移动通信称为移动蜂窝网。基于蜂窝状的小区制是目前公共

移动通信网的主要覆盖方式。

2. 无线区群的构成

蜂窝移动通信网通常是由若干邻接的无线小区组成一个无线区群，再由若干无线区群构成整个服务区。在频分信道的蜂窝系统中，每个小区占有一定的频道，而且各个小区占用的频道是不相同的。假设每个小区分配一组载波频率，为避免相邻小区产生干扰，各小区的载波频率不应相同。但因为频率资源有限，当小区覆盖面积不断扩大并且小区数目不断增加时，将出现频率资源不足的问题。因此，为了提高频率利用率，用空间划分的方法，在不同的空间进行频率复用。即将若干个小区组成一个区群，每个区群内不同的小区使用不同的频率，另一区群中对应的小区可重复使用相同的频率。不同区群中的相同频率的小区之间将产生同频干扰，但当两个同频小区间隔足够大时，同频干扰不会影响正常通信。

区群的构成应满足两个条件：①无线区群之间彼此邻接并且无空隙地覆盖整个面积；②相邻无线区群中，同频小区之间的距离相等且为最大。满足上述两个条件的区群形状和区群个数不是任意的。可以证明，区群内的小区数满足下式：

$$N = a^2 + ab + b^2 \tag{2-6}$$

式中，a，b 均为正整数。a，b 取不同值代入可确定 $N = 3, 4, 7, 9, 12, 13, 16, 19, 21, \cdots$。相应的区群形状如图 2-23 所示。

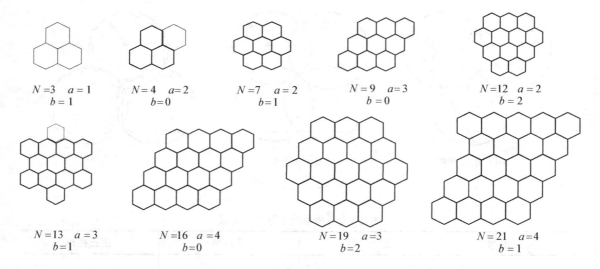

$N=3 \quad a=1 \quad b=1$ $N=4 \quad a=2 \quad b=0$ $N=7 \quad a=2 \quad b=1$ $N=9 \quad a=3 \quad b=0$ $N=12 \quad a=2 \quad b=2$

$N=13 \quad a=3 \quad b=1$ $N=16 \quad a=4 \quad b=0$ $N=19 \quad a=3 \quad b=2$ $N=21 \quad a=4 \quad b=1$

图 2-23 a, b 取不同值时相应的区群形状

3. 激励方式

移动通信网中各小区的基站可以设置在小区的两个不同的位置上，因此就产生了两种不同的激励方式。

（1）中心激励：基站设置在小区的中央，采用全向天线实现无线区的覆盖，称为"中心激励"方式，如图 2-24（a）所示。

（2）顶点激励：基站设置在每个小区相间的三个顶点上，并采用三个互成 120°扇形覆盖的定向天线，分别覆盖三个相邻小区的各 1/3 区域，每个小区由三幅 120°扇形天线共同覆盖，这就是所谓的"顶点激励"，如图 2-24（b）所示。

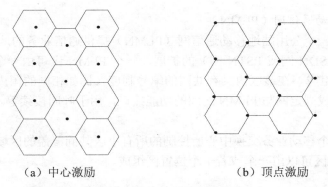

（a）中心激励　　　　　　　　　（b）顶点激励

图 2-24　无线小区的激励方式

2.5.3　移动通信网络结构

移动通信网络结构如图 2-25 所示。

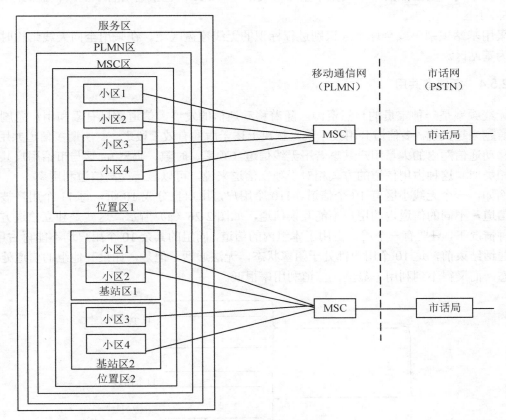

图 2-25　移动通信网络结构

1. 服务区

服务区是指移动台可获得服务的区域，即不同通信网（如 PLMN、PSTN 或 ISDN）用户无需知道移动台的实际位置就可与之通信的区域。

一个服务区可由一个或若干个公用陆地移动通信网（PLMN）组成，可以是一个国家或是一个国家的一部分，也可以是若干个国家。

2. 公用陆地移动通信网（PLMN）

PLMN 区是由一个公用陆地移动通信网（PLMN）提供通信业务的地理区域。PLMN 可以认为是网络（如 ISDN 网或 PSTN 网）的扩展，一个 PLMN 区可由一个或若干个移动业务交换中心（MSC）组成。在该区内具有共同的编号制度（比如相同的国内地区号）和共同的路由计划。MSC 构成固定网与 PLMN 之间的功能接口，用于呼叫接续等。

3. MSC 区

MSC 区是由一个移动业务交换中心所控制的所有小区共同覆盖的区域，构成 PLMN 网的一部分。一个 MSC 区可以由一个或若干个位置区组成。

4. 位置区

位置区是指移动台可任意移动不需要进行位置更新的区域。位置区可由一个或若干个小区（或基站区）组成。为了呼叫移动台，可在一个位置区内向所有基站同时发寻呼信号。

5. 基站区

由置于同一基站点的一个或数个基站收发信台（BTS）包括的所有小区所覆盖的区域。

6. 小区

采用基站识别码或全球小区识别进行标识的无线覆盖区域。在采用全向天线结构时，小区即为基站区。

2.5.4　多信道共用

无线频率是一种宝贵的自然资源。随着移动通信的发展，信道数目有限和用户急剧增加的矛盾越来越尖锐。多信道共用技术就是解决上述矛盾的有效手段之一。所谓多信道共用，就是指移动通信网内的大量用户共享若干无线信道（频率、时隙、码型），这与市话用户共享中继线相类似。这种占用信道的方式相对于独立信道来说，可以显著提高信道利用率。

例如，一个无线小区有 10 个信道，110 个用户，用户也分成 10 组，每 11 个用户被指定一个信道，不同的信道内的用户不能互换信道，如图 2-26（a）所示。这就是独立信道方式。在这种情况下，只要有一个用户占用了本组内的信道，同组的其余 10 个用户均不能再占用了，在它通话结束前，这 10 个用户都处于阻塞状态，无法通话。但是，如果其他组的信道处于空闲状态，而又得不到利用。显然，信道利用率很低。

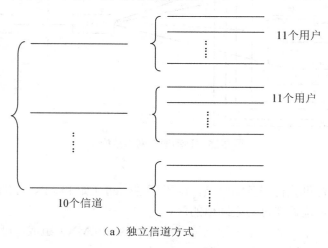

（a）独立信道方式

图 2-26　信道使用方式

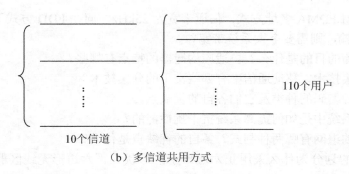

110个用户

10个信道

（b）多信道共用方式

图 2-26　信道使用方式（续图）

　　多信道共用方式如图 2-26（b）所示。在这种方式下，该小区内的 10 个信道被 110 个用户共用。当 k（$k<10$）个信道被占用时，其他需要通话的用户可以选择剩下的（10-k）个信道中的任意一个空闲信道通信。因为任何一个移动用户选择空闲信道和占用空闲信道的时间都是随机的，所以所有 10 个信道被同时占用的概率远小于一个信道被占用的概率。因此，多信道共用方式可大大提高信道利用率。

项目小结

　　1．多址技术是指射频信道的复用技术，对于不同的移动台和基站发出的信号赋予不同的特征，使基站能从众多的移动台发出的信号中区分出是哪个移动台的信号，移动台也能识别基站发出的信号中哪一个是发给自己的。

　　2．蜂窝移动系统中常用的多址方式有频分多址（FDMA）、时分多址（TDMA）、码分多址（CDMA）和空分多址（SDMA）。

　　3．均衡技术是用来克服信道中码间干扰的一种技术；分集技术则是研究如何利用多径信号来改善系统的性能。它利用多条具有近似相等的平均信号强度和相互独立衰落特性的信号路径来传输相同信息，并在接收端对这些信号进行适当的合并以便大大降低多径衰落的影响，从而改善传输的性能。

　　4．语音编码和信道编码是移动通信中的两个重要技术领域。语音编码技术属于信源编码，可提高系统的频带利用率和信道容量。信道编码技术可提高系统的抗干扰能力，从而保证良好的通话质量。

　　5．扩展频谱（Spread Spectrum，SS）通信简称为扩频通信。扩频通信是一种信息传输方式，在发送端采用扩频码调制，使信号所占有的频带宽度远大于所传信息必需的最小带宽。

　　6．根据服务区覆盖方式的不同，可将移动通信网分为大区制和小区制；蜂窝移动通信网通常是由若干邻接的无线小区组成一个无线区群，再由若干无线区群构成整个服务区。

　　7．多信道共用，就是指移动通信网内的大量用户共享若干无线信道（频率、时隙、码型），这种占用信道的方式相对于独立信道来说，可以显著提高信道利用率。

习题与思考题

　　1．蜂窝移动通信中的多址接入方式有哪些？各自实现的原理和特点怎样？

2．设系统采用 FDMA 多址方式，信道带宽为 25kHz。问在 FDD 方式下，系统同时支持 200 路双向话音传输，则需要多大系统带宽？

3．自适应均衡的目的是什么？自适应均衡器的特点有哪些？

4．什么叫分集技术？移动通信中有哪些常用的分集技术？

5．试简述信源编码的种类及它们各自的优缺点。

6．扩频通信系统中是如何提高系统抗干扰性能的？

7．移动通信的组网有哪两种制式？各自的优缺点是什么？

8．无线区域的划分为什么采用正六边形小区形状？正六边形无线区群构成应满足什么条件？

9．什么是多信道共用？和独立信道相比较有何优点？

项目三 实现两部 GSM 手机之间的通信

本章导读

本章以实现两部 GSM 手机之间的通信项目为引导，首先介绍了 GSM 系统的组成、各模块功能及接口，详细介绍了 GSM 系统中的无线信道及系统中信号处理与发送的流程；接着简单介绍了我国 GSM 移动通信网的网络结构与编号计划，重点介绍了两部 GSM 手机之间的呼叫接续流程及控制管理，最后对 GPRS 系统及其网络结构进行简单介绍。

本章要点

- GSM 系统组成
- GSM 信道构成及信号传输
- 我国 GSM 移动通信网的网络结构
- GSM 系统的控制与管理
- 两部 GSM 手机之间的呼叫接续流程

任务 3.1 了解 GSM 系统的组成

GSM 系统全称为数字蜂窝移动通信系统（Global System for Mobile Communication），俗称"全球通"，它依照欧洲通信标准化委员会（ETSI）制定的 GSM 规范研制而成，是第二代移动通信技术（2G）。其开发目的是让全球各地可以共同使用一个移动电话网络标准，让用户使用一部手机就能通遍全球。

3.1.1 GSM 系统的技术参数

欧洲电信管理部门（CEPT）于 1982 年成立了一个被称为 GSM（Group、Special Mobile，移动特别小组）的专题小组，开始制定适用于泛欧各国的一种数字移动通信系统的技术规范。在 GSM 标准中，未对硬件进行规定，只对功能和接口等进行了详细规定，便于不同公司产品的互联互通。它包括 GSM900 和 DCS1800 两个并行的系统。这两个系统功能相同，差别只是工作频段不同。两个系统均采用 TDMA 接入方式。美国的数字蜂窝系统研制较欧洲稍晚一些。双方研制的大目标也不完全相同，泛欧 GSM 系统是为了打破国界，实现漫游通话；美国的 D-AMPS 系统是为了扩大容量，实现与模拟系统兼容。D-AMPS 系统即 IS-54 标准。另外，还有日本的 PDC 系统也采用 TDMA 多址方式。

在 GSM 小组的协调下，1986 年欧洲国家的有关厂家向 GSM 提出了 8 个系统的建议，并在法国进行移动试验的基础上对系统进行了论证比较。1987 年，就泛欧数字蜂窝状移动通信采用时分多址 TDMA、规则脉冲激励——长期线性预测编码（RPE-LTP）、高斯滤波最小频移键控调制方式（GMSK）等技术，取得一致意见，并提出了如下主要参数：

（1）频段：

下行：935～960MHz（基站发，移动台收）；

上行：890～915MHz（移动台发，基站收）。

（2）频带宽度：25MHz。

（3）上、下行频率间隔：45MHz。

（4）载频间隔：200kHz。

（5）通信方式：全双工。

（6）信道分配：每载频 8 个时隙，包含 8 个全速信道或 16 个半速信道。

（7）每时隙信道编码速率：22.8kbps。

（8）每个载波的传输速率：270kbps。

（9）调制方式：GMSK（高斯最小频移键控）。

（10）接入方式：TDMA。

（11）话音编码：RPR-LTP，13bps 的规则脉冲激励长期线性预测编码。

（12）分集接收：跳频每秒 217 跳，交织信道编码，自适应均衡。

3.1.2　GSM 系统的特点

GSM 系统的主要特点可归纳为如下几点：

（1）GSM 系统的移动台具有漫游功能，可以实现国际漫游。

（2）GSM 系统提供多种业务，除了能提供语音业务外，还可以开放各种承载业务、补充业务和与 ISDN 相关的业务。

（3）GSM 系统抗干扰能力强，覆盖区域内的通信质量高。

（4）GSM 系统具有加密和鉴权功能，能确保用户保密和网络安全。

（5）GSM 系统具有灵活和方便的组网结构，频率重复利用率高，移动业务交换机的话务承担能力一般都很强，保证在语音和数据通信两个方面都能满足用户对大容量、高密度业务的要求。

（6）GSM 系统容量大、通话音质好。

3.1.3　GSM 系统的组成

蜂窝移动通信系统 GSM 主要由交换网络子系统（NSS）、基站子系统（BSS）、操作维护子系统（OSS）和移动台（MS）四大部分组成，如图 3-1 所示。

GSM 系统中各模块的功能如下：

1. 交换网络子系统（NSS）

交换网络子系统主要完成交换功能和客户数据与移动性管理、安全性管理所需的数据库功能。NSS 由一系列功能实体所构成，各功能实体介绍如下：

（1）移动业务交换中心（MSC）：是 GSM 系统网络的核心，是对位于它所覆盖区域中的移动台进行控制和完成话路交换的功能实体，也是移动通信系统与其他公用通信网之间的接口。MSC 可从三种数据库，即归属位置寄存器（HLR）、设备识别寄存器（EIR）和鉴权中心（AUC）中获取处理用户位置登记和呼叫请求所需的全部数据。反之，MSC 也根据其最新得到的用户请求信息（如位置更新，越区切换等）更新数据库的部分数据。它可完成网络接口、公共信道信令系统和计费等功能，还可完成 BSS、MSC 之间的切换和辅助性的无线资源管理、移动性管理等。另外，为了建立至移动台的呼叫路由，每个 MSC 还应能完成入口 MSC（GMSC）的功能，即查询位置信息的功能。

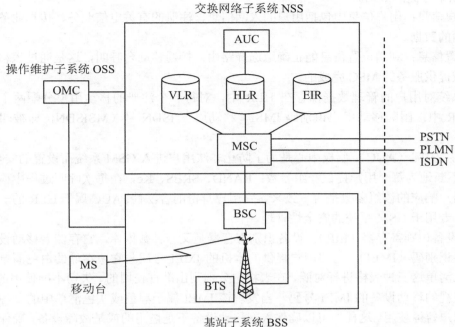

图 3-1 GSM 系统的网络结构

MS：移动台	BTS：基站收发信台	BSC：基站控制器
MSC：移动业务交换中心	OMC：操作维护中心	AUC：鉴权中心
VLR：访问用户位置寄存器	HLR：归属用户位置寄存器	EIR：设备识别寄存器
PSTN：公用电话网	PLMN：公用陆地移动网	ISDN：综合业务数字网

MSC 通常是一个相当大的数字程控交换机，能控制若干个 BSC。目前一个典型的移动交换中心有 8~12 个机架，大约能满足一个拥有百万人口的省会城市的要求，使其移动通信的普及率达到中等程度。

对于容量比较大的移动通信网，一个网络子系统 NSS 可包括若干个 MSC、VLR 和 HLR。当固定用户呼叫 GSM 移动用户时，无需知道移动用户所处的位置，此呼叫首先被接入到入口移动业务交换中心，称为移动关口局或网管 MSC，即 GMSC。入口交换机负责从 HLR 中获取移动用户位置信息，且把呼叫转接到移动用户所在的 MSC 那里。

（2）访问用户位置寄存器（VLR）：VLR 是一个数据库。它含有 MSC 建立和释放呼叫以及提供漫游与补充业务的管理所需要的全部数据。监视进入其管辖区内的用户动态位置变化，并存储其覆盖区的移动用户全部有关信息。VLR 服务于某一特定区域，当移动用户进入某一MSC 管辖区域时，由 MSC 通知 VLR，VLR 通过外部接口从 HLR 中获取所有的用户数据。一旦移动用户离开该 VLR 的控制区域，则重新在另一个 VLR 登记，原来访问的 VLR 将取消临时记录的该移动用户数据。因此，VLR 是一个动态数据库。

（3）归属用户位置寄存器（HLR）：在 GSM 系统中，虽然每个移动用户都可以在整个GSM 内漫游，但是移动用户只需要向其中一个国家的一个运营者进行登记、签约及付费，这个运营者就是该移动用户的归属局,归属局中有存放所有用户签约信息的寄存器——归属位置寄存器 HLR。

HLR 是一个管理移动用户的主要数据库,根据网络的规模,系统可有一个或多个 HLR。HLR 存储以下方面的数据。

1)用户信息:用户信息中包括用户的入网信息,注册的有关电信业务、传真业务和补充业务等方面的数据。

2)位置信息:利用位置信息能正确地选择路由,接通移动台呼叫,这是通过该移动台当前所在区域提供服务的 MSC 完成的。

网络系统对用户的管理数据都存在 HLR 中,对每一个注册的移动用户分配两个号码并存储在 HLR 中:国际移动用户识别码 IMSI、移动用户 ISDN 号(MSISDN,即被叫时的呼叫号码)。

(4)鉴权中心(AUC):鉴权中心是为了防止非法用户进入 GSM 系统而设置的安全措施,AUC 可以不断地为每个用户提供一组参数:RAND、SRES、Kc,在每次呼叫过程中检查系统提供的和用户响应的该组参数是否一致来鉴别用户身份的合法性。AUC 属于 HLR 的一个功能单元部分,专用于 GSM 系统的安全性管理。

(5)设备识别寄存器(EIR):设备识别寄存器是又一种数据库,它存储着移动设备的国际移动设备识别码(IMEI)。它将用户提供的本机的 IMEI 号码与它所存储的白色清单、黑色清单或灰色清单这三种表格进行对照,在表格中分别列出准许使用的、失窃不准使用的、出现异常需要监视的移动设备的 IMEI 号码,当发现该 IMEI 属于黑色或灰色清单中的一种时,便不准或让用户暂停使用。这样便可以确保入网移动设备不是盗用的或是故障设备,确保注册用户的安全性。

2. 基站子系统(BSS)

BSS 是 GSM 系统的基本组成部分,它是在一定的无线覆盖区中由 MSC 控制,与 MS 进行无线通信的系统设备,它主要负责完成无线发送接收和无线资源管理等功能。功能实体可分为基站控制器(BSC)和基站收发信台(BTS)。通常,NSS 中的一个 MSC 控制一个或多个 BSC,每个 BSC 控制多个 BTS。

基站控制器实际上是一台具有很强处理能力的小型交换机,它主要负责无线网络资源的管理、小区配置数据管理、功率控制、定位和切换等。

基站收发信台是无线接口设备,它完全由 BSC 控制,主要负责无线传输,完成无线与有线的转换、无线分集、无线信道加密、调频等功能。BTS 主要分为基带单元、载频单元、控制单元三大部分。基带单元主要用于必要的语音和数据传输速率适配以及信道编码等;载频单元主要用于调制/解调与发射机/接收机之间的耦合等。

3. 操作维护子系统(OSS)

操作维护子系统主要包括三部分的功能:对电信设备的网络操作与维护、注册管理和计费、移动设备管理。OSS 要完成的任务都需要 BSS 或 NSS 中的一些或全部基础设施以及提供业务公司之间的相互作用:通过网络管理中心、安全性管理中心、用户识别卡管理个人化中心等功能实体,以实现对移动用户注册管理、收费和记账管理、移动设备管理和网络操作和维护。

4. 移动台(MS)

移动台是公用 GSM 移动通信网中用户使用的设备。移动台的类型不仅包括手持台,还包括车载台和便携式台。除了通过无线接口接入 GSM 系统外，移动台必须提供与使用者之间的接口。例如完成通话呼叫所需的话筒、扬声器、显示屏和按键，或者提供与其他终端设备之间的接口。例如与个人计算机或传真机之间的接口，或同时提供这两种接口。因此，根据应用与服务情况，移动台可以是单独的移动终端（MT）、手持机、车载机，或者是由移动终端（MT）直接与终端设备（TE）相连接而构成，或者是由移动终端（MT）通过相关终端适配器（TA）与终端设备（TE）相连接而构成。这些都归类为移动台的重要组成部分之一——移动设备。

移动台另外一个重要的组成部分是用户识别模块（SIM），它基本上是一张符合 ISO 标准的"智慧"卡，包含所有与用户有关的和某些无线接口的信息，其中也包括鉴权和加密信息。使用 GSM 标准的移动台都需要插入 SIM 卡，只有当处理异常的紧急呼叫时，可以在不用 SIM 卡的情况下操作移动台。GSM 系统是通过 SIM 卡来识别移动电话用户的，这为将来发展个人通信打下了基础。

3.1.4　GSM 系统的接口

GSM 系统在制定技术规范时，就对系统功能、接口等做了详细规定，以便于不同公司的产品可以互连互通，为 GSM 系统的实施提供了灵活的设备选择方案。GSM 系统各部分之间的接口如图 3-2 所示。

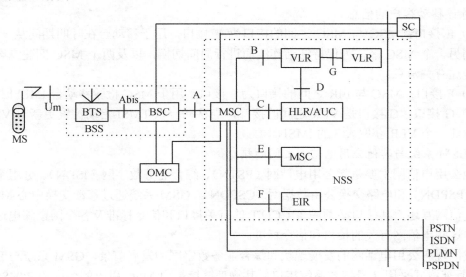

图 3-2　GSM 系统接口示意图

上图中所有的接口可分为三大类：主要接口、NSS 内部接口、GSM 系统与其他公用电信网之间的接口。下面对这些接口做详细介绍。

1. 主要接口

GSM 系统的主要接口是指 A 接口、Abis 接口和 Um 接口。这三种主要接口的定义和标准化可以保证不同厂家生产的移动台、基站子系统和网络子系统设备能够纳入同一个 GSM 移动通信网运行和使用。

（1）Um 接口：又称为空中接口，它是移动台和基站收发信台 BTS 之间的接口，用于移动台和 GSM 系统设备间的互通，其物理链接通过无线链路实现。此接口传递的信息包括无线资源管理、移动性管理和连接管理等。

（2）Abis 接口：是基站控制器 BSC 和基站收发信台 BTS 之间的通信接口，Abis 接口支持向客户提供的所有服务，并支持对 BTS 无线设备的控制和无线频率的分配。其物理链接通过采用标准的 2.048Mbps 或者 64kbps 的 PCM 数字传输链路来实现。

（3）A 接口：BSC 与 MSC 之间的接口为 A 接口，采用 14 位地址方式。其物理链接通过采用标准的 2.048Mbps 的 PCM 数字传输链路来实现。此接口主要传递呼叫处理、移动性管理、基站管理、移动台管理等信息。

2. NSS 系统内部的接口

在 NSS 内部各功能实体之间定义了 B、C、D、E、F 和 G 接口，它们的物理链接方式都是通过标准的 2.048Mbps 的 PCM 数字传输链路来实现。

（1）B 接口：MSC 与 VLR 之间的接口为 B 接口，用于 MSC 向 VLR 询问有关移动台当前位置信息，或通知 VLR 有关移动台的位置更新。

（2）C 接口：MSC 与 HLR 之间的接口为 C 接口，用于完成被叫移动用户信息的传递以及获取被叫移动用户的漫游号码。

（3）D 接口：HLR 与 VLR 之间的接口为 D 接口，主要交换位置信息和客户信息。当移动台漫游到 VLR 所管辖区域后，VLR 通知 MS 的 HLR，HLR 向 VLR 发送有关该用户的业务消息，以便 VLR 给漫游用户提供合适的业务。同时 HLR 还要通知前一个为移动用户服务的 VLR 删除该移动客户的信息。

（4）E 接口：MSC 与 MSC 之间的接口为 E 接口，用于移动台在呼叫期间从一个 MSC 区移动到另一个 MSC 区，为保持通话连续而进行局间切换，以及两个 MSC 间建立客户呼叫接续时传递有关消息。

（5）F 接口：MSC 与 EIR 之间的接口为 F 接口，用于 MSC 检验移动台 IMEI 时使用。

（6）G 接口：G 接口是 VLR 之间的接口，当移动台以 TMSI 启动位置更新时 VLR 使用 G 接口向前一个 VLR 获取 MS 的 IMSI。

3. GSM 系统与其他公用电信网之间的接口

其他公用电信网主要是指公用电话网（PSTN）、综合业务数字网（ISDN）、分组交换公用数字网（PSPDN）和电路交换公用数据网（CSPDN）。GSM 系统通过移动交换中心 MSC 与这些公用电信网互连，其接口必须满足 CCITT 的有关接口和信令标准及各个国家邮电运营部门制定的与这些电信网有关的接口和信令标准。

据我国现有公用电话网的发展现状和综合业务数字网的发展前景，GSM 系统与 PSTN 和 ISDN 的互连方式采用 7 号信令系统接口，其物理链接是由 MSC 引出的标准的 2.048Mbps 的数字链路实现。如果具备 ISDN 交换机，HLR 可建立与 ISDN 网间的直接信令接口，使 ISDN 通过移动用户的 ISDN 号码，直接向 HLR 询问移动台的位置信息，以建立至移动台当前所在 MSC 之间的呼叫路由。

任务 3.2　理解 GSM 系统的无线信道及信号传输

3.2.1　GSM 系统的频谱分配和频道划分

1. 频率配置

除美国外，全球基本 GSM900 的频率范围是 890～915MHz（上行 25MHz），935～960MHz

（下行 25MHz）；扩展 GSM900 的频率范围是：880～915MHz（上行 35MHz），925～960MHz（下行 35MHz）；我国蜂窝移动通信网 GSM 系统采用 900MHz 频段：

上行链路：890MHz～915MHz（移动台发、基站收）

下行链路：935MHz～960MHz（基站发、移动台收）

可用带宽 25MHz，收发频率间隔为 45MHz。

随着业务的发展，可视需要向下扩展，或向 1.8GHz 频段的 DCS1800 过渡，即 1800MHz 频段：

上行链路：1710 MHz～1785 MHz（移动台发、基站收）

下行链路：1805 MHz～1880 MHz（基站发、移动台收）

可用带宽 75MHz，双工收发间隔是 95MHz。

2. 频道配置

由于载频间隔是 200kHz，因此 GSM 系统将整个工作在 900MHz 频段共 25MHz 带宽按照等间隔频道配置的方法，共分为 124 对载频，频道序号为 1～124。其中中国移动 1～94 频道，中国联通 95～124 频道，频道序号和频道标称中心频率关系为：

$$f_l(n)= 890.200\text{MHz} +(n-1)\times 0.200\text{MHz} \quad 上行频率 \tag{3-1}$$

因双工间隔为 45MHz，所以其下行频率可用上行频率加双工间隔获得，即

$$f_h(n)= f_l(n)+45\text{MHz} \tag{3-2}$$

在 GSM 系统中因采用 TDMA 技术，每载频分为 8 个时隙，即 8 个信道，因此，给出信道号 m 计算对应工作频率时，应先计算对应的频道号 $n=m/8$，n 计算得到的小数部分全部进位。如 $m=11$，则 $n=11/8=1.375$，取 $n=2$，代入（3-1）式计算。

例3-1 计算第 131 号频道的上下行工作频率。

解： $f_l(131)= 890.200\text{MHz}+(131-1)\times 0.200\text{MHz}= 916.2\text{MHz}$

$$f_h(131)= f_l(131)+45\text{MHz}= 961.2\text{MHz}$$

例3-2 计算第 131 号信道的上下行工作频率。

解： 因为 GSM 系统中，每频道分为 8 个时隙，即 8 个信道，第 131 号信道对应的工作频道号为 131/8=16.375≈17

则 $f_l(17)= 890.200\text{MHz}+(17-1)\times 0.200\text{MHz}= 893.4\text{MHz}$

$$f_h(17)= f_l(17)+45\text{MHz}= 938.4\text{MHz}$$

3. 载波干扰保护比

载波干扰保护比（C/I）是指接收到的希望信号电平与非希望信号电平的比值，此比值与 MS 的瞬时位置有关。这是由于地形不规则性及本地散射体的形状、类型及数量不同，以及其他一些因素如天线类型、方向性及高度，站址的标高及位置，当地的干扰源数目等所造成的。

GSM 规范中规定：

同频道干扰保护比：　　　C/I≥9dB

邻频道干扰保护比：　　　C/I≥-9dB

载波偏离 400kHz 时的干扰保护比：　C/I≥-41dB

4. 频率复用方式

频率复用是指在不同的地理区域上用相同的载波频率进行覆盖。这些区域必须隔开足够的距离，以致所产生的同频道及邻频道干扰的影响可忽略不计。频率复用方式就是指将可用频道分成若干组，若所有可用的频道数为 N（如 94），分成 F 组（如 9 组），则每组的频道数为

N/F（94/9≈10.6，即有些组的频道数为 10 个，有些为 11 个）。对每个运营商来说分配给它的总的频道数 N 是固定的，所以分组数 F 越少则每组的频道数就越多。但是，频率分组数的减少也会使同频道复用距离减小，导致系统中平均 C/I 值降低。因此，在工程实际使用中要折中考虑，同时把同频干扰保护比 C/I 值加 3dB 的冗余来保护。

一般对于有方向性天线，采用 12 分组方式，即 4 个基站，12 组频率（见图 3-3）或 9 分组方式，即 3 个基站，9 组频率（见图 3-4）。

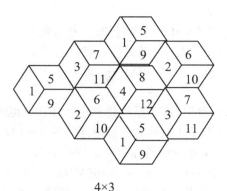

4×3

图 3-3　12 分组 4×3 复用方式

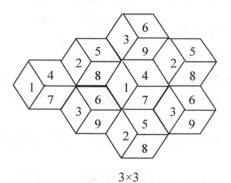

3×3

图 3-4　9 分组 3×3 复用方式

对于无方向性天线，即全向天线建议采用 7 组频率复用方式，其 7 组频率可从 12 组中任选，但相邻频率组应尽量不在相邻小区使用，业务量较大的地区可从剩余的频率组借用频道。如使用第 9 组的小区可借用第 2 组频道等，如图 3-5 所示。

5. 保护频带

保护频带设置的原则是确保数字蜂窝移动通信系统能满足上面所述的干扰保护比要求。如 GSM900MHz 系统中，移动和联通两系统间应有约 400kHz 的保护带宽；GSM1800MHz 与其他无线电系统的频率相邻时，应考虑系统间的相互干扰情况，留出足够的保护频带。

6. 接入方式

在 GSM 中，无线路径上是采用频分多址（FDMA）和时分多址（TDMA）相结合的接入方式。在这种接入方式中，GSM 共 25MHz 的频段被分为 124 个频道，频道间隔是 200kHz。每一频道（或叫载频）可分成 8 个时隙（TS0～TS7），每一时隙为一个信道，每个信道占用带宽 200kHz/8=25kHz。因此，一个载频最多可有 8 个移动客户同时使用，如图 3-6 所示。

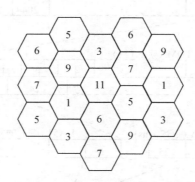

图 3-5　采用无方向性天线时的频率配置

图 3-6（a）、（b）所示都是一个方向的情况，在其相反方向上必定有一组对应的频率（FDMA）或时隙（TDMA）。

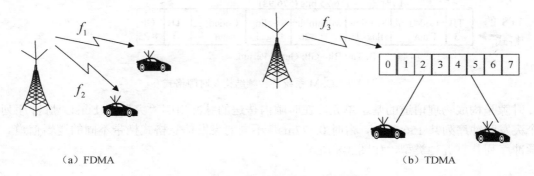

（a）FDMA　　　　　　　　　　　　　　　　　（b）TDMA

图 3-6　FDMA 和 TDMA 结合的接入方式

3.2.2　理解 GSM 的信道构成及信号传输

1. GSM 的帧结构

在 TDMA 中，每个载频被定义为一个 TDMA 帧，在信息传输中要有 TDMA 帧号（FN），这是因为 GSM 特性之一的客户保密性好是通过在传送信息前对信息进行加密实现的。而计算加密序列的算法要以 TDMA 帧号为一个输入参数，因此每一帧都必须赋予一个帧号。有了 TDMA 帧号，移动台就可判断控制信道 TS0 上传送的是哪一类逻辑信道（后续）。TDMA 帧号是以 3.5 小时（2715648 个 TDMA 帧）为周期循环编号的。每 2715648 个 TDMA 帧为一个超高帧，每一个超高帧又可分为 2048 个超帧，一个超帧持续时间为 6.12s，每个超帧又是由复帧组成。帧的编号 FN 以超高帧为周期，从 0～2715647。GSM 系统各种帧结构及时隙格式如图 3-7 所示。

从图 3-7 中可以看出复帧分为两种类型：26 帧的复帧和 51 帧的复帧。26 帧的复帧：它包括 26 个 TDMA 帧，这种复帧持续时长 120ms，主要用于业务信息的传输，也称作业务复帧；51 帧的复帧：它包括 51 个 TDMA 帧，这种复帧持续时长为 235.385ms，专用于传输控制信息，也称作控制复帧。

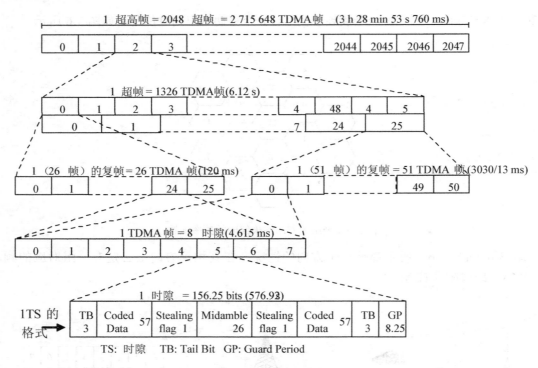

图 3-7   GSM 系统各种帧结构及时隙格式

时隙是构成物理信道的基本单元,在时隙内传送的脉冲串叫"突发"(burst)脉冲序列。每个突发脉冲序列共 156.25bit,占时 0.577ms。不同的突发信息格式携带不同的逻辑信道。突发脉冲序列共有五种类型,如图 3-8 所示。

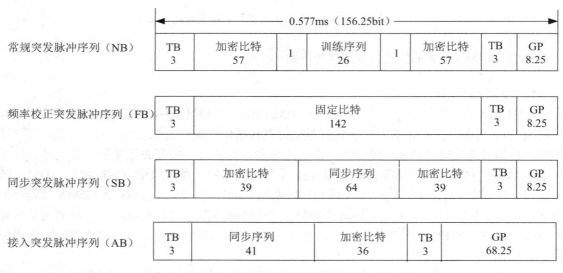

图 3-8   突发脉冲序列的格式

(1)普通突发脉冲序列(NB)

用于携带业务信道及除接入信道、同步信道和频率校正信道以外的控制信道上的信息(关于信道的有关问题下面论述)。"57 个加密比特"是客户数据或话音,再加"1 个比特"用作借用标志。借用标志是表示此突发脉冲序列是否被某个信道借用。"26 个训练比特"是一串已知比特，用于供均衡器产生信道模型（一种消除时间色散的方法）的依据。"TB"尾比特总是000，帮助均衡器判断起始位和中止位。"GP"保护间隔，8.25 个比特（相当于大约 30μs），是一个空白空间。由于每载频最多 8 个客户，因此必须保证各自时隙发射时不相互重叠。尽管使用了时间调整方案，但来自不同移动台的突发脉冲序列彼此间仍会有小的滑动，因此 8.25 个比特的保护可使发射机在 GSM 建议许可范围内上下波动。

（2）频率校正突发脉冲序列（FB）

频率校正突发脉冲序列用于移动台的频率同步，它相当于一个带频移的未调载波，它的"固定比特"全部是 0，使调制器发送一个未调载波。"TB"和"GP"同普通突发脉冲序列中的"TB"和"GP"。

（3）同步突发脉冲序列（SB）

SB 用于移动台的时间同步。因为在语音编码和信道编码时没有考虑同步问题，所以数字传输中最重要的同步问题由突发传输解决。SB 是 BS 到 MS 的突发，包括一个易于被检测的长同步序列（64bit）、两段各 39bit 的加密比特和 8.25 的保护比特（见图 3-8）。同步序列（64bit）用于携带 TDMA 帧号（FN）和基站识别码（BSIC），与频率校正序列 FB 一起广播。SB 的重复发送构成了同步信道（SCH）。它是 MS 在下行方向上解调的第一个突发。有了 TDMA 帧号，MS 就能判断控制信道的时隙。

（4）接入突发脉冲序列（AB）

接入突发脉冲序列用于 MS 主呼或寻呼响应时随即接入，它有一个较长的保护时间间隔（68.25bit）。这是因为移动台的首次接入或切换到一个新的基站后不知道时间提前量，移动台可能远离基站，这意味着初始突发脉冲序列会迟一些到达，由于第一个突发脉冲序列没有时间提前，为了不与正常到达的下一个时隙中的突发脉冲序列重叠，此突发脉冲序列必须要短一些，保护间隔长一些，如图 3-8 所示。

（5）空闲突发脉冲序列（DB）

当用户无信息传输时，用 DB 代替 NB 在 TDMA 时隙中传送。DB 不携带任何信息，不发送给任何移动台，格式与 NB 相同，只是其中加密比特改为具有一定比特模型的混合比特。

2. GSM 信道的构成

GSM 系统的信道构成如图 3-9 所示。

（1）信道的定义

物理信道就是 TDMA 帧中的一个时隙，逻辑信道是根据所传输信息的种类人为定义的一种信道，在传输过程中逻辑信道要被映射到某个物理信道上才能实现信息的传输。逻辑信道分为两类，业务信道（TCH）和控制信道（CCH）。

（2）逻辑信道的构成

1）业务信道（TCH）：用于传送编码后的话音或数据，在上行或下行信道上，点对点（BTS对一个 MS，或反之）方式传播。

2）控制信道（CCH）：用于传送信令或同步数据。根据所需完成的功能又把控制信道定义为广播控制信道（BCH）、公共控制信道（CCCH）及专用控制信道（DCCH）三种。

广播控制信道（BCH）：广播控制信道是一种"一点对多点"的单方向控制信道，用于基站向移动台广播公用的信息。传输的内容主要是移动台入网和呼叫建立所需要的有关信息。BCH 又分为以下三种信道：

① 频率校正信道（FCCH）：携带用于校正 MS 频率的消息。下行信道，点对多点（BTS 对多个 MS）方式传播。

② 同步信道（SCH）：携带 MS 的帧同步（TDMA 帧号）和 BTS 的识别码（BSIC）信息。下行信道，点对多点方式传播。

③ 广播控制信道（BCCH）：广播每个 BTS 的通用信息（小区特定信息）。下行信道，点对多点方式传播。

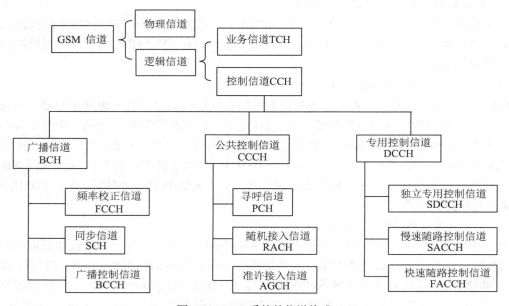

图 3-9　GSM 系统的信道构成

公用控制信道（CCCH）：公用控制信道是一种双向控制信道，用于呼叫持续阶段传输链路连接所需要的控制信令。CCCH 又分为以下三种信道：

① 寻呼信道（PCH）：用于寻呼（搜索）MS。下行信道，点对多点方式传播。

② 随机接入信道（RACH）：MS 通过此信道申请分配一个独立专用控制信道（SDCCH），可作为对寻呼的响应或 MS 主叫/登记时的接入信道。上行信道，点对点方式传播。

③ 允许接入信道（AGCH）：用于为 MS 分配一个独立专用控制信道（SDCCH）。下行信道，点对点方式传播。

专用控制信道（DCCH）：专用控制信道是一种"点对点"的双向控制信道，其用途是在呼叫接续阶段以及在通信进行当中，在移动台和基站之间传输必须的控制信息。DCCH 又分为以下三种信道：

① 独立专用控制信道（SDCCH）：用于在分配 TCH 之前呼叫建立过程中传送系统信令。例如登记和鉴权在此信道上进行。上行或下行信道，点对点方式传播。

② 慢速随路控制信道（SACCH）：它与一个 TCH 或一个 SDCCH 相关，是一个传送连续信息的连续数据信道，如传送移动台接收到的关于服务及邻近小区的信号强度的测试报告。这对实现移动台参与切换功能是必要的。它还用于 MS 的功率管理和时间调整。上行或下行信道，点对点方式传播。

③ 快速随路控制信道（FACCH）：它与一个 TCH 相关。工作于借用模式，即在话音传输

过程中如果突然需要以比 SACCH 所能处理的高得多的速度传送信令信息，则借用 20ms 的话音（数据）来传送，这一般在切换时发生。由于语音译码器会重复最后 20ms 的话音，因此这种中断并不被用户察觉。

3. 逻辑信道到物理信道的映射

经过上面的讨论可知：GSM 系统的逻辑信道数已经超过了一个载频所能提供的 8 个物理信道，因此要想给每一个逻辑信道都配置一个物理信道是不可能的，解决这个问题的基本方法是将公共控制信道复用，即在一个或两个物理信道上承载所有的公共控制信道。这个过程就是逻辑信道到物理信道的映射。

GSM 系统是按下面的方法建立物理信道和逻辑信道间的映射关系。

假设每个基站都有 n 个载频，分别为 C_0、C_1、...、C_{n-1}，其中 C_0 称为主载频。每个载频都有 8 个时隙，分别为 TS_0、TS_1、...、TS_7。C_0 上的 TS_0 用于广播信道和公共控制信道，C_0 上的 TS_1 用于专用控制信道，C_0 上的 $TS_2 \sim TS_7$ 用于业务信道。其余载频 $C_1 \sim C_{n-1}$ 上的 8 个时隙均用于业务信道。因此，每增加一个载频就会增加 8 个业务信道。不过在小容量地区，基站仅有一套收发信机，这意味着只有 8 个物理信道，这时 TS_0 既可用于公共控制信道又可用于专用控制信道。

（1）业务信道的映射

业务信道的复帧有 26 个 TDMA 帧，其组成的格式和物理信道的映射关系如图 3-10 所示。图中给出了时隙 2（即 TS_2）构成一个业务信道的复帧，共占 26 个 TDMA 帧，其中 24 帧 T（即 TCH），用于传输业务信息；1 帧为 A，代表随路的慢速辅助控制信道（SACCH），传输慢速辅助信道的信息（例如功率调整的信令）；还有 1 帧为空闲帧。若某 MS 被分配到 TS_2，每个 TDMA 帧的每个 TS_2 包含了此移动台的信息，直到该 MS 通信结束。只有空闲帧是个例外，它不含有任何信息，移动台以一定方式使用它，在空闲帧后序列从头开始。

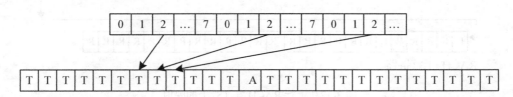

图 3-10 业务信道的映射方式

上行链路与下行链路的业务信道具有相同的组合方式，唯一的差别是有一个时间偏移，即相对于下行帧，上行帧在时间上推后 3 个时隙，这意味着移动台的收发不必同时进行。

（2）控制信道的映射

① BCH 和 CCCH 在 C_0 的 TS_0 上的映射

从帧的分级结构知道，51 帧的复帧是用于携带控制信息的，51 帧的复帧中共有 51 个 TS_0，所映射的信道是公共控制信道（BCH、CCCH、FCCH、SCH），其排列的序列如图 3-11 所示。此序列在第 51 个 TDMA 帧上映射一个空闲帧之后开始重复下一个 51 帧的复帧。

图中所示：

F（FCCH）——移动台依此同步频率，它的突发脉冲序列为 FB。

S（SCH）——移动台依此读 TDMA 帧号和 BSIC 码。突发脉冲序列为 SB。

B（BCH）——移动台依此读有关此小区的通用信息。突发脉冲序列为 NB。

I（IDEL）——空闲帧，不包括任何信息。突发脉冲序列为 DB。

C（CCCH）——移动台依此接受寻呼和接入。突发脉冲序列 NB。

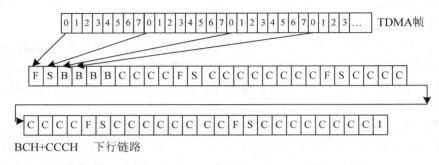

图 3-11   下行 BCH 与 CCCH 在 TS_0 上的映射

即便没有寻呼或接入进行，BTS 也总在 C_0 的 TS_0 上发射，使移动台能够测试基站的信号强度，以确定使用哪个小区更合适。C_0 的 $TS_1 \sim TS_7$ 以及其他载频的时隙也一样常发，如果没有信息传送，则用空闲突发脉冲序列代替。

以上叙述了下行链路 C_0 上的 TS_0 的映射。对上行链路 C_0 上映射的 TS_0 是不包含上述各信道的，它只含有随机接入信道（RACH），用于移动台的接入，如图 3-12 所示，它给出了 51 个连续 TDMA 帧的 TS_0。

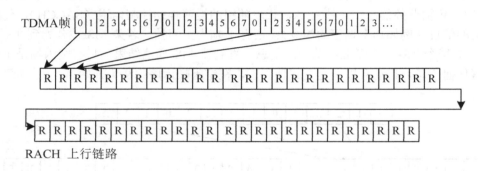

图 3-12   上行 RACH 在 TS_0 上的映射

② SDCCH 和 SACCH 在 C_0 的 TS_1 上的映射

下行链路 C_0 上的 TS_1 用于映射专用控制信道（DCCH）。其映射关系如图 3-13 所示。由于呼叫建立和登记时的比特率相当得低，所以可在一个时隙上放 8 个专用控制信道，以提高时隙的利用率。SDCCH 和 SACCH 共占用 102 个时隙，即 102 个时分复用帧，即两个复帧。

SDCCH 的 DX(D0、D1…) 只用于移动台建立呼叫或登记的开始时使用；当移动台转移到业务信道 TCH 上，用户开始通话或登记完释放后，DX 就用于其他的移动台。

SACCH 的 AX(A1、A2…)在传输建立阶段（也可能是切换时）需交换控制信息，如功率调整等信息，移动台的此类信息就是在该信道上传送。

由于是专用信道，所以上行链路 C_0 上的 TS_1 也具有同样的结构，即意味着对一个移动台同时可双向连接，但时间上有个偏移。

③ BCH 和 CCCH 以及 DCCH 在 TS_0 上的映射

以上讲的是基站载频多于一个时，公共控制信道（CCCH）与专用控制信道（DCCH）映射到两个信道。当某个小区仅一个载频时，就只有 8 个时隙，这时的 TS_0 既可用作公共控制信道（CCCH），又可用作专用控制信道（DCCH），映射方法如图 3-14 所示。

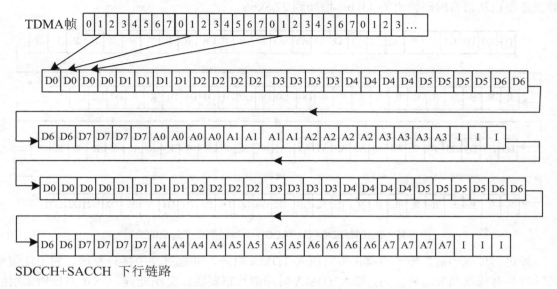

SDCCH+SACCH 下行链路

图 3-13　下行 SDCCH+SACCH 在 TS_1 上的映射

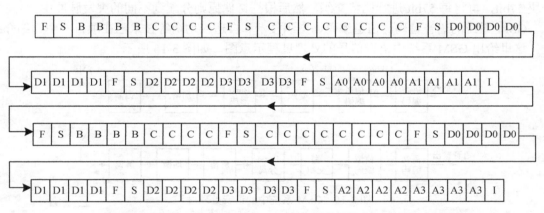

图 3-14　BCH+CCCH+SDCCH+SACCH 下行链路在 TS_0 上的映射

102 个 TDMA 帧重复一次，即下行链路包括 BCH（F，S，B）、CCCH（C）、SDCCH（D0～D3）、SACCH（A0～A3）和空闲帧 I；上行链路包括 RACH（R）、SDCCH（D0～D3）和 SACCH（A0～A3），共占 102 个 TS，如图 3-15 所示。

4. GSM 系统中信号处理与发送

（1）语音信号处理（语音编码、信道编码和交织）

语音编码主要由规则脉冲激励长期预测编码（RPE-LTP 编译码器）组成，RPE-LTP 编码器将波形编码和声码器两种技术综合运用，从而以较低的速率获得较高的语音质量。信道编码则是通过加冗余码来防止码字出错，但加入冗余码增加了数据发送量。从语音编码器来的260bit/20ms 的数据块按照重要性和种类被分成三类：最重要的信息 50bit；重要的信息 132bit；不重要的信息 78bit。对最重要的 50bit 信息进行重点保护，即先进行提供检错的分组编码，然后进行具有检纠错能力的半码率卷积编码；对重要的 132bit 信息，也同样经过半码率卷积编码；对非重要的信息，不进行任何保护。经过信道编码后，得到 456bit/20ms 的语音数据块，数据速率也从语音编码输出的 13kb/s 增加到 22.8kb/s。

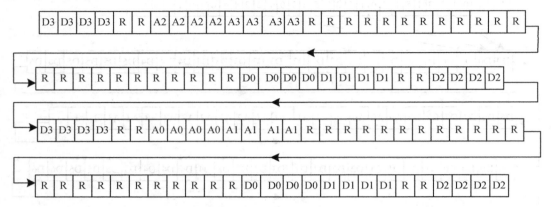

图 3-15　RACH+SDCCH+SACCH 上行链路在 TS₀ 上的映射

　　经过信道编码后，下一步就是将它放入 TDMA 时隙，并通过空中接口发送。为了使信号传输时具有抗瑞利衰落的能力，放入 TDMA 时隙的数据要经过交织处理。GSM 系统所采用的交织既有块交织又有比特交织。从语音编码器来的 456bit 输出被分裂成 8 个语音子块，每个子块 57bit，再将每 57bit 进行比特交织，然后根据奇偶原则分配到不同的突发脉冲中。

　　GSM 系统的语音编码、信道编码、交织技术和自适应均衡等技术已在项目一中详细介绍过。这里给出 GSM 系统中语音信号的处理过程示意图，如图 3-16 所示。

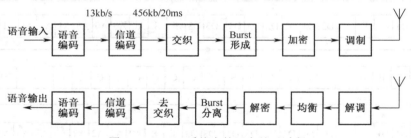

图 3-16　GSM 系统中的语音处理过程

　　（2）调制与发射

　　GSM 的调制方式是 GMSK。矩形脉冲在调制器之前先通过一个高斯滤波器。这一调制方案由于改善了频谱特性，从而能满足 CCIR 提出的邻信道功率电平小于-60dBW 的要求。高斯滤波器的归一化带宽 B_bT_b=0.3。基于 200kHz 的载频间隔及 270.833kb/s 的信道传输速率，其频谱利用率为 1.35b/s/Hz。

　　GSM 系统中，基站发射功率为每载波 500W，每时隙平均为 500/8=62.5W。移动台发射功率分为 0.8W、2W、5W、8W 和 20W 五种，可供用户选择。小区覆盖半径最大为 35km，最小为 500m，前者适用于农村地区，后者适用于市区。

　　（3）间断传输技术

　　为了提高频谱利用率并降低移动台功耗，GSM 系统采用了间断传输（DTX）技术。在两个用户的交谈中，通常是一方讲话，另一方听。GSM 利用了这一特点，当 GSM 的语音编码器检测到语音的间隙后，在间隙期不发送，这就是所谓的 GSM 的间断传输（DTX）。DTX 能在通话期对语音进行 13kb/s 编码，在停顿期采用对讲话者的背景噪声（如汽车噪声、办公室噪声等）进行 500b/s 的编码，发送舒适噪声，舒适噪声的作用是抑制发信机开关造成的干扰和防止发信机关闭期间可能产生的中断错觉。

为了实现 DTX，GSM 系统中采用了语音活动性检测（VAD），这是一种自适应门限语音检测算法。当发端判断出通话者暂停通话时，立即关闭发射机，暂停传输语音，但每隔 480ms 传送一次背景噪声参数；当接收端检测出无语音时，在相应空闲帧中填上轻微的舒适噪声，以免给收听者造成通信中断的错觉。

任务 3.3　了解我国 GSM 移动通信网的网络结构与编号计划

3.3.1　全国 GSM 移动通信网的网络结构

我国的移动通信网采用三级组网结构。在各省或大区设有两个一级移动汇接中心，通常以单独设置的移动业务汇接中心，它们之间以网状网方式相连；每个省内至少应设有两个以上的二级移动汇接中心，并把它们置于省内主要城市，以网状网方式相连，同时它还应与相应的两个一级移动汇接中心连接。图 3-17 给出了 GSM 和 PSTN 的三级网络连接示意图。

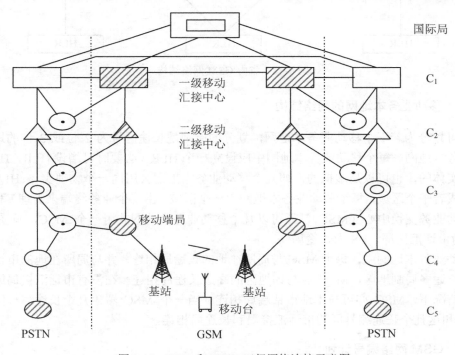

图 3-17　GSM 和 PSTN 三级网络连接示意图

从图中可见，三级网络结构组成了一个完全独立的数字移动通信网。但是，公用电话网有自己的国际出口局，而 GSM 数字移动通信网是没有自己的国际出口局的，国际间的通信还需借助于公用电话网的国际局。

3.3.2   省内 GSM 移动通信网的网络结构

省内 GSM 移动通信网由若干个移动业务汇接中心（即二级汇接中心）和各地市的移动业务本地网构成，汇接中心之间为网状网结构，汇接中心与移动端局之间呈星状网。根据业务量的大小，二级汇接中心可以是单独设置的汇接中心（即不带客户，没有至基站接口，只作汇接），也可兼作移动端局（与基站相连，可带客户）。省内 GSM 移动通信网中一般设置二三个移动汇接局较为适宜，最多不超过四个，每个移动端局至少应与省内两个二级汇接中心相连，如图3-18 所示。图中 TMSC 为汇接中心，MSC 为端局。任意两个移动端局之间若有较大业务量时，可建立直达路由。

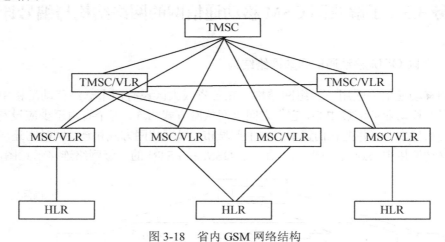

图 3-18   省内 GSM 网络结构

3.3.3   移动业务本地网的网络结构

全国可划分为若干个移动业务本地网，划分的原则是长途区号为 2 位或 3 位的地区为一个移动业务本地网。每个移动业务本地网中应设立一个 HLR（必要时可增设 HLR，HLR 可以是有物理实体的，也可以是虚拟的，即几个移动业务本地网公用同一个物理实体 HLR，HLR内部划分成若干个区域，每个移动业务本地网用一个区域，由一个业务终端来管理）和一个或若干个移动业务交换中心（MSC），还可以几个移动业务本地网共用一个 MSC，见图 3-19。图中 TS 为市话汇接局，LS 为长途局。

在移动业务本地网中，每个 MSC 与局所在地的长途局相连，并与局所在地的市话汇接局相连。在长途多局制地区，MSC 应与该地区的高级长途局相连。在没有市话汇接局或话务量足够大的情况下，MSC 亦可与本地市话端局相连。当一个 MSC 覆盖几个长途编号区时，该MSC 亦可和这几个长途编号区的市话汇接局和长途局相连。

3.3.4   GSM 网络编号计划

GSM 网络结构比较复杂，包括基站子系统、交换网络子系统、移动台子系统和操作维护子系统。每个子系统又包含一个或多个功能实体。为了将一个呼叫接至某个移动用户，需要调用相应的实体。因此要正确寻址，编号计划就非常重要。本节介绍 GSM 系统中各类编号结构与作用。

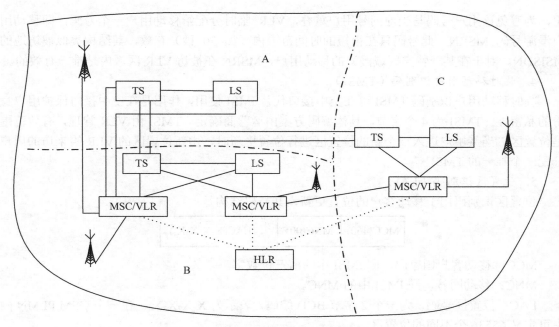

图 3-19　GSM 移动业务本地网结构示意图

1. 移动台 ISDN 号码（MSISDN）

MSISDN 是指主叫用户为呼叫 GSM PLMN 中的一个移动用户所需拨的号码，作用同固定网 PSTN 号码。存储在 HLR 和 VLR 中，在 MAP 接口上传送。结构如下：

国家码 CC	国内目的码 NDC	用户号码 SN

CC：国家码，如中国为 86。

NDC：国内目的码，即网络接入号，如中国移动的 NDC 目前有 139、138、137、136、135。中国联通的 NDC 为 130、131、132 等。

SN：用户号码，采用等长的 8 位编号计划。

在中国，移动用户号码升位为 11 位，在 $H_1H_2H_3$ 前面加了一个 H_0（0～9），其一般格式变为 86-139（或 8-0）-$H_0H_1H_2H_3$ABCD，典型的号码举例：8613904770000。

2. 国际移动用户识别码（IMSI）

IMSI 是 GSM 系统分配给移动用户（MS）的唯一识别号，此码在所有位置，包括在漫游区都是有效的。存储在 SIM 卡、HLR 和 VLR 中，在无线接口及 MAP 接口上传送。结构如下：

移动用户国家码 MCC	移动网号 MNC	移动用户识别码 MSIN

MCC：移动国家码，三个数字，如中国为 460。MCC 在世界范围内统一分配。

MNC：移动网号，两个数字，如中国移动的 MNC 为 00，中国联通的 MNC 为 01。

MSIN：移动用户识别码，由 11 位数字构成。用于唯一地识别某一 PLMN 内的 MS。

3. 移动用户漫游号码（MSRN）

当一个被叫移动用户已经离开最初登记的 HLR 而开始漫游，只要该用户已经在被访地登记，为避免该用户号码与当地同号用户重叠，VLR 临时分配给移动用户一个号码，即移动用户漫游号码 MSRN。此号码只在很短的时间范围内（如 30 秒）有效，其结构类似被访地的 MSISDN。对于在某一特定区域漫游的移动用户，MSRN 在被访 VLR 区域内是唯一有效的。

4. 临时移动用户识别码（TMSI）

临时移动用户识别码 TMSI 可在空中接口代替 IMSI 使用，作用是在空中接口保护用户身份的私密性。TMSI 为 4 个字节，具体编码方案由运营商确定。TMSI 由 VLR 管理，有效范围是位置区，当某用户进入一个新的位置区进行位置更新时，由新位置区的 VLR 给来访的用户分配一个唯一的 TMSI。

5. 位置区识别码（LAI）

位置区识别码用于移动客户的位置更新，其号码结构是：

MCC(460)	MNC(00)	LAC($X_1X_2X_3X_4$)

MCC：移动客户国家码，同 IMSI 中的前三位数字。

MNC：移动网号，同 IMSI 中的 MNC。

LAC：位置区号码，为一个 2 字节 BCD 编码，表示为 $X_1X_2X_3X_4$。在一个 GSM PLMN 网中可定义 65536 个不同的位置区。

6. 全球小区识别码（GCI）

CGI 用来识别一个位置区内的小区，它是在位置区识别码（LAI）后加上一个小区识别码（CI），其结构是：

MCC(460)	MNC(00)	LAC($X_1X_2X_3X_4$)	CI

LAI

7. 基站识别码（BSIC）

BSIC 是用于识别相邻国家的相邻基站的，为 6bit 编码，其结构是：

NCC(3bit)	BCC(3bit)

NCC＝国家色码，主要用来区分国界各侧的运营者（国内区别不同的省），为 XY_1Y_2。

X：运营商（移动 X＝1，联通＝0）

Y_1、Y_2：分配见表 3-1。

表 3-1　Y_1Y_2 的分配

Y_1 ＼ Y_2	0	1
0	吉林、甘肃、西藏、广西、福建、湖北、北京、江苏	黑龙江、辽宁、宁夏、四川、海南、江西、天津、山西、山东
1	新疆、广东、河北、安徽、上海、贵州、陕西	内蒙古、青海、云南、河南、浙江、湖南

BCC：基站色码，识别基站。由运营商设定。

8. 国际移动设备识别码（IMEI）

IMEI 唯一地识别一个移动台设备的编码，为一个 15 位的十进制数字，其结构是：

TAC	FAC	SNR	SP

TAC：型号批准码，由欧洲型号认证中心分配。

FAC：工厂装配码，由厂家编码，表示生产厂家及其装配地。

SNR：序号码，由厂家分配。识别每个 TAC 和 FAC 中的某个设备。

SP：备用，供将来使用。

9. MSC/VLR 号码

MSC/VLR 号码在 No.7 信令信息中使用，代表 MSC 的号码。我国邮电部门 GSM 移动通信网中的 MSC/VLR 号码结构为 $1390M_1M_2M_3$，其中 M_1M_2 的分配同 H_1H_2 的分配。

10. HLR 号码

HLR 号码在 No.7 信令信息中使用，代表 HLR 的号码。我国邮电部门 GSM 移动通信网中的 HLR 号码结构是客户号码为全零的 MSISDN 号码，即 $139H_1H_2H_30000$。

11. 切换号码（HON）

HON 是当进行移动交换局间越局切换时，为选择路由，由目标 MSC（即切换要转移到的 MSC）临时分配给移动客户的一个号码。此号码为 MSRN 号码的一部分。

任务 3.4 掌握 GSM 系统的控制与管理

GSM 系统是一种功能繁多且设备复杂的通信网络，无论是移动用户与市话用户之间还是移动用户之间建立通信，必须涉及到系统中的各种设备。本节重点讨论 GSM 系统中控制与管理的几个问题，包括位置登记与更新、越区切换、鉴权与加密。

3.4.1 位置登记与更新

GSM 把整个网络的覆盖区域划分为许多位置区，并以不同的位置区标志 LA_1、LA_2、LA_3、LA_4、...、LA_I 来进行区别，如图 3-20 所示。

位置登记是通信网为了跟踪移动台的位置变化，而对其位置信息进行登记、删除和更新的过程。由于数字蜂窝的用户密度比较高，因而位置登记过程必须更快、更准确。

MS 从一个位置区移到另一个位置区时，必须进行登记，也就是说一旦 MS 发现其存储器中的位置区识别码（LAI）与接收到的 LAI 发生了变化，便执行位置登记，这个过程也叫位置更新。位置更新过程是位置管理中的主要过程，由 MS 发起。在 GSM 系统中有三个地方需要知道位置信息，即 HLR、VLR 和 MS（或 SIM 卡）。当这个信息变化时，需要保持三者的一致。

位置更新分为如下两种情况：不同 MSC 业务区间的位置更新、相同 MSC 不同位置区的位置更新。

1. 不同业务区间的位置更新

如图 3-21 所示，当 MS 从小区 2 移向小区 5 时，BTS_5 通过新的 BSC 把位置区消息传到新的 MSC/VLR 中。这就是不同 MSC/VLR 业务区间的位置更新。图 3-22 给出了该情况下的具体的更新过程。

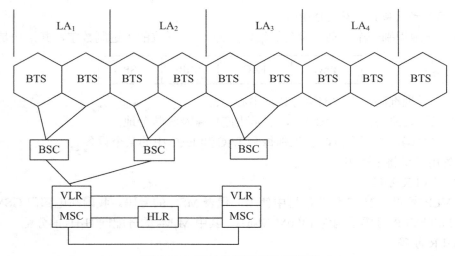

图 3-20　GSM 位置区划分示意图

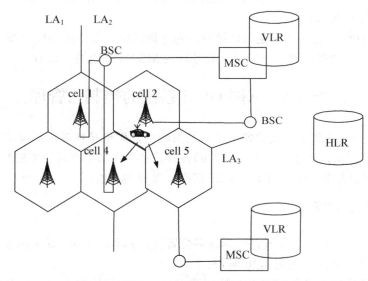

图 3-21　不同 MSC/VLR 业务区间的位置更新

更新过程如下：

① MS 在新小区内读到其 BCCH 上的信息，找到该小区位置区位置识别码（LAI），该 LAI 与 MS 内所存的 LAI 进行比较，当两者不一致时，需进行位置更新。MS 通过 RACH 向系统发出接入申请，通过申请到的 SDCCH 建立与网络的联系。

② MSC 把位置更新请求消息发送给 HLR，同时给出 MSC 和 MS 的识别码。

③ HLR 修改该用户数据，并返回给 MSC 一个确认响应，VLR 对该用户进行数据注册。

④ 由新的 MSC 发送给 MS 一个位置更新确认。

⑤ 同时由 HLR 通知原来的 MSC 删除 VLR 中有关该 MS 的用户数据。

⑥ 最后，原来的 MSC/VLR 删除了 MS 的用户数据，并返回响应给 HLR。

2. 相同 MSC 不同位置区的位置更新

图 3-21 中，当 MS 从小区 2 移向小区 4 时，这种情况属于相同 MSC 不同位置区的位置更

新。其更新过程如图 3-23 所示。MS 通过新的 BSC 将位置更新消息传给原来的 MSC，MSC 分析出新的位置区也属于本业务区内的位置区，即通知 VLR 修改用户数据，并向 MS 发送位置更新证实。

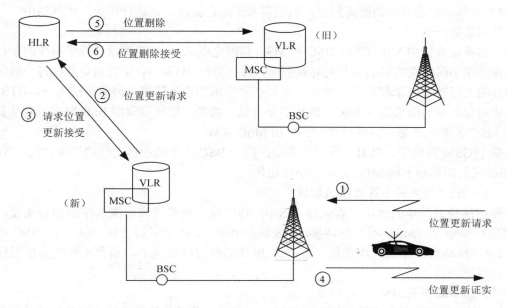

图 3-22 不同 MSC 之间位置更新的过程

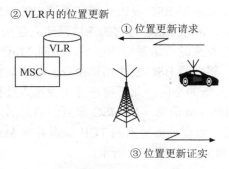

图 3-23 相同 MSC/VLR 业务区内的位置更新

3.4.2 越区切换

所谓越区切换是指在通话期间，当移动台从一个小区进入另一个小区时，网络能进行实时控制，把移动台从原小区所用的信道切换到新小区的某一信道，并保证通话不间断（用户无感觉）。

切换是由网络决定的，一般在下列两种情况下要进行切换：一种是正在通话的客户从一个小区移向另一个小区；另一种是 MS 在两个小区覆盖重叠区进行通话，可占用的 TCH 这个小区业务特别忙，这时 BSC 通知 MS 测试它的邻近小区的信号强度、信道质量，决定将它切换到另一个小区，这就是业务平衡所需要的切换。

判定移动台是否需要越区切换有以下三个准则：

（1）依接收信号载波电平判定。当信号载波电平低于门限电平时（例如-100dBm），则进行切换。

（2）依接收信号载干比判定。当载干比低于给定值时，则进行切换。

（3）依移动台到基站的距离判定。当距离大于给定值时，则进行切换。实际当中，一般常用的准则是第一个。

整个切换过程将由 MS、BTS、BSC 和 MSC 共同完成。MS 负责测量无线子系统的下行链路性能和周围小区中接收到的信号的导频强度，并报告给 BTS；BTS 将负责监视每个被服务的移动台的上行接收电平和质量，此外它还要在其空闲的话务信道上监测干扰电平。BTS 将把它和移动台测量的结果送往 BSC。最初的评价以及切换门限和步骤由 BSC 完成。对从其他 BSC 和 MSC 发来的信息，测量结果的评价由 MSC 完成。

在整个 GSM 系统中，共有三种切换类型：同一 BSC 内不同小区之间的切换、同一 MSC 不同 BSC 间的切换和不同 MSC 之间的小区切换。

1. 同一 BSC 内不同小区之间的切换

这种切换是最简单的情况。首先由 MS 向 BSC 报告原基站和周围基站的信号强度，由 BSC 发出切换命令，MSC 不参与切换。MS 切换到新 TCH 信道后告知 BSC，由 BSC 通知 MSC/VLR，移动台已完成此次切换。若 MS 所在的位置区也变了，那么在呼叫完成后还需要进行位置更新。

2. 同一 MSC 不同 BSC 间的切换

该情况下由 MSC 负责切换过程。BSC 通过对移动台测量报告的分析，若发现切换的首选目标小区不属于该 BSC 下时，它将向 MSC 发出一条切换请求的报文。当 MSC 收到该消息后，将尝试切入首选的目标小区，并向新 BSC 发出一条切换请求的报文。当新 BSC 收到该消息后，首先向 MSC 发一条确认消息，表示 MSC 与它的连接已建立起来了。

当新 BSC 收到目标小区发来的信道激活响应后，将向 MSC 发送一条切换请求响应的报文。当 MSC 收到该消息后，将向原 BSC 发送切换命令。当移动台收到该切换命令的消息后，将根据消息的指示来试图接入新的小区，此后将进行切换接入过程，当移动台成功地接入后，新的 BSC 将向 MSC 发送切换完成消息。当 MSC 收到该消息后，就会向原 BSC 发送一条清除命令。当原 BSC 收到该报文后将释放掉旧的 TCH 信道并向 MSC 发出清除完成的消息。于是，本次切换过程完毕。切换流程如图 3-24 所示。

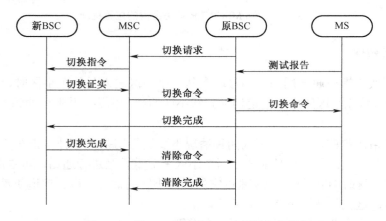

图 3-24   同一 MSC 不同 BSC 间的切换流程

3. 不同 MSC 之间的小区切换

这种切换是最复杂的一种切换。当归属 MSC-A 收到原 BSC-A 的切换申请后，通过对报告的分析，若发现切换首选目标小区的 LAC 号没有在其本地的 LAC 表中，则会查询其远端的 LAC 表，该 LAC 表中含有相邻 MSC/VLR 的路由地址，当找到目标 MSC-B 的地址后，则会向该目标 MSC-B 发出切换准备的消息。

目标 MSC-B 收到切换准备的报文后，将通过向其 VLR-B 发送分配切换号码的请求，切换号码的分配只是为了使归属 MSC-A 能够建立起与目标 MSC-B 之间的路由而提供的一个指向。VLR-B 将选择一个空闲的切换号码（HON）并通过发送切换报告的消息将切换号码发送给 MSC-B，MSC-B 收到后将返回一个切换报告响应的报文。此后，MSC-B 将建立一条与目标 BSC-B 的 SCCP 链路，并向 BSC-B 发出切换请求，再由 BSC-B 将目标小区的信道激活。BSC-B 在收到目标小区发来的信道激活响应后，将向 MSC-B 发送含有切换命令报文的切换请求响应。在 MSC-B 收到该消息后，就将该消息同切换号码一同包装在切换准备响应中发送给归属 MSC-A。MSC-A 一旦收到该报文后，就能向 MSC-B 发送通过初始化地址消息的报文，在该报文中含有 VLR-B 所分配的切换号码，以使 MSC-B 能识别哪个话音信道是为该移动台所保留的。

在 MSC-A 收到 MSC-B 发来的地址全消息后，便可将切换命令发送给移动台，通知它接入目标小区。此后移动台将完成与目标小区的切换接入过程。在收到移动台发送的切换接入消息后，MSC-B 将向 MSC-A 发送一条 PROCESS ACCESS SIGNING 的报文表示切换已检测到。当目标小区收到移动台发回的切换完成消息后，将通知 MSC-B。之后 MSC-B 通过向 MSC-A 发送一条结束信号的消息，来通知它切换已完成。

在 MSC-A 收到切换完成的指示后，将向原 BSC-A 发送清除命令，来释放旧的信道资源。当释放完成后 MSC-A 将通知 MSC-B，MSC-B 向其 VLR-B 发送切换报告，来请求释放所分配的切换号码。此时已完成 MSC 间切换。详细的切换流程如图 3-25 所示。

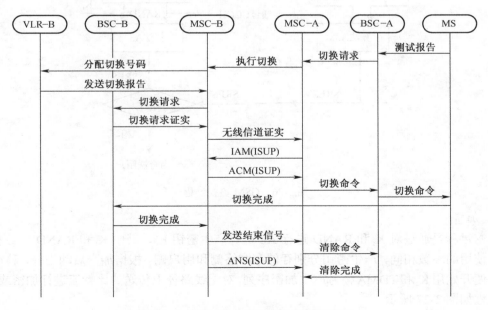

图 3-25　不同 MSC 之间的小区切换流程

3.4.3 鉴权与加密

GSM 系统一个显著的优点就是它在安全性方面比模拟系统有了显著的改进，它主要是在以下部分加强了保护：在接入网络方面通过 AUC 鉴权中心采取了对客户鉴权；在无线路径上采取了对通信信息的保密；对移动设备通过 EIR 设备识别中心采用了设备识别；对客户身份识别码 IMSI 用临时识别码 TMSI 保护；SIM 卡用 PIN 码保护。

客户的鉴权加密过程是通过系统提供的客户三参数组来完成的，客户三参数组的产生是在 GSM 系统的 AUC 鉴权中心完成的。每个客户在 GSM 网中注册登记时，就被分配一个客户电话号码（MSISDN）和客户身份识别码（IMSI）。IMSI 通过 SIM 写卡机来写入客户的 SIM 卡中，同时在写卡机中又产生了一个对应此 IMSI 的唯一客户鉴权键 K_i，它被分别存储在客户的 SIM 卡和 AUC 中，这是永久性的信息。在 AUC 中还有个伪随机码发生器，用于产生一个不可预测的伪随机数 RAND。在 GSM 规范中还定义了 A3、A8 和 A5 算法分别用于鉴权和加密过程。在 AUC 中 RAND 和 K_i 经过 A3 算法（鉴权算法）产生了一个响应数 SRES，同时经过 A8 算法（加密算法）产生了一个 K_c。因而由 RAND、K_c、SRES 一起组成了该客户的一个三参数组，传送给 HLR 并存储在该客户的客户资料库中。

1. 鉴权

鉴权时，AUC 产生随机数 RAND，并进行 A3 运算；RAND 同时通过公共控制信道送给移动终端，在 SIM 卡中进行 A3 运算，运算结果在 VLR 中进行比较，VLR 的数据是由 HLR 传送过来的，这个过程一般是在移动设备登记入网和呼叫时进行的，鉴权过程如图 3-26 所示。

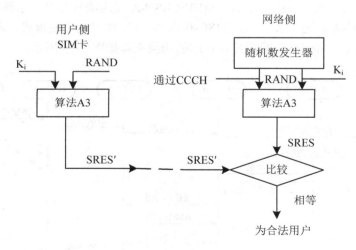

图 3-26 GSM 鉴权过程

2. 加密

加密过程是通过对 K_i 和 RAND 进行 A8 运算产生密钥 K_c，其中 K_i 和 RAND 参数和鉴权过程中使用的参数相同，产生密钥分别存储在网络侧和用户侧。根据加密启动指令，移动用户和基站便开始用 K_c 和 TDMA 帧号产生加密序列，对无线路径上传送的比特流进行加密或解密。加密过程如图 3-27 所示。

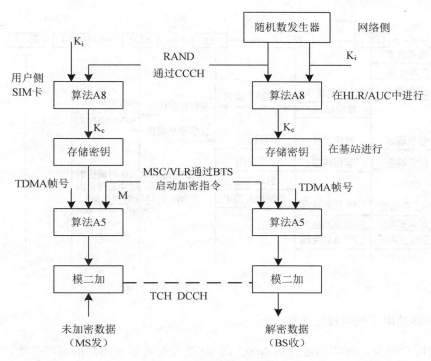

图 3-27 GSM 加密过程

任务 3.5 掌握两部 GSM 手机之间的呼叫接续流程

3.5.1 移动用户主叫接续流程

移动用户做主叫时的接续流程从 MS 向 BTS 请求信道开始，到主叫用户 TCH 指配完成为止。一般来说，主叫经过几个大的阶段：接入阶段，鉴权加密阶段，TCH 指配阶段，取被叫用户路由信息阶段。

（1）接入阶段主要包括：信道请求，信道激活，信道激活响应，立即指配，业务请求等几个步骤。经过这个阶段，手机和 BTS（BSC）建立了暂时固定的关系。

（2）鉴权加密阶段主要包括：鉴权请求，鉴权响应，加密模式命令，加密模式完成，呼叫建立等几个步骤。经过这个阶段，主叫用户的身份已经得到了确认，网络认为主叫用户是一个合法用户，允许继续处理该呼叫。

（3）TCH 指配阶段主要包括：指配命令，指配完成。经过这个阶段，主叫用户的话音信道已经确定，如果在后面被叫接续的过程中不能接通，主叫用户可以通过话音信道听到 MSC 的语音提示。

（4）取被叫用户路由信息阶段主要包括：向 HLR 请求路由信息；HLR 向 VLR 请求漫游号码；VLR 回送被叫用户的漫游号码；HLR 向 MSC 回送被叫用户的路由信息（MSRN）。MSC 收到路由信息后，对被叫用户的路由信息进行分析，可以得到被叫用户的局向。然后进行话路接续。

移动用户主叫的接续流程如图 3-28 所示。

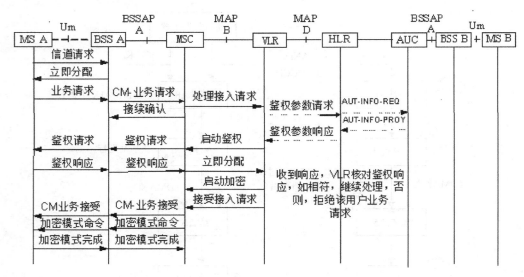

图 3-28　移动用户主叫的接续流程

3.5.2　移动用户被叫接续流程

对移动用户来说，被叫的过程从 MSC 向 BSC 发起对被叫用户的寻呼开始，到主叫和被叫通话为止。一般来说，被叫流程经过几个大的阶段：接入阶段，鉴权加密阶段，TCH 指配阶段，通话阶段。

（1）接入阶段主要包括：手机收到 BTS 的寻呼命令后，信道请求，信道激活，信道激活响应，立即指配，寻呼响应。经过这个阶段，手机和 BTS（BSC）建立了暂时固定的关系。

（2）鉴权加密阶段主要包括：鉴权请求，鉴权响应，加密模式命令，加密模式完成，呼叫建立。经过这个阶段，被叫用户的身份已经得到了确认，网络认为被叫用户是一个合法用户。

（3）TCH 指配阶段主要包括：指配命令，指配完成。经过这个阶段，被叫用户的话音信道已经确定，被叫振铃，主叫听回铃音。如果这时被叫用户摘机，主被叫用户进入通话状态。

（4）通话阶段主要包括：计费命令等。

移动用户被叫的呼叫流程如图 3-29 所示。

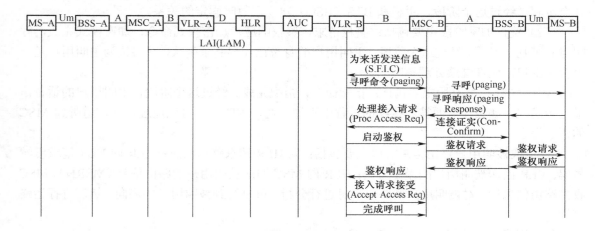

图 3-29　移动用户被叫的接续流程

任务 3.6　了解 GPRS 系统

3.6.1　GPRS 概述

GPRS 网络是在 GSM 网络的基础上发展起来的移动数据网，它通过在 GSM 网络中引入分组交换功能实体，完成用分组方式进行高速数据传输的功能。GPRS 业务也可以看作是对原有的 GSM 电路交换系统进行的业务扩充，目的是满足移动用户利用分组数据移动终端接入 Internet 或其他分组数据网络的需求。GPRS 作为第二代向第三代过渡的技术，被称为第二代半（或称 2.5 代）技术。

以 GSM、CDMA 为主的数字蜂窝移动通信和以 Internet 为主的分组数据通信是目前信息领域增长最为迅猛的两大产业，正呈现出相互融合的趋势。GPRS 可以看作是移动通信和分组数据通信融合的第一步。移动通信在目前的话音业务继续保持发展势头的同时，对 IP 和高速数据业务的支持是向第三代移动通信系统演进的方向，而且也将成为第三代移动通信系统的主要业务特征。

1. GPRS 的主要特点

GPRS 系统有如下几个特点：

（1）以灵活的方式与 GSM 语音业务共享无线与网络资源，采用分组交换技术，高效传输高速或低速数据和信令，优化了对网络资源和无线资源的利用，提高了资源利用率。

（2）定义了新的 GPRS 无线信道，且分配方式十分灵活：每个 TDMA 帧可分配 1～8 个无线接口时隙。时隙能为在线用户所共享，且上行链路和下行链路的分配是独立的。

（3）GPRS 采用了与 GSM 不同的信道编码方案，定义了 CS-1、CS-2、CS-3 和 CS-4 四种编码方案，用来支持中、高速数据传输，可提供 9.05～171.2kb/s 的数据传输速率（每用户）。

（4）GPRS 的设计使得它既能支持间歇的爆发式数据传输，又能支持偶尔的大量数据传输。它支持四种不同的服务质量等级（QoS）。GPRS 能在 0.5～1s 之内恢复数据的重新传输。GPRS 的计费一般以数据传输量为依据。

（5）GPRS 的安全功能同现有 GSM 的安全功能一样。其中的密码设置程序的算法、密钥和标准与目前 GSM 中的一样，不过 GPRS 使用的密码算法是专为分组数据传输所优化过的。GPRS 移动设备（ME）可通过 SIM 访问 GPRS 业务，不管这个 SIM 是否具有 GPRS 功能。

（6）GPRS 可以实现基于数据流量、业务类型及服务质量等级（QoS）的计费功能，计费方式更加合理，用户使用更加方便。

（7）GPRS 的核心网络层采用 IP 技术，底层可使用多种传输技术，很方便地实现与高速发展的 IP 网无缝连接。

（8）GPRS 有"永远在线"的特点，即用户可随时与网络保持联系，且只要不下载、传输数据，一直在线也不需要另外付费。

2. GPRS 的技术及参数

GPRS 的主要技术参数如下：

（1）工作频段：$\begin{cases} 890\text{MHz}\sim915\text{MHz}； & 1710\text{MHz}\sim1780\text{MHz}； \\ 935\text{MHz}\sim960\text{MHz}； & 1805\text{MHz}\sim1880\text{MHz}。 \end{cases}$

（2）频道间隔：200kHz。

（3）频率复用方式：4×3 方式。

（4）每载波信道数：8 个时隙。

（5）每信道数据速率：

$$对应四种编码方案\begin{cases} \text{CS-1} & 9.05\text{kb/s} \\ \text{CS-2} & 13.4\text{kb/s} \\ \text{CS-3} & 15.6\text{kb/s} \\ \text{CS-4} & 21.4\text{kb/s} \end{cases}$$

（6）单终端多信道能力：同一载波下的 1 个～8 个时隙；

（7）调制方式：GMSK；

（8）信道占用方式：按需分配；

（9）信道前向纠错编码：

$$卷积码\begin{cases} \text{CS-1} & (1/2) \\ \text{CS-2} & (2/3) \end{cases}$$

（10）移动台类别：三类（A、B、C）。

3．GPRS 技术优势

（1）资源利用率高。GPRS 引入了分组交换的传输模式，使得原来采用电路交换模式的 GSM 数据传输方式发生了根本性的变化，这在无线资源稀缺的情况下显得尤为重要。按电路交换模式来说，在整个连接期内，用户无论是否传送数据都将独自占有无线信道。而对于分组交换模式来说，用户只有在发送或接收数据期间才占用资源，这意味着多个用户可高效地共享同一无线信道，从而提高了资源的利用率。GPRS 用户的计费以通信的数据量为主要依据，体现了"得到多少、支付多少"的原则。实际上，GPRS 用户的连接时间可能长达数小时，却只需支付相对低廉的连接费用。

（2）传输速率高。GPRS 可提供高达 115kb/s 的传输速率（最高值为 171.2kb/s，不包括纠错检错编码 FEC）。这意味着通过移动 PC 等，GPRS 用户能和 ISDN 用户一样快速地上网浏览，同时也使一些对传输速率要求高的移动多媒体应用成为可能。

（3）接入时间短。分组交换接入时间缩短为少于 1s，能提供快速即时的连接，可大幅度提高一些事务（如信用卡核对、远程监控等）的效率，并可使已有的 Internet 应用（如 E-mail、网页浏览等）操作更加便捷、流畅。

（4）支持 IP 协议和 X.25 协议。GPRS 支持因特网上应用最广泛的 IP 协议和 X.25 协议。而且由于 GSM 网络覆盖面广，使得 GPRS 能提供 Internet 和其他分组网络的全球性无线接入。

4．我国 GPRS 标准化工作的进展情况

我国从 1996 年开始跟踪研究 GPRS 的相关标准。着重组织开展了一系列 GPRS 相关标准研究工作。于 2000 年 4 月，已经完成了"900/1800MHz TDMA 数字蜂窝移动通信网 GPRS 隧道协议（GTP）规范"，由信息产业部电信传输所提出了"GPRS 业务研究"的前期预研成果。从 1998 年开始，我国运营者开始酝酿在国内兴建 GPRS 的试验网络工作，加快了标准化工作的进程。在 2000 年内和 2001 年上半年，已颁布了 900/1800MHz TDMA 蜂窝移动通信网通用分组无线业务相关的系列标准。

3.6.2　GPRS 的网络结构

1.　GPRS 网络的总体结构

GPRS 是基于现有的 GSM 网络实现的，需要在现有的 GSM 网络中增加一些新节点：网关 GPRS 支持节点（GGSN）、服务 GPRS 节点（SGSN）。GGSN 在 GPRS 网络和公用数据网之间起关口站的作用，它可以和多种不同的数据网络连接，如 ISDN 和 LAN 等。SGSN 记录 MS 的当前位置信息，并在 MS 和各种数据网之间完成移动分组数据的发送和接收，为服务区内所有用户提供双向的分组路由。GPRS 和 GSM 系统共用 GSM 基站，最大限度地保护了现有投资，但基站要进行软件更新，并采用新的 GPRS MS。GPRS 要增加新的移动性管理程序，通过路由器实现 GPRS 与主干网互联。同时，原 GSM 的 NSS 部分要进行软件更新和增加新的 MAP 信令和 GPRS 信令。

如图 3-30 所示是 GPRS 的网络结构。数据终端通过串行或无线方式连接到 GPRS MS 上；GPRS MS 与 GSM 基站通信，但与电路交换方式数据传输不同，GPRS 分组数据是从基站发送到 GPRS 服务支持点 SGSN，而不是通过移动交换中心 MSC 连接到语音网络上。SGSN 与 GPRS 网关支持节点 GGSN 进行通信；GGSN 对分组数据进行相应的处理，再发送到目的网络，如 IP 网或 X.25 网络。来自外部 PDN 的 IP 数据包（含有 MS 地址的标识），由 GGSN 接收，再转发到 SGSN，继而传送到 GPRS MS 上。

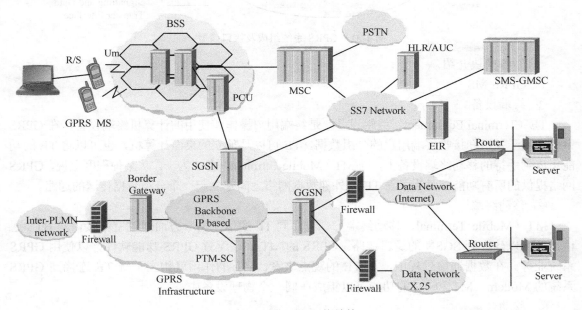

图 3-30　GPRS 网络结构

SGSN 是 GPRS/GSM 网络结构中的一个节点，它与 MSC 处于网络体系中的同一层。SGSN 通过帧中继与 BSS 相连，是 GPRS 网络结构与 MS 之间的接口。GGSN 通过基于 IP 协议的 GPRS 主干网连接到 SGSN，是连接 GPRS 网络和外部分组交换网的网关。GGSN 主要是起网关作用，也可将 GGSN 称为 GPRS 路由器。GGSN 可以把 GPRS 网络中的 GPRS 分组数据包进行协议转换，从而把这些分组数据包传送到远端的 TCP/IP 或 X.25 网络。SGSN 和 GGSN 利用 GPRS 隧道协议（GTP）对 IP 或 X.25 分组进行封装，实现二者之间的数据传输。

2．GPRS 系统组成及接口

GPRS 网络在原有的 GSM 网络的基础上增加了 SGSN（服务 GPRS 支持节点）、GGSN（网关 GPRS 支持节点）等功能实体。因此 GPRS 和 GSM 网络各实体的接口必须做相应的界定；另外，移动台则要求提供对 GPRS 业务的支持。GPRS 系统组成及接口模型如图 3-31 所示。

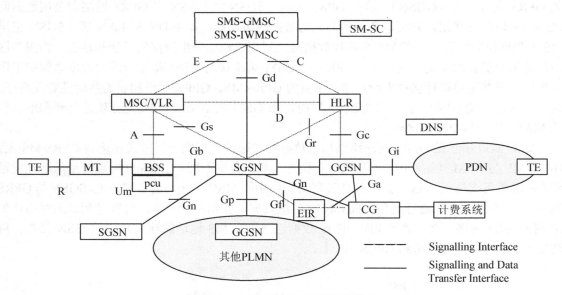

图 3-31   GPRS 系统组成及接口模型

（1）各模块介绍

1）GPRS MS

① 终端设备

TE（Terminal Equipment，终端设备）是终端用户操作和使用的计算机终端设备，在 GPRS 系统中用于发送和接收终端用户的分组数据。TE 可以是独立的桌面计算机，也可以将 TE 的功能集成到手持的移动终端设备上，同 MT（Mobile Terminal）合二为一。从某种程度上说，GPRS 网络提供的所有功能都是为了在 TE 和外部数据网络之间建立起一个分组数据传送的通路。

② 移动终端

MT（Mobile Terminal，移动终端）一方面同 TE 通信，另一方面通过空中接口同 BTS 通信，并可以建立到 SGSN 的逻辑链路。GPRS 的 MT 必须配置 GPRS 功能软件，以使用 GPRS 系统业务。在数据通信过程中，从 TE 的观点来看，MT 的作用就相当于将 TE 连接到 GPRS 系统的 Modem。MT 和 TE 的功能可以集成在同一个物理设备中。

③ 移动台

MS（移动台）可以看作是 MT 和 TE 功能的集成实体，物理上可以是一个实体，也可以是两个实体（TE+MT）。

2）分组控制单元

PCU 是在 BSS 侧增加的一个处理单元，主要完成 BSS 侧的分组业务处理和分组无线信道资源的管理，目前 PCU 一般实现在 BSC 和 SGSN 之间。

3）服务 GPRS 支持节点

SGSN 是 GPRS 网络的一个基本的组成网元，是为了提供 GPRS 业务而在 GSM 网络中引进的一个新的网元设备。其主要作用就是为本 SGSN 服务区域的 MS 转发输入/输出的 IP 分组，其地位类似于 GSM 电路网中的 VMSC。

4）关口 GPRS 支持节点

GGSN 也是为了在 GSM 网络中提供 GPRS 业务功能而引入的网络功能实体，它负责在 GPRS 网络和外部数据网络之间提供数据包转发的路由、协议转换、封装等事宜，对外部网络来讲它相当于一个路由器，对移动用户来说它相当于一个网关。另外它还具有地址分配、计费、防火墙等功能。用户选择哪一个 GGSN 作为网关，是在 PDP 上下文激活过程中根据用户的签约信息以及用户请求的接入点名确定的。

5）计费网关

CG 主要完成从各 GSN 的话单收集、合并、预处理工作，并完成同计费中心之间的通信接口。在 GSM 原有网络中并没有这样一个设备，GPRS 用户一次上网过程的话单会从多个网元实体中产生，而且每一个网元设备中都会产生多张话单。引入 CG 的目的就在话单送往计费中心之前对话单进行合并与预处理，以减少计费中心的负担；同时 SGSN、GGSN 这样的网元设备也不需要实现同计费中心的接口功能。

6）RADIUS 服务器

在非透明接入的时候，需要对用户的身份进行认证，RADIUS 服务器（Remote Authentication Dial In User Service Server，远程接入鉴权与认证服务器）上存储有用户的认证、授权。该功能实体并非 GPRS 所专有的设备实体。

7）域名服务器

GPRS 网络中存在两种域名服务器，一种是 GGSN 同外部网之间的 DNS，主要功能是对外部网的域名进行解析，其作用完全等同于固定 Internet 网络上的普通 DNS；另一种是 GPRS 骨干网上的 DNS，其作用主要有两点：其一是在 PDP 上下文激活过程中根据确定的 APN（Access Point Name）解析出 GGSN 的 IP 地址，另一是在 SGSN 间的路由区更新过程中，根据旧的路由区号码，解析出老的 SGSN 的 IP 地址。该功能实体并非 GPRS 所专有的设备实体。

8）边缘网关

BG 实际上就是一个路由器，主要完成分属不同 GPRS 网络的 SGSN、GGSN 之间的路由功能，以及安全性管理功能。该功能实体并非 GPRS 所专有的设备实体。

（2）各接口介绍

1）Um 接口

GPRS MS 与 GPRS 网络侧的接口，MS 通过它完成与网络侧的通信，包括分组数据传送、移动性管理、会话管理、无线资源管理等多方面的功能。

2）Gb 接口

Gb 接口是 SGSN 和 BSS 间接口（在华为的 GPRS 系统中，Gb 接口是 SGSN 和 PCU 之间的接口），通过该接口 SGSN 完成同 BSS 系统、MS 之间的通信，以完成分组数据传送、移动性管理、会话管理方面的功能。该接口是 GPRS 组网的必选接口。在目前的 GPRS 标准协议中，指定 Gb 接口采用帧中继作为底层的传输协议，SGSN 同 BSS 之间可以采用帧中继网进行通信，也可以采用点到点的帧中继连接进行通信。

3）Gi 接口

Gi 接口是 GPRS 与外部分组数据网之间的接口。GPRS 通过 Gi 接口和各种公众分组网如 Internet 或 ISDN 网实现互联，在 Gi 接口上需要进行协议的封装/解封装、地址转换（如私有网

IP 地址转换为公有网 IP 地址）、用户接入时的鉴权和认证等操作。

4）Gn 接口

Gn 接口是 GRPS 支持节点间接口，即同一个 PLMN 内部 SGSN 间、SGSN 和 GGSN 间接口，该接口采用在 TCP/UDP 协议之上承载 GTP（GPRS 隧道协议）的方式进行通信。

5）Gs 接口

Gs 接口是 SGSN 与 MSC/VLR 之间接口，Gs 接口采用 7 号信令上承载 BSSAP+协议的方式。SGSN 通过 GS 接口和 MSC 配合完成对 MS 的移动性管理功能，包括联合的 Attach/Detach、联合的路由区/位置区更新等操作。SGSN 还将接收从 MSC 来的电路型寻呼信息，并通过 PCU 下发到 MS。如果不提供 Gs 接口，则无法进行寻呼协调，网络只能工作在操作模式 II 或 III，不利于提高系统接通率；如果不提供 Gs 接口，则无法进行联合位置路由更新，不利于减轻系统信令负荷。

6）Gr 接口

Gr 接口是 SGSN 与 HLR 之间接口，Gr 接口采用 7 号信令上承载 MAP+协议的方式。SGSN 通过 Gr 接口从 HLR 取得关于 MS 的数据，HLR 保存 GPRS 用户数据和路由信息，当发生 SGSN 间的路由区更新时，SGSN 将会更新 HLR 中相应的位置信息；当 HLR 中数据有变动时，也将通知 SGSN，SGSN 会进行相关的处理。

7）Gd 接口

Gd 接口是 SGSN 与 SMS-GMSC、SMS-IWMSC 之间的接口。通过该接口，SGSN 能接收短消息，并将它转发给 MS、SGSN 和 SMS-GMSC、SMS-IWMSC。短消息中心之间通过 Gd 接口配合完成在 GPRS 上的短消息业务。如果不提供 Gd 接口，当 C 类手机附着在 GPRS 网络上时，它将无法收发短消息。另外，随着短消息业务量的增大，如果提供 Gd 接口，则可减少短消息业务对 SDCCH 的占有，从而减少对电路话音业务的冲击。

8）Gp 接口

Gp 接口是 GPRS 网间接口，是不同 PLMN 网的 GSN 之间采用的接口，在通信协议上与 Gn 接口相同，但是增加了边缘网关（Border Gateway，BG）和防火墙，通过 BG 来提供边缘网关路由协议，以完成归属于不同 PLMN 的 GPRS 支持节点之间的通信。

9）Gc 接口

Gc 接口是 GGSN 与 HLR 之间的接口，当网络侧主动发起对手机的业务请求时，由 GGSN 用 IMSI 向 HLR 请求用户当前 SGSN 地址信息。由于移动数据业务中很少会有网络侧主动向手机发起业务请求的情况，因此 Gc 接口目前作用不大。

在 Gc 接口不存在的情况下，GGSN 也可以通过与其在同一 PLMN 中有 SS7 相关接口的 SGSN，经过 GTP-to-MAP 协议转换来实现该 GGSN 与 HLR 的信令信息交互。

10）Gf 接口

Gf 接口是 SGSN 与 EIR 之间的接口，由于目前网上一般都没有 EIR，因此该接口作用不大。

3. GPRS 空中接口及信道组成

（1）空中接口

空中接口 Um 是 MS 和 BSS 之间的连接接口，GPRS 的 Um 接口遵循 GSM 系统的标准，其射频部分与 GSM 系统相同。在 GPRS 系统的 Um 接口中，一个 TDMA 帧分为 8 个时隙，每个时隙发送的信息称为一个"突发脉冲序列（Burst）"，每个 TDMA 帧的一个时隙构成一个物理信道。根据使用功能定义了不同的逻辑信道，MS 与 BSS 之间需要传送大量的用户数据和控制信令，不同种类的信息由不同的逻辑信道传送。逻辑信道映射到物理信道上与 GSM 系统不同，在 GPRS 系统中，一个物理信道既可以定义为一个逻辑信道，也可以定义为一个逻辑信道的一部分，即一个逻辑信道可以由一个或几个物理信道构成。GPRS Um 空中接口的逻辑结构可以用功能分层的参考模型表示出来，如图 3-32 所示。分层结构的目的是为了将通信功能分割成一些便于管理的子集。MS 与网络之间的通信涉及到物理 RF 层、物理链路层、无线链路控制/媒体接入控制层、逻辑链路控制层和子网相关汇聚层。

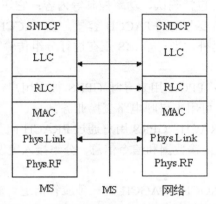

注：在网络端，LLC 属于 SGSN，LLC 以下的协议层属于 BSS

图 3-32 GPRS 控制接口 Um 参考模型

（2）信道组成

GPRS 逻辑信道可分为分组业务信道 PTCH 和分组控制信道 PCCH 两大类，如图 3-33 所示。

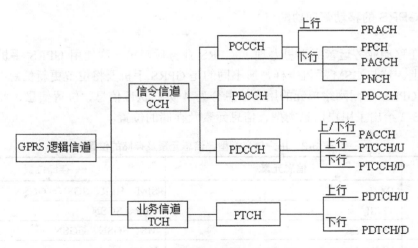

图 3-33 GPRS 系统中无线信道类型

1）分组业务信道 PTCH

PTCH 上主要传送分组数据业务。PTCH 这种信道可在两种方式下工作：在 PTM-M 方式下工作，该信道在某个时间只能属于一个 MS 或者一组 MS；在多时隙操作方式下工作，一个

MS 可以使用多个 PDTCH 并行地传输单个分组。所有的数据分组信道都是单向的，对于移动发起的传输就是上行链路（PDTCH/U），对于移动终止的分组传输就是下行链路（PDTCH/D）。

2）分组控制信道 PCCH

PCCH 主要用于传输控制信息。它分为分组随路控制信道 PACCH、分组定时提前量传送信道 PTCCH、分组广播控制信道 PBCCH、分组随机接入信道 PRACH、分组寻呼信道 PPCH、分组接入允许信道 PAGCH、分组通知信道 PNCH 等。下面介绍主要的几种控制信道。

① 分组随路控制信道 PACCH：这种信道用来传送实现 GPRS 数据业务的信令。它携带与特定 MS 有关的信令信息，包括确认、功率控制等内容；它还携带资源分配和重分配消息，包括分配的 PDTCH 容量和将要分配的 PACCH 容量。当 PACCH 与 PDTCH 共享时，就是共享已经分配给 MS 的资源。另外，当一个 MS 正在进行分组传输时，可以使用 PACCH 进行电路交换业务的传输。

② 分组寻呼信道 PPCH：PPCH 用来寻呼 GPRS 被叫用户，只存在于下行链路。在下行数据传输之前用于寻呼 MS，可用来寻呼电路交换业务。

③ 分组随机接入信道 PRACH：GPRS 用户通过 PRACH 向基站发出信道请求，只存在于上行链路。MS 用来发起上行传输数据和信令信息，分组接入突发和扩展分组接入突发使用该信道。

④ 分组接入允许信道 PAGCH：PAGCH 是一种应答信道，对 PRACH 的请求给予应答，只存在于下行链路。在发送分组之前，网络在分组传输建立阶段向 MS 发送资源分配信息。

⑤ 分组通知信道 PNCH：PNCH 只存在于下行链路。当发送点到多点组播（PTM-M）分组之前，网络使用该信道向 MS 发送通知信息。

⑥ 分组广播控制信道 PBCCH：PBCCH 只存在于下行链路。广播分组数据特有的系统信息。

3.6.3 GPRS 的移动管理功能

当用户在移动业务运营商那里办理了 GPRS 业务后，第一次使用 GPRS 手机必须注册到 PLMN 网络上。这与 GSM 手机一样，所不同的是 GPRS 手机要将位置更新信息存储到 SGSN 中。分布在 GPRS 不同网络单元的用户信息分为 4 类：认证信息、位置信息、业务信息和鉴权数据。表 3-2 给出了用户信息类型、信息元素及存储的位置。

表 3-2 用户信息类型、信息元素及存储的位置

信息类型	信息元素	存储位置
认证	IMSI	SIM、HLR、SGSN、GGSN
	TMSI	VLR、SGSN
	IP address	MS、SGSN、GGSN
位置	VLR-address	HLR
	Location Area	SGSN
	Serving SGSN	HLR、VLR
	Routing Area	SGSN

信息类型	信息元素	存储位置
业务	Basic services Supplementary services Circuit switched bearer Services GPRS services information	HLR
	Basic services Supplementary services CS bearer services	VLR
	GPRS services information	SGSN
鉴权数据	Ki、algorithms	SIM、AUC
	Triplets	VLR、SGSN

GPRS 类似于一台 PC 机，它要上网不仅需要有一个账号，而且还要有一个连接到数据网的地址。当前最常用的、大多数运营商所支持的地址为 IP 地址。

一部新的 GPRS 手机用户首先要注册到网络，网络则要为这一用户分配一个 IP 地址。其注册过程类似于 GSM 的位置更新，这一过程称为 GPRS 附着过程。网络为移动台分配 IP 地址，使其成为外部 IP 网络的一部分，这一过程称为 PDP 移动关联激活。GPRS 手机结束与 GPRS 网络的连接，结束与 SGSN 建立的 PDP 移动关联的连接，这一过程称为去附着。

通常 GPRS 手机连接到网络需要两个阶段。

（1）连接到 GPRS 网络（GPRS 附着）

GPRS 手机开机后，要向网络发送附着信息。SGSN 从 HLR 收集用户数据，对用户进行鉴权，然后与 GPRS 附着。

（2）连接到 IP 网络（PDP 关联）

GPRS 手机与网络关联后，向网络请求一个 IP 地址（比如：134.133.35.66）。一个用户可能有的 IP 地址为：

● 静态 IP 地址——分配用户固定的 IP 地址。

● 动态 IP 地址——每次会话都分配用户一个新地址。

1. 移动性管理状态的定义

GPRS 移动性管理的主要作用与 GSM 一样就是确定 GPRS 移动台的位置，为此它定义了 3 种移动性管理状态。

（1）空闲状态

移动台没有开机或没有进行连接时，称为空闲状态。此时，移动用户没有附着 GPRS 网络，即没有附着 GPRS 移动性管理。移动台和 SGSN 均未保留有效的用户位置或路由信息，并且不执行与用户有关的移动性管理过程。

（2）等待状态

移动台与网络建立了连接时，称为等待状态。此时，用户与 GPRS 移动性管理建立连接，移动台和 SGSN 已经为用户的 IMSI 建立了移动性管理关联。移动台可以接收点对多点的业务数据，并且可以接收点对点或点对多点群呼业务数据的寻呼或对信令消息传递的寻呼。通过 SGSN 也可以接收电路交换业务的寻呼，但在此状态下不能进行点对点数据接收和传送。

（3）就绪状态

移动台进行数据传输时，称为就绪状态。此时，移动台与 GPRS 移动性管理建立了 PDP

关联，移动台可以接收发送数据。另外，网络不会发起对就绪状态的移动台寻呼，其他业务的寻呼可以通过 SGSN 进行。在任何时候，只要没有寻呼，SGSN 就可以向移动台发送数据，移动台也可以向 SGSN 发送数据。就绪状态由一个定时器控制，如果定时器超时，MM 关联就会从就绪状态变为等待状态。

2. 移动性管理状态转移

从一个状态变成下一个状态与当前的状态（空闲、等待、就绪）和发生的事件（例如 GPRS 附着）有关。移动性管理三种工作状态迁移模型如图 3-34 所示。

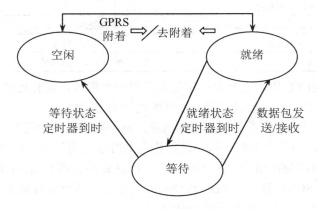

图 3-34   移动性管理状态迁移模型

（1）从空闲向就绪状态迁移

MS 请求接入，并且发起至 SGSN 的逻辑连接，MS 激活 GPRS 的移动性管理关联。进入就绪状态。

（2）从等待向空闲状态转移

在等待状态下，不发送数据，定时器超时就会进入空闲状态。从等待向就绪状态转移。

（3）从就绪向等待状态转移

就绪定时器超时返回就绪状态。

强迫转移到等待状态：在等待定时器超时之前，SGSN 立即返回等待状态。

（4）从就绪向空闲状态转移

MS 请求网络断开 GPRS 业务后，就进入空闲状态。

3.6.4   GPRS 的服务

1. GPRS 的安全保证

无线网络没有固定网络安全，因为任何人都可以在不影响运营商设备的同时，侦听和发射无线电波。为了改进此状况，使网络可以防止欺骗性接入，保证用户传输信息的保密性，GSM 中定义了许多安全保证措施。GPRS 继承并采纳了以下这些措施：移动终端鉴别；接入控制；用户识别号（IMSI）的保密性；用户信息加密。和 GSM 一样，GPRS 中所有的安全功能几乎都涉及 SIM 卡，GPRS 手机使用的 SIM 卡和 GSM 手机一样，用户可以在 GPRS 手机上使用原 GSM 手机的 SIM 卡，采用的安全措施为：用户个人身份号码、鉴权、加密、使用临时移动用户识别码。

GSM 所有的安全功能都与 SIM 卡有关，实际上鉴权的主体是 SIM 卡而不是用户（或 MS）。

而且 SIM 卡的设计使它很难被复制或伪造，可以为网络和用户提供可靠的安全保障。

2. GPRS 移动终端

为满足不同用户的需要，GPRS 定义了三种不同的移动终端类别：A 类（class A）、B 类（class B）和 C 类（class C）。

A 类：该类终端可同时使用 GSM 电路交换服务和 GPRS 服务。用户可在通话的同时，通过 GPRS 链路收发数据；还允许传统 GSM 服务和 GPRS 服务的同时接入、激活和监控。

B 类：该类终端允许传统 GSM 业务和 GPRS 业务的同时接入、激活和监控，但不允许 GSM 和 GPRS 服务同时进行。例如，一个用户建立了 GPRS 数据连接，并正在收发数据，若这时 MS 有来电，并且接听了该呼叫，则在用户通话时，GPRS 虚拟连接被"挂起"或"示忙"，不能进行数据传输，当用户通话结束后，该虚拟连接才可继续传输数据。

C 类：该类终端是一个纯粹的 GPRS 终端（只能支持 GPRS），或既可支持 GSM 电路交换服务，也可支持 GPRS，但该 MS 必须在 GSM 和 GPRS 两种模式间来回切换。当切换到 GPRS 模式下时，用户可使用该终端发起或接收 GPRS 呼叫，但不能用其发起或接收 GSM 呼叫；同样，切换至 GSM 模式下时，用户可使用该终端发起或接收 GSM 呼叫，但不能用其收发 GPRS 呼叫。

3. GPRS 的具体应用

GPRS 业务主要有以下应用：

（1）信息业务

传送给移动电话用户的信息内容非常广泛，如股票价格、体育新闻、天气预报、航班信息、新闻标题、娱乐、交通信息等。

（2）交流

由于 GPRS 与因特网的协同工作，GPRS 将允许移动用户完全参与到现有的因特网聊天组中，而不需要建立属于移动用户自己的讨论组。因此，GPRS 在这方面具有很大的优势。

（3）网页浏览

移动用户使用电路交换数据进行网页浏览无法获得持久的应用。由于电路交换传输速率比较低，数据从因特网服务器到浏览器需要很长的一段时间。因此 GPRS 更适合于因特网浏览。

（4）文件共享及协同工作

移动数据使文件共享和远程协同性工作变得更加便利。这就使得在不同地方工作的人们可以同时使用相同的文件工作。

（5）E-mail

GPRS 能力的扩展，可使移动终端接转 PC 上的 E-mail，扩大 E-mail 应用范围。E-mail 可以转变成为一种信息不能存储的网关业务，或能存储信息的信箱业务。在网关业务的情况下，无线 E-mail 平台将信息从 SMTP 转化成 SMS，然后发送到 SMS 中心。

（6）交通工具定位

该应用综合了无线定位系统，告诉人们所处的位置，并且利用短消息业务转告他人其所处的位置。任何一个具有 GPS 接收器的人都可以接收他们的卫星定位信息以确定他们的位置，且可对被盗车辆进行跟踪。

（7）分派工作

非语音移动业务能够用来给外出的员工分派新的任务并与他们保持联系。同时业务工程师或销售人员还可以利用它使总部及时了解用户需求的完成情况。

（8）静态图像

例如照片、图片、明信片、贺卡和演讲稿等静态图像能在移动网络上发送和接收。使用GPRS可以将图像从与一个GPRS无线设备相连接的数码相机直接传送到因特网站点或其他接收设备，并且可以实时打印。

（9）远程局域网接入

当员工离开办公桌外出工作时，他们需要与自己办公室的局域网保持连接。远程局域网包括所有应用的接入。

4. GPRS存在的问题

（1）可靠性稍差

由于分组交换连接比电路交换连接质量要差一些，因此使用GPRS会发生一些数据包丢失现象，导致可靠性下降，而且，由于话音和GPRS无法同时使用相同的网络资源，因此，用于专门提供GPRS使用的时隙数量越多，能够提供给话音通信的网络资源就越少。比如话音和GPRS呼叫都分配相同的网络资源，这势必会对语音业务产生一些影响。其对业务影响的程度主要取决于时隙的数量安排。当然，GPRS可以对信道采取动态管理，并且能够通过在GPRS信道上发送短信息来减少高峰时信令信道的拥塞情况。

（2）实际传输速率比理论值低

GPRS理论的数据传输速率最大值是171.2kb/s，但要求只有一个用户占用所有的8个时隙，并且没有任何防错保护。运营商将所有的8个时隙都给一个用户使用，显然是不大可能的。另外，最初的GPRS终端预计可能仅支持1个、2个或3个时隙，一个GPRS用户的带宽因此将会受到严重的限制，所以，理论上的GPRS最大传输速率将会受到网络和终端现实条件的制约。

（3）对所有用户来说小区容量有限

GPRS并不能增加网络现存小区的总容量，即不能创造资源，只能更有效地使用现有资源。对于不同的用途只有有限的无线资源可供使用。GPRS的容量取决于系统预留给GPRS使用的时隙数。

（4）存在转接时延

GPRS用户采用不同的路由发送分组数据，最终到达相同的目的地。这样数据在通过无线链路传输过程中可能发生一个或几个分组数据包丢失或发生错误。针对无线分组技术这一固有特性，引入了数据完整性和重发策略，由此也产生了潜在的转接时延。

（5）终端不支持无线终止功能

目前还没有任何一家主要手机制造厂家宣称其GPRS终端支持无线终止接收来电的功能，这将是对GPRS市场是否可以成功地从其他非语音服务市场抢夺用户的核心问题。启用GPRS服务时，用户将根据服务内容的流量支付费用，GPRS终端会装载WAP浏览器。但是，未经授权的内容也会发送给终端用户，更糟糕的是用户要为这些垃圾内容付费。

项目小结

1. GSM系统的组成：GSM系统由MS、NSS、BSS和OSS四部分组成，其中NSS是最核心最主要的组成部分，它包含MSC和四个数据库（HLR、VLR、EIR和AUC）。BSS包括BSC和BTS两部分。每个组成部分都有特定的功能。

2. GSM 系统的网络接口：给出了 GSM 网内的主要接口及其作用，以及 GSM 网与 PSTN 之间的接口。

3. GSM 的无线传输特征：给出了 GSM 系统的频谱分配和信道划分。

4. 信道分类和时隙格式：介绍了两大类信道——业务信道和控制信道的功能及其作用，其中控制信道按照不同的功能又分为很多种；时隙格式，GSM 物理信道上传送的信息格式称为突发脉冲序列。突发脉冲序列有五种，不同的信道使用不同的突发脉冲序列，构成一定的复帧结构在无线接口中传输；语音和信道编码的详细过程；调频和语音间断传输的结构和特点。

5. GSM 系统中各类编号和功能以及 GSM 系统所提供的业务。

6. 我国 GSM 的三级网络管理。

7. GSM 系统的控制与管理。位置更新，有三种类型：不同 MSC 业务区间的位置更新、相同 MSC 不同位置区的位置更新；越区切换，分三种类型：同一 BSC 内不同小区之间的切换、同一 MSC 不同 BSC 间的切换和不同 MSC 之间的小区切换。鉴权与加密的过程。

8. GSM 系统的主要接续流程：主要介绍了移动用户主叫和被叫的接续流程。

习题与思考题

1. 画出 GSM 系统的组成框图，并简述各部分主要功能。

2. GSM 网络中 A 接口、Abis 接口和 Um 接口的功能分别是什么？

3. 在 GSM 系统中，语音间断传输技术的目的是什么？

4. 计算第 118 号频道和第 118 号信道的上、下行工作频率。

5. GSM 中的逻辑信道怎样分类的？各类信道的作用是什么？

6. 逻辑信道是怎样映射到物理信道上的？

7. 画出 GSM 系统中的时隙帧结构。

8. 位置更新有哪几种类型？并简述各自详细的流程。

9. 越区切换有几种类型？并简述其主要过程。

10. 说明固定用户至移动用户的入局呼叫流程。

11. 说明移动用户至固定用户的出局呼叫流程。

12. 什么是 GPRS？GPRS 有何特点？

13. GPRS 网络结构与 GSM 相比有哪些变化？为什么？

14. GPRS 系统中两个节点 SGSN 和 GGSN 的功能分别是什么？

15. GPRS 的逻辑信道有哪些？它们用于传送哪些信息？

项目四　实现两部 CDMA 手机之间的通信

CDMA 系统是 20 世纪 80 年代末 90 年代初由 Qualcomm 公司开发试验的，由于其能有效地降低人为干扰、窄带干扰、多径干扰的影响，采用语音激活技术、各种分集技术、各小区间均使用同一频率、无需频率管理和指配、实现软切换，大大增加了系统容量以及系统抗干扰能力。CDMA IS-95 系统是典型的第二代蜂窝移动通信系统。

本文首先介绍了 CDMA 系统的组成，阐述了 CDMA 的技术参数、特点、网络架构、接口与信令，然后介绍 IS-95 的无线信道，CDMA 的功率控制、分集技术、越区切换这三项关键技术，最后介绍两部 CDMA 手机之间的呼叫处理。

- 了解 CDMA 的基本组成
- 掌握 IS-95CDMA 系统信道分类及信息处理过程
- 掌握 CDMA 的功率控制、rake 接收机、软交换这三项关键技术
- 掌握两部 CDMA 手机之间的呼叫处理流程。

任务 4.1　了解 CDMA 系统组成

CDMA 是码分多址（Code Division Multiple Access）的英文缩写，它是在扩频通信技术的基础上发展起来的一种无线通信技术。第二次世界大战期间因战争的需要而研究开发的 CDMA 技术，其初衷是为了防止敌方对己方通信的干扰，后来由美国高通（Qualcomm）公司将其发展为商用蜂窝移动通信技术。第一个 CDMA 商用系统在 1995 年运行。

4.1.1　CDMA 系统的技术参数

CDMA 技术的标准经历了几个阶段。IS-95 即"双模宽带扩频蜂窝系统的移动台-基站兼容标准"，是 CDMA ONE 系列标准中最先发布的标准，是美国电信工业协会（TIA）于 1993 年确定的美国蜂窝移动通信标准，采用了 Qualcomm 公司推出的 CDMA 技术规范，是典型的第二代蜂窝移动通信技术。真正在全球得到广泛应用的第一个 CDMA 标准是 IS-95A，这一标准支持 8K 编码话音服务。随后推出的 IS-95B 提高了 CDMA 系统性能，并增加用户移动通信设备的数据流量，提供对 64KB/s 数据业务的支持。

IS-95 CDMA 系统的主要参数：

（1）频段：下行　869～894 MHz（基站发射，移动台接收）；

　　　　　　上行　824～849 MHz（移动台发射，基站接收）。

（2）射频带宽：每一个网络分为 9 个载频，其中收发各占 12.5MHz，共占 25MHz。上下行收发频率相差 45MHz。

（3）调制方式：基站为 QPSK；移动台为 OQPSK。

（4）扩频方式：DS（直接序列扩频），码片的速率为 1.2288Mchip/s。

（5）话音编码：可变速率 CELP，最大话音速率为 8kb/s；最大数据速率为 9.6kb/s，每帧时长为 20ms。

（6）信道编码：采用卷积编码加交织编码。

（7）卷积编码：下行码率 R=1/2，约束长度 K=9；上行码率 R=1/3，约束长度 K=9。

（8）交织编码：交织间距 20ms。

（9）基站识别码：采用 m 序列，周期为 215-1，根据 m 序列的偏置不同区分不同的基站；信道识别码采用 64 个正交沃尔什函数组成 64 个码分信道。用户地址码采用 m 序列的截断码，码长 42 位，共有 242 个，根据不同的相位来区分用户。

（10）多径利用：采用 RAKE 接收方式，移动台为 3 个，基站为 4 个。

4.1.2 CDMA 系统的特点

与 FDMA 和 TDMA 相比，CDMA 具有许多独特的优点，其中一部分是扩频通信系统所固有的，另一部分则是由软切换和功率控制等技术所带来的。CDMA 移动通信网是由扩频、多址接入、蜂窝组网和频率再用等几种技术结合而成，含有频域、时域和码域三维信号处理的一种协作，因此它具有抗干扰性好、抗多径衰落、保密安全性高、同频率可在多个小区内重复使用、所要求的载干比（C/I）小于 1、容量和质量之间可做权衡取舍等属性，使其设备相对简单、经济，更适合于移动环境的信道，提供更好的话音质量，能够给用户提供更高满意度的服务，这些属性使 CDMA 比起其他系统有非常重要的优势。

4.1.3 CDMA 系统的组成

CDMA 蜂窝移动通信系统主要由交换网络子系统（NSS）、基站子系统（BSS）和移动台（MS）三大部分组成，如图 4-1 所示，与 GSM 系统相类似。

CDMA 系统中各模块的功能如下：

1. 交换网络子系统（NSS）

交换网络子系统（NSS）由移动交换中心（MSC）、归属位置寄存器（HLR）、拜访位置寄存器（VLR）、操作维护中心（OMC）、鉴权中心（AUC）以及短信息中心（MC）、设备识别寄存器（EIR）等组成，各实体的功能与 GSM 系统相似。

（1）移动交换中心（MSC）：它是 CDMA 系统的心脏。MSC 通常由两个子系统组成：PSTN 子系统和用户接口子系统。PSTN 子系统主要由 PSTN 控制器和交换结构组成，主要完成以下功能：提供与固定市话网的控制和业务接口；管理和执行呼叫处理；提供交换矩阵；移动用户鉴权、登记注册等。用户接口子系统的主要功能是：为移动用户与固定用户之间以及移动用户之间的通话提供网络连接；为声码器/选择器、编码器提供参考频率/定时；语音编/译码；管理相邻小区之间的切换；为 PSTN 子系统提供接口；记录各种信息和时间、检测子系统的运行和诊断维护等。MSC 结构图如图 4-2 所示。

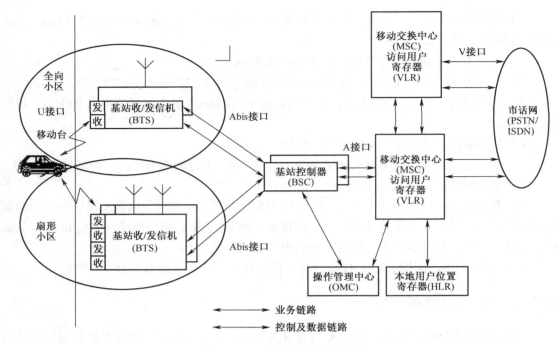

图 4-1　CDMA 系统的网络结构

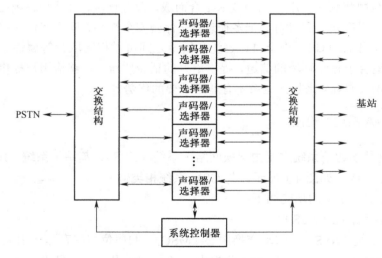

图 4-2　MSC 结构示意图

　　MSC 用线路与每个基站相连。每个基站对每个声码器（约 20ms 长）的数据组做信号质量的估算，并将估算结果随同声码器输出的数据一起传送到移动交换中心。由于移动台至基站的无线链路会受到衰落和干扰的影响，从某一基站到交换中心的信号有可能比从其他基站传到交换中心的质量好。交换中心把从一个基站或几个基站得到的信号送入选择器，每次通话需要一个选择器和相应的声码器，如图 4-2 所示。选择器对从两个或更多个基站传来的信号质量进行比较，逐帧选取质量最高的信号送入声码器。声码器再把数字信号转换成 64Kb/s 的 PCM 电话信号或模拟电话信号送往固定市话网。在相反方向，市话网用户的话音信号送往移动台时，首先接至交换中心的声码器。MSC 的控制器与每一个基站的控制器相连，检测、监视基站和移动台。

（2）本地位置寄存器（HLR）：也称原籍位置寄存器，是一种用来存储本地用户位置信息的数据库。每个用户在当地入网时，都必须在相应的 HLR 中进行登记，该 HLR 就为该用户的原籍位置寄存器。登记的内容分为两类：一种是永久性的参数，如用户号码、移动设备号码、接入的优先等级、预定的业务类型以及保密参数等；另一种是临时性的需要随时更新的参数，即用户当前所处位置的有关参数。即使移动台漫游到新的服务区时，HLR 也要登记新区传来的新的位置信息。这样做的目的是保证当呼叫任一个不知处于哪一个地区的移动用户时，均可由该移动用户的原籍位置寄存器获知它当时处于哪一个地区，进而能迅速地建立起通信链路。

（3）访问用户（位置）寄存器（VLR）：是一个用于存储来访用户位置信息的数据库。一般而言，一个 VLR 为一个 MSC 控制区服务。当移动用户漫游到新的 MSC 控制区（服务区）时，它必须向该区的 VLR 登记。VLR 要从该用户的 HLR 查询其有关参数，并通知其 HLR 修改该用户的位置信息，准备为其他用户呼叫此移动用户时提供路由信息。如果移动用户由一个 VLR 服务区移动到另一个 VLR 服务区时，HLR 在修改该用户的位置信息后，还要通知原来的 VLR，并删除此移动用户的位置信息。

（4）鉴权中心（AUC）：是识别用户的身份，只允许有权用户接入网络并获得服务。

（5）操作和管理（维护）中心（OMC）：对全网进行监控和操作，例如系统的自检、报警与备用设备的激活，系统的故障诊断与处理，话务量的统计和计费数据的记录与传递，以及各种资料的收集、分析与显示等。

2. 基站子系统（BSS）

基站子系统（BSS）包括基站控制器（BSC）和基站收发信机（BTS）。

一个基站控制器（BSC）可以控制多个基站，每个基站含有多部收发信机（BTS）。

（1）基站控制器（BSC）：BSC 通过网络接口分别连接 MSC 和 BTS 群，此外，还与操作维护中心（OMC）连接。BSC 主要为大量的 BTS 提供集中控制和管理，如无线信道分配、建立或拆除无线链路、过境切换操作以及交换等功能。

由图 4-3 可见，BSC 主要包括代码转换器和移动性管理器两大部分。移动性管理器负责呼叫建立、拆除，切换无线信道等，这些工作由信道控制软件和 MSC 中的呼叫处理软件共同完成。代码转换器主要包含代码转换器插件、交换矩阵及网络接口单元。代码转换功能按 EIA/TIA 宽带扩频标准规定，完成适应地面的 MSC 使用 64kb/s PCM 话音和无线信道中声码器话音转换，其声码器速率是可变的，即 8kb/s、4kb/s、2kb/s 和 0.8kb/s 4 种。除此之外，代码转换器还将业务信道和控制信道分别送往 MSC 和移动性管理器。基站控制器无论是与 MSC 还是与 BTS 之间，其传输速率都很高，达 1.544Mb/s。

（2）基站收发信机（BTS）：基站子系统中，数量最多的是收发信机（BTS）等设备，图 4-4 示出了单个扇形小区的设备组成方框图。由于接收部分采用空间分集方式，因此采用两副接收天线（Rx），发射天线 1 副（Tx）。整个设备共分为 5 层，第 1 层有接收部分的前置低噪声放大器（LNA）、线性功率放大器、滤波器（收和发），即接收部分输入电路，选取射频信号，滤除带外干扰。其主要作用是为了改善信噪比。第 2 层是发射部分的功率放大器。第 3 层是 BTS 主机部分，包括发射机中的扩频、调制，接收机中的解调、解扩，以及频率合成器、发射机中的上变频、接收机中的下变频等。第 4 层是全球定位系统（GPS）接收机，其作用就是起到系统定时作用。最底层是数字机，装有多块信道板，通信时每用户占用一块信道板。数字架中信道板以中频与收发信主机相连接。具体而言，在下行传输时，即基站为发射信号往移动台、数字架输出的中频信号经收发信机架上变频到射频信号，再通过功率放大器、滤波器，最后馈送至天线。在上行传输信道，基站处于接收状态。通过空间分集的接收信号，经天线输入、滤波、低噪声放大（LNA），然后通过收发信机架下变频，把射频信号变换到中频，再送至数字架。

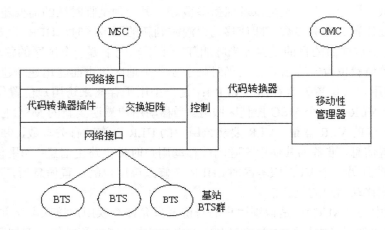

图4-3　基站控制器（BSC）简化结构

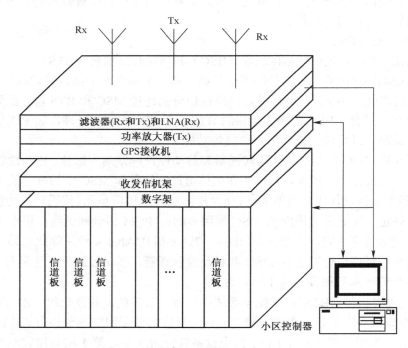

图4-4　单个扇形小区的设备组成方框图

数字架和收发信机架均受基站（小区）控制器控制。它的功能是控制管理蜂窝系统小区的运行，维护基站设备的硬件和软件的工作状况，为建立呼叫、接入、信道分配等正常运行，并收集有关的统计信息、监测设备故障、分配定时信息等。

基站接收机除了进行上述空间分集工作之外，还采用了多径分集，用4个相关器进行相关接收，简称4 RAKE接收机。

3. 移动台（MS）

移动台（MS）采用 IS-95 标准规定的双模式移动台，既与模拟蜂窝系统兼容，又能处理数字信号。移动台（MS）中相当于有两套收发信设备，一套工作于模拟，一套工作于数字 CDMA。它们之间的转换是由微处理器来控制的。

如图 4-5 所示，移动台（MS）使用一副天线，通过双工器与收发两端相连。在模拟前端包含了功率放大、频率合成及射频和中频放大处理电路等。通过频率合成器，移动台（MS）可以把工作频率调整到任意一个 CDMA 频道或模拟系统的频道上去。中频放大处理电路中使用一个声表面波（SAW）带通滤波器，带宽约为 1.25MHz。发送时，由送话器输出话音信号，经编码输出 PCM 信号，经声码器输出低速率话音数据，经数据速率调节、卷积编码、交织、扩频、滤波后送至射频前端（含上变频、功放、滤波等），馈送至天线。收、发合用一副天线，由天线共用器进行收、发隔离，收发频差为 45MHz。

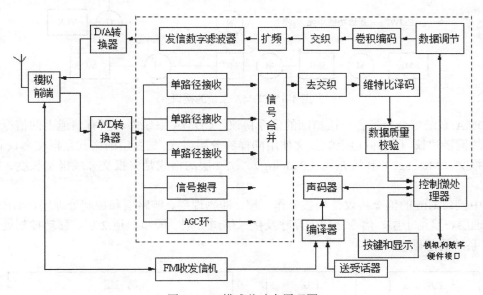

图 4-5　双模式移动台原理图

当 MS 工作在 CDMA 接收模式时，中频滤波器输出信号首先经过模/数（D/A）变换成数字信号，此数字信号送给四个相关接收机。其中一个用于搜索，其余三个用于数据接收。数字化的中频信号包含许多由相邻小区基站发出的具有相同导频频率的呼叫信号。数字接收机用适当的伪随机序列进行相关解调。相关处理获得的处理增益增加了匹配信号的信噪比，而抑制了其他信号。使用距离基站最近的导频载波作为相位参考对相关的解调器输出的信号进行信息解调，从而获得编码数据符号序列。这里采用三个相关接收机（RAKE 接收），并行接收三路不同路径信号，输出信号再进行路径分集合并。解调后的数据首先进行反交织，再用维特比（Viterbi）译码器进行前向纠错译码，得到的用户数据由声码器变成语音。发送过程与之相反。

4.1.4　CDMA 系统的接口与信令

CDMA 系统网络结构符合典型的数字蜂窝移动通信的网络结构，由交换子系统、基站子系统、移动台子系统三大部分组成。而 CDMA 系统主要接口如图 4-6 所示。

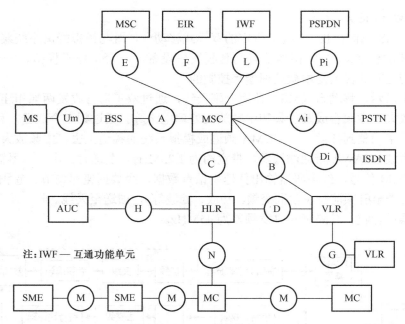

图 4-6　CDMA 系统的接口

CDMA 系统信令包括各个接口间的信令协议。CDMA 系统中，所有信道上的信令使用面向比特的同步协议。所有信道上的报文使用同样的分层格式。最高层的格式是报文囊（capsule），它包括报文（Massage）和填充物（Padding）。次一层的格式是将报文分成报文长度、报文体和 CRC。

空中接口 Um 的信令协议结构被分作三层，即物理层、链路层和控制处理层，如图 4-7 所示。物理层、复用子层、信令 2 层、寻呼及接入信道 2 层、同步信道 2 层、移动控制处理层是 CDMA 系统的基础。

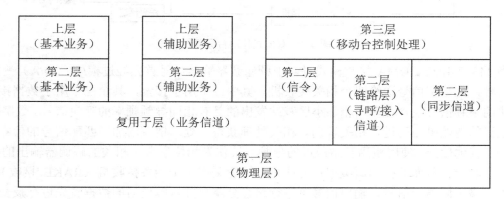

图 4-7　CDMA 系统信令协议的分层结构

物理层，包括基带调制、编码、成帧、射频调制等与无线信道传输有关的功能，采用数字传输，速率为 2048kb/s，性能应符合国标 GB7811-87。链路层，由复用子层（业务信道）及基本业务 2 层、辅助业务 2 层、信令 2 层，以及寻呼和接入信道 2 层和同步信道 2 层构成，基于中国 No.7 信令系统的 MTP。其中，复用子层（业务信道）及基本业务 2 层、辅助业务 2 层、信令 2 层，对应于伴随信道。基本业务是指典型的语音和数据业务，辅助业务是指次要的数据业务，例如传真（FAX）业务。因此，属于第三层的基本业务（上层）和辅助业务（上层）是对应用户的。而控制处理 3 层是通过链路层，完成呼叫建立、切换、功率控制、鉴权、位置登记等功能。物理层及复用子层为用户应用提供帧的传输。

任务 4.2 理解 CDMA 系统无线信道

4.2.1 IS-95 CDMA 的频率分配及地址码

1. 频率分配

IS-95 CDMA 的工作方式是频分双工（CDMA/FDD），扩频间隔 1.25MHz。所以，中国电信 CDMA 系统的工作频率为：上行 $FU=825+0.03N$，下行 $FD=870+0.03N$；收发间隔为 45MHz，$N=1\sim333$，以 41 为步级，如图 4-8 所示，共有七对信道。从 $N=283$ 开始，$FU=833.49MHz$，$FD=878.49MHz$。

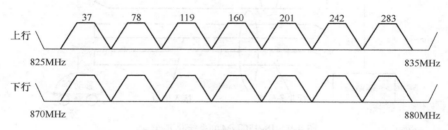

图 4-8 CDMA 系统信道频率分配

2. 地址码

地址码的选择直接影响到 CDMA 系统的容量、抗干扰能力、接入和切换锁定等性能。所选择的地址码应能够提供足够数量的相关函数特性尖锐的码系列，保证信号经过地址码解扩之后具有较高的信噪比。地址码提供的码序列应接近白噪声特性，同时编码方案简单，保证具有较快的同步建立速度。

伪随机序列（或称 PN 码）具有类似于噪声序列的性质，是一种貌似随机但实际上有规律的周期性二进制序列。在采用码分多址方式的通信技术中，地址码都是从伪随机序列中选取的，但是不同的用途选用不同的伪随机序列。

在所有的伪随机序列中，m 序列是最重要、最基本的伪随机序列，在定时严格的系统中，我们采用 m 序列作为地址码，利用它的不同相位来区分不同的用户，目前的 CDMA 系统就是采用这种方法。

在 CDMA 系统中，用到两个 m 序列，一个长度是 215-1，一个长度是 242-1，各自的用处不同。

在上行 CDMA 信道中，长度为 242-1 的 m 序列被用作对业务信道进行扰码（注意不是被用作扩频，在前向信道中使用正交的 Walsh 函数进行扩频）。长度为 215-1 的 m 序列被用于对前向信道进行正交调制，不同的基站采用不同相位的 m 序列进行调制，其相位差至少为 64 个码片，这样最多可有 512 个不同的相位可用。

在下行 CDMA 信道中，长度为 242-1 的 m 序列被用作直接扩频，每个用户被分配一个 m 序列的相位，这个相位是由用户的 ESN 计算出来的，这些相位是随机分配且不会重复的，这些用户的反向信道之间基本是正交的。长度为 215-1 的 PN 码也被用于对反向业务信道进行正交调制，但因为在反向业务信道上不需要标识属于哪个基站，所以对于所有移动台而言都使用同一相位的 m 序列，其相位偏置是 0。

4.2.2　IS-95 CDMA 系统信道分类及信息处理过程

IS-95 CDMA 系统信道设置如图 4-9 所示，在基站至移动台的传输方向（下行传输）上，设置了导频信道、同步信道、寻呼信道和下行业务信道；在移动台至基站的传输方向（上行传输）上，设置了接入信道和上行业务信道。

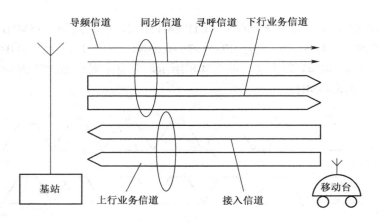

图 4-9　IS-95CDMA 系统信道分类

由于下行传输和上行传输的要求及条件不同，因此逻辑信道（按照所传送信息功能的不同而分类的信道）的构成及产生方式也不同，下面分别予以说明。

1. 下行信道，又称反向链路（BS-->MS），终端 MS 接收
- 接收机结构要求简单；
- 较低的功耗；
- 只知道本机的通信扩频码难以进行干扰处理；
- 需要基站告知来自其他小区扇区干扰，感应时间慢；
- 由于有小区广播的统一时钟（导频和同步信道），易于实现精确的接收同步。

下行信道的组成如图 4-10 所示。下行信道总共设置了 64 个信道，采用 64 阶 Walsh 函数区分逻辑信道。其中 W0 为导频信道，W1～W7 为寻呼信道，W1 是首选的寻呼信道，W32 为同步信道，其余为业务信道。

（1）各信道的作用

1）导频信道：为 MS 提供参考载波——作 QPSK 相干解调用（能精确同步），它是由基站连续不断发送的一种未经调制的直接序列扩频信号，供 MS 识别基站，并提取相干载波以进行相干解调。另外，当 MS 从一个覆盖区至另一覆盖区时，导频信道可用作探测新基站的搜索目标。与其他信号相比，导频信号的发射功率较大，便于 MS 准确跟踪。每个基站设置一个导频信道。

2）同步信道：为 MS 提供同步信息——包括基站 BS 定时标准、基站 PN 偏移量等，为系统接入做准备，它是一种经过编码、交织和调制的扩频信号，供 MS 建立与系统之间的同步。

在完成同步过程后，就利用导频信号作为参考相干载波相位，实现移动台接收解调。同步信道在捕捉导频时使用，一旦捕获，就不再使用，同步信道的数据速率为 1200b/s。每个基站只设置一个同步信道。

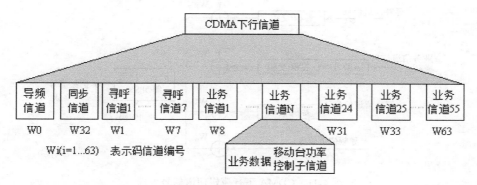

图 4-10　下行链路信道配置

3）寻呼信道：MS 在同步完成后，就选择一个寻呼信道（时隙）监听守候寻呼自己的信息。也就是基站在呼叫建立阶段向移动台发送控制信息的信道。每个基站有一个或几个（最多7 个）寻呼信道，当 MS 做被叫时，经 MSC 送至基站，寻呼信道上就播送该 MS 识别码。通常，MS 在建立同步后，就在首选的 W1 寻呼信道（或在基站指定的寻呼信道上）监听由基站发来的信令，当收到基站分配业务信道的指令后，就转入指定的业务信道中进行信息传输。当小区内需要通信的 MS 很多，业务信道不敷应用时，某几个寻呼信道也可临时用作业务信道。在极端情况下，7 个寻呼信道和一个同步信道都可改作业务信道。这时候，总数为 64 的逻辑信道中，除去一个导频信道外，其余 63 个均用于业务信道。在寻呼信道上的速率是 4800b/s或 9600b/s。

4）业务信道：载有编码的话音或其他业务数据，除此之外，还可以插入必需的随路信令，例如必须安排功率控制子信道，传输功率控制指令；又如在通话过程中，发生越区切换时，必须插入越区切换指令等。每个下行业务信道包含一个首选编码信道和 1～7 个补充编码信道。业务信道有两种速率集合。速率集合 1 支持数据速率 9.6kb/s、4.8kb/s、2.4kb/s 和 1.2kb/s；速率集合 2 支持数据速率 14.4kb/s、7.2kb/s、3.6kb/s 和 1.8kb/s。在补充业务编码信道上仅可实现全速率（9.6kb/s 或 14.4kb/s）。MS 必须支持速率集合 1，但也可任选支持速率集合 2。共有 55条信道。

（2）各信道对信息的处理过程

如图 4-11 所示，小区内所有 MS 用户接收的是同一个载频，同一对正交 PN 码作为扩频调制的相干解调，所以 MS 的区分（即多址）不是依据 PN 码，而是依据指配的 Walsh 码。Walsh 码的基本特征是绝对正交的互相关性，自相关很差。由于下行信道有统一的导频信号，易于实现精确的载波、BIT 和帧同步，即使自相关性差，也不会影响解调。64 个 Walsh 码（$w_0, w_1, \ldots, w_{64}$）提供 64 个正交性强的码分信道。

这里的 PN 码是用于正交扩频的，其作用是给不同的基站发出的信号赋予不同的特征，便于移动台识别所需的基站。同一个基站的所有信道都采用同一序列且同一偏置的 PN 序列进行扩频引导，不同基站的所有信道采用不同偏置的同一 PN 序列进行扩频引导。一个基站的 PN序列有两个：I 支路 PN 序列和 Q 支路 PN 序列，它们的长度都为 215，二者相互正交，目的是使信号特性接近白噪声特性，从而能改善系统的信噪比。采用正交调制是为了提高频谱利用率。最后，由天线发射出去。

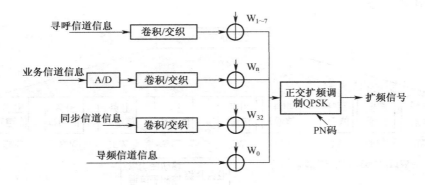

图 4-11　CDMA 下行逻辑信道信号处理

2.　上行信道（MS-->BS），又称前向链路，基站 BS 接收

● 　基站系统可以做到较为复杂的接收机结构；

● 　较大的功耗；

● 　已知所有用户的扩频通信码，能够检测到相邻用户和小区间的干扰，并采用信号处理的方法减轻或规避干扰；

● 　能够实现多扇区，甚至跨小区分集复用（软切换）；

● 　但因为没有统一时钟，很难实现终端信号的精确同步（自相关要求高）。

CDMA 系统的上行信道由接入信道和业务信道组成，图 4-12 给出了基站接收的上行 CDMA 逻辑信道的配置实例。

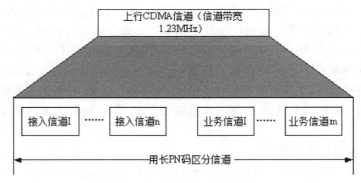

图 4-12　上行链路信道配置

在一个上行信道中，接入信道数 n 最多可达 32 个。在极端情况下，业务信道数 m 最多可达 64 个，用不同的长 PN 码加以识别；每个接入信道也采用不同的 PN 码加以区别，基站和用户使用不同的长码掩码（PN）区分基站和用户的接入信道和业务信道，码长为 $2^{42}-1$，按时间错开表示用户地址，该 PN 码速率较低，与数据信息码组合在一起。

（1）各信道的作用

接入信道：与下行传输的寻呼信道相对应，是 MS 向 BS 申请接入网的信道。也就是说 MS 利用接入信道发起呼叫或者对 BS 的寻呼进行响应，以及向 BS 发送登记注册消息等。它使用一种随机接入协议，允许多个用户以竞争的方式占用。最多可以有 7 个接入信道。在接入信道上的数据速率是 4800b/s。

业务信道（F-TCH），即提供 MS 到基站之间通信，它与下行业务信道一样，用于传送用户业务数据，同时也传送信令信息，如功率控制信道。

（2）各信道对信息的处理过程

如图 4-13 所示，在上行业务信道中，为了减小 MS 的功耗，并减少对其他 MS 的干扰，对交织后输出的码元用一个时间滤波器进行选通。只允许所需码元输出而删除其他重复码元。在选通过程中，把 20ms 分成 16 个等长的功率控制段，并按 0～15 进行编号，每段 1.25ms，选通突发位置由前一帧内倒数第 2 个功率控制段（1.25ms）中最后 14 个 PN 码比特进行控制。根据一定规律，某些功率段通过，某些功率段被截去，保证进入交织的重复码元中只发送其中一个。但是，在接入信道中，两个重复码元都要传送。

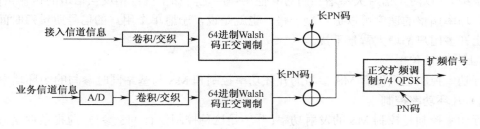

图 4-13　CDMA 上行逻辑信道信号处理

然后，不同用户的下行信道的信号用不同的长 PN 码（表示地址）进行数据扰码后，进入正交扩频和正交调制电路，最后由天线发射出去。基站 BS 接收后，只需对 Walsh 码做相关运算解出码字。由于 MS 独立发射，基台无法获得相干解调的导频信息，运用 Walsh 码可实现正交性相干解调码字，并由 BS 接收机提供相关检测时钟。

任务 4.3　掌握 CDMA 系统的关键技术

本节介绍了 CDMA 的关键技术，包括功率控制、分集技术和软切换。

4.3.1　CDMA 系统功率控制

在 CDMA 系统中，功率控制被认为是所有关键技术的核心。功率控制是 CDMA 系统对功率资源（含手机和基站）的分配。

如图 4-14 所示，如果小区中的所有用户均以相同功率发射，则靠近基站的 MS 到达基站的信号强；远离基站的 MS 到达基站的信号弱，导致强信号掩盖弱信号。这就是"远近效应"问题。CDMA 是一个自干扰系统，所有用户共同使用同一频率，系统的通信质量和容量主要受限于收到干扰功率的大小。若基站接收到 MS 的信号功率太低，则误比特率太大而无法保证高质量通信；反之，若基站收到某一 MS 的信号功率太高，虽然保证了该 MS 与基站的通信质量，却对其他 MS 增加了干扰，导致整个系统的通信质量恶化，容量减小。只有当每个 MS 的发射功率控制到基站所需信噪比的最小值时，通信系统的容量才达到最大值。为了解决"远近效应"问题，必须根据通信距离的不同，实时地调整发射机所需的功率，这就是"功率控制"。

功率控制分为上行功率控制和下行功率控制，上行功率控制又可分为仅有 MS 参与的开环功率控制和 MS 与基站同时参与的闭环功率控制。

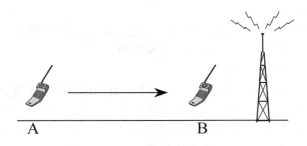

图 4-14　功率控制示意图

对功率控制的要求是：当信道的传输条件突然改善时功率控制应做出快速反应（限制在微秒数量级），以防止信号突然增强而对其他用户产生附加干扰；相反当信道的传输条件突然变坏时，功率调整的速度可以适当慢一些。也就是说，宁愿单个用户的信号质量短时间恶化，也要防止许多用户都增大背景干扰。

1.　上行功率控制

上行功率控制包括仅有 MS 参与的开环功率控制和 MS 与基站同时参与的闭环功率控制。

（1）开环功率控制

上行功率控制是控制 MS 的发射功率；开环是这种控制仅有 MS 参与，前提条件是假设上、下行链路的传输损耗相同。为了达到任何一个 MS 无论处于什么位置，其发射信号在到达基站的接收机时都具有相同的电平，而且刚达到信噪比要求的门限值，其办法是 MS 接收并测量基站发来的导频信号强度，并估计下行传输损耗，然后根据这种估计，MS 自行调整自己的发射功率。如果接收信号增强，就降低发射功率；如果接收信号减弱，就增加发射功率，这完全是 MS 自主进行的功率控制。

开环功率控制只是对 MS 发送电平的粗略估计，因此它的反应不能太快，也不能太慢。如反应太慢，在开机或遇到阴影、拐弯效应时，开环起不到应有的作用；如反应太快，将会由于下行链路的快衰落而浪费功率，因为上、下行衰落是两个相互独立的过程，MS 接收的尖峰式功率很可能是由于干扰形成的。根据许多测试结果，响应时间常数选择 20ms～30ms 为佳。

开环功率控制是为了补偿平均路径衰落的变化和阴影、拐弯等效应，它必须要有一个很大的动态范围。根据 CDMA 空中接口标准，至少应达到±32dB 的动态范围。

开环功率控制简单、直接，不需在移动台和基站之间交换控制信息，同时控制速度快并节省开销。但 CDMA 系统中，前向和反向传输使用的频率不同（IS-95 规定的频差为 45MHz），频差远远超过信道的相干带宽。因而不能认为上行信道的衰落特性等于下行信道的衰落特性，这是上行开环功率控制的局限之处。开环功率控制由开环功率控制算法来完成，主要利用 MS 下行接收功率和上行发射功率之和为一常数来进行控制。具体实现中，涉及开环响应时间控制、开环功率估计校正因子等主要技术设计。

（2）闭环功率控制

闭环功率控制是指由基站来检测 MS 的信号强度或信噪比，根据测试结果与预定值比较，产生功率调整指令，MS 根据基站发送的功率调整指令（功率控制比特携带的信息）来调整 MS 发射功率的过程。在这个过程中基站起着很重要的作用。闭环的设计目标是使基站对 MS 的开环功率估计迅速做出纠正，以使 MS 保持最理想的发射功率。这种对开环的迅速纠正解决了下行链路和上行链路间增益允许度和传输损耗不一样的问题。具体方法是：基站每隔 1.25ms 测量一次移动台的发射功率，与门限电平比较后形成功率控制比特，在下行业务信道的功率子信道上连续地进行传输，MS 根据这个信令来调整发射功率。每个功率控制比特使移动台增加或降低功率 1dB。在开环控制的基础上移动台将提供 ±24dB 的动态范围。

2．下行功率控制

下行链路中，当 MS 向小区边缘移动时，MS 收到临区基站的干扰会明显增加；当 MS 向基站方向移动时，MS 受到本区的多径干扰会增加。下行功率控制的要求是调整基站向移动台发射的功率，使任何移动台无论处于小区的任何位置，收到基站的信号电平都刚刚达到信噪比所要求的门限值，避免基站向距离近的移动台辐射过大的信号功率，同时防止或减少由于移动台进入传输条件恶劣或背景干扰过强的地区而发生误码率增大或通信质量下降的现象。具体的方法是：移动台定期或不定期地向基站发射误帧率报告和门限报告，基站通过移动台对下行链路的误帧率的报告来决定对其发射功率的大小。它属于闭环功率控制，相对较慢，调整范围为 ±6dB。

3．小区呼吸功率控制

小区呼吸是 CDMA 系统的一个很重要的功能，它主要用于调节系统中各小区的负载。上行链路切换边界是指两个基站之间的一个物理位置，当 MS 处于该位置时，其接收机无论接收哪个基站的信号都有相同的性能；下行链路切换边界是指 MS 处于该位置，两个基站的接收机相对于该移动台有相同的性能。基站小区呼吸控制是为了保持下行链路切换边界与上行链路切换边界"重合"，以使系统容量达到最大，并避免切换发生问题。

小区呼吸算法是根据基站反向接收功率与前向导频发射功率之和为一常数的事实来进行控制。具体手段是通过调整导频信号功率占基站总发射功率的比例，达到控制小区覆盖面积的目的。小区呼吸算法涉及初始状态调整、反向链路监视、前向导频功率增益调整等具体技术。

4.3.2　分集技术

分集技术是指系统能同时接收并有效利用两个或更多个输入信号，这些输入信号的衰落互不相关。系统分别解调这些信号然后将它们相加，这样可以接收到更多的有用信号，克服衰落。

在 CDMA 调制系统中，不同的路径可以各自独立接收，从而显著地降低多径衰落的严重性。但多径衰落并没有完全消除，因为有时仍会出现解调器无法独立处理的多路径，这种情况导致某些衰落现象。

衰落具有频率、时间和空间的选择性。分集接收是减少衰落的好方法，采用这种方法，接收机可对多个携有相同信息且衰落特性相互独立的接收信号在合并处理之后进行判决。它充分利用传输中的多径信号能量，把频域、空域、时域中分散的能量收集起来，以改善传输的可靠性。

1．频域分集

该技术是将待发送的信息，分别调制在不同的载波上发送到信道。根据衰落的频率选择性，当两个频率间隔大于信道的相关带宽时，接收到的此两种频率的衰落信号不相关。市区的相关带宽一般为 50kHz 左右，郊区的相关带宽一般为 250kHz 左右。而码分多址的一个信道带宽为 1.23MHz，无论在郊区还是在市区都远远大于相关带宽的要求，所以码分多址的宽带传输本身就是频率分集。

频率分集与空间分集相比，其优点是少了接收天线与相应设备数目；缺点是占用更多的频谱资源，并且在发送端有可能需要采用多部发射机。

2. 空间分集

在基站间隔一定距离设定几个独立天线独立地接收、发射信号，由于这些信号在传输过程中的地理环境不同，可以保证各信号之间的衰落独立，采用选择性合并技术从中选出信号的一个输出，降低了地形等因素对信号的影响。这是利用不同地点（空间）收到的信号衰落的独立性，实现抗衰落。空间分集的基本结构为：发射端一副天线发送，接收端 N 部天线接收。

3. 时间分集

由于 MS 的运动，接收信号会产生多普勒频移，在多径环境，这种频移形成多普勒频展。多普勒频展的倒数定义为相干时间，信号衰落发生在传输波形的特定时间上，称为时间选择性衰落。它对数字信号的误码性有明显影响。

若对其振幅进行顺序采样，那么，在时间上间隔足够远（大于相干时间）的两个样点是不相关的，因此可以采用时间分集来减少其影响。即将给定的信号在时间上相隔一定的间隔重复传输 N 次，只要时间间隔大于相干时间就可以得到 N 条独立的分集支路。由于多普勒频移与 MS 的运动速度成正比，所以，时间分集对处于静止状态的 MS 是无用的。

时间分集是利用基站和移动台的 RAKE 接收机来完成的。对于一个信道带宽为 1.23MHz 的码分多址系统，当来自两个不同路径的信号的时延差为 1μs，也就是这两条路径相差大约为 0.3km 时，RAKE 就可以将它们分别提取出来而不互相混淆。

RAKE 接收机工作流程如图 4-15 所示。在扩频和调制后，信号被发送，通过多径信道传输。图中列举了三个多径路径，对应的时延是 τ1、τ2、τ3 和衰落因子 α1、α2、α3。RAKE 接收机相对于每个多径元件有一个接收指针，在每个接收指针中，接收到的信号由扩展码进行相关处理，接收到的信号是用多径信号的时延时间校正的。在去扩展后，信号被加权和合成，使用的是最大速率合成，即每个信号由路径增益（衰落因子）加权。小于一个码片的小范围变化由一个编码追踪环路负责处理，编码追踪环路用于追踪每个信号的时延。

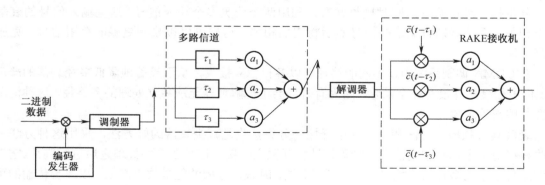

图 4-15　RAKE 接收机工作流程

CDMA 系统对多径的接收能力在基站和移动台是不同的。在基站处，对应于每一个反向信道，都有四个数字解调器，而每个数字解调器又包含两个搜索单元和一个解调单元。搜索单元的作用是在规定的窗口内迅速搜索多径，搜索到之后再交给数字解调单元。这样对于一条反向业务信道，每个基站都同时解调四个多径信号，进行矢量合并，再进行数字判决信号恢复。如果移动台处在三方软切换中，三个基站同时解调同一个反向业务信道（空间分集），这样最多时相当于 12 个解调器同时解调同一反向信道，这在 TDMA 中是不可能实现的。而在移动台里，一般只有三个数字解调单元，一个搜索单元。搜索单元的作用也是迅速搜索可用的多径。当只接收到一个基站的信号时，移动台可同时解调三个多径信号进行矢量合并。如果移动台处在三方软切换中，三个基站同时向该移动台发送信号，移动台最多也只能同时解调三个多径信号进行矢量合并，也就是说，在移动台端，对从不同基站来的信号与从不同基站来的多径信号一起解调。但这里也有一定的规则，如果处在三方软切换中，即使从其中一个基站来的第二条路径信号强度大于从另外两个基站来的信号强度，移动台也不解调这条多径信号，而是尽量多地解调从不同基站来的信号，以便获得来自不同基站的功率控制比特，使自身发射功率总处于最低的状态，以减少对系统的干扰。这样就加强了空间分集的作用。

时间分集与空间分集相比，其优点是减少了接收天线数目，缺点是要占用更多的时隙资源，从而降低了传输效率。

4.3.3　CDMA 系统的越区切换

CDMA 系统 MS 在通信时可能发生以下切换：同一载频的不同基站的软切换；同一载频同一基站不同扇区间的软切换（又称更软切换）；不同载频间的硬切换。软切换是指同一载频两个基站间的切换。所谓软切换，就是当移动台需要跟一个新的基站通信时，并不先中断与原基站的联系，在两个基站覆盖区的交界处两个基站同时为它服务，起到了业务信道的分集作用，这样可大大减少由于切换造成的掉话，提高了通信的可靠性。其原理如图 4-16 所示。

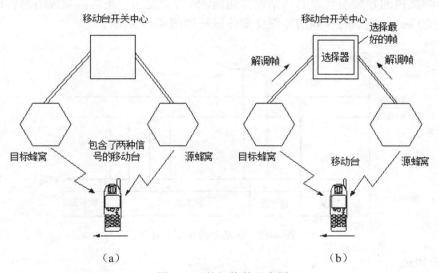

图 4-16　软切换的示意图

软切换只有在使用相同频率的小区之间才能进行，因此 TDMA 不具有这种功能。它是 CDMA 蜂窝移动通信系统所独有的切换方式。

为了后面说明软切换实现过程的方便，先介绍几个术语（假设移动台在通信过程中不断地移动，同时可接收到几个基站的导频信号）：

有效导频集：与正在联系的基站相对应的导频集合。

候选导频集：当前不在导频集里，但是已有足够的强度表明与该导频相对应基站的下行业务信道可以被成功解调的导频集合。

相邻导频集：当前不在有效导频集也不在候选导频集里，但又根据某种算法被认为很快可以进入候选导频集的导频集合。

剩余导频集：不被包括在有效导频集、候选导频集、相邻导频集里的所有导频的集合。

1. 软切换的实现过程

软切换的实现过程包含三个阶段：

MS 与原小区基站保持通信链路：MS 搜索所有导频并测量它们的强度，当测量到某个载频大于一个特定值时，MS 认为此导频的强度已经足够大，能够对其进行解调，但尚未与该导频对应的基站联系时，它就向原基站发送一条导频强度测量信息，以通知原基站这种情况，原基站再将 MS 的报告送往移动交换中心（MSC），MSC 则让新的基站安排一个下行业务信道给移动台，并且由原基站发送一条消息指示 MS 开始切换。

MS 与原小区基站保持通信链路的同时，与新的目标小区（一个或多个小区）的基站建立通信链路：当 MS 收到来自原基站的切换指示后，MS 将新基站的导频纳入有效导频集，开始对新基站和原基站的下行业务信道同时进行解调。之后移动台向基站发送一条切换完成消息，通知基站自己已经根据命令开始对两个基站同时解调了。

MS 只与其中的一个新小区基站保持通信链路：随着 MS 的移动可能两个基站中某一方向的导频强度已经低于某一特定值 D，这时 MS 启动切换去掉计时器，当该切换去掉计时器期满时（在此期间其导频强度始终低于 D），MS 向基站发送导频强度测量消息，然后基站发切换指示消息给移动台，MS 将切换去掉计时器到期的导频从其有效导频集中去掉，此时 MS 只与目前有效导频集内的导频所代表的基站保持通信，同时会发出一条切换完成消息告诉基站，表示切换已经完成。切换中的导频信号强度变化过程如图 4-17 所示。

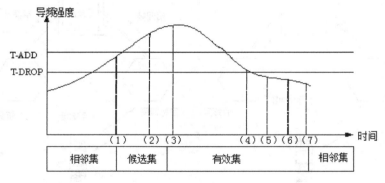

图 4-17   切换中的导频信号

2. 更软切换

更软切换是由基站完成的，并不通知 MSC。同一移动台不同扇区天线的接收信号对基站来说就相当于不同的多径分量，并被合成一个语音帧送至选择器，作为此基站的语音帧进行通信。而软切换是由 MSC 完成的，将来自不同基站的信号都送至选择器，由选择器选择最好的一路，再进行语音编解码。

在实际通信中，这些切换是组合出现的，可能既有软切换又有更软切换，还可能进行硬切换，不过软切换优先，只有在不能进行软切换时才能进行硬切换。

当然，若相邻基站恰巧处于不同 MSC，这时即使是同一载频，在目前也只能进行硬切换，因为此时要更换声码器。如果以后 BSC 间使用了 IPI 接口和 ATM，才能实现 MSC 间的软切换。

3．IS-95A 中的空闲切换

当 MS 在空闲状态下，从一个小区移动到另一个小区时，必须切换到新的寻呼信道上，当新的导频比当前服务导频高 3dB 时，MS 自动进行空闲切换。

导频信道通过相对于零偏置导频信号 PN 序列的偏置来识别。导频信号偏置可分成几组用于描述其状态，这些状态与导频信号搜索有关。在空闲状态下，存在三种导频集合：有效集、邻区集和剩余集。每个导频信号偏置仅属于一组中的一个。

MS 在空闲状态下监视寻呼信道时，它在当前 CDMA 频率指配中搜索最强的导频信号。如果 MS 确定邻区集或剩余集的导频强度远大于有效集的导频，那么进行空闲切换。MS 在完成空闲切换时，将工作在非分时隙模式，直到 MS 在新的寻呼信道上收到至少一条有效的消息。在收到消息后，移动台可以恢复分时隙模式操作。在完成空闲切换之后，MS 将放弃所有在原寻呼信道上收到的未处理的消息。

在 IS-95A 中，接入过程中不允许有空闲切换；在 IS-95B 中，接入过程可以有空闲切换。

任务 4.4　掌握两部 CDMA 手机之间的呼叫处理流程

4.4.1　CDMA 系统的登记注册与漫游

1．登记注册

登记注册是移动台向基站报告其位置、状态、身份标志、时隙周期和其他特征的过程，基站登记这些报告的内容并不断地进行更新。通过登记，基站可以知道移动台的位置、等级和通信能力，确定移动台在寻呼信道的哪个时隙中监听，并能有效地向移动台发起呼叫等。它是移动通信系统中操作、控制不可缺少的功能。CDMA 系统支持如下不同形式的登记：

（1）开机登记：移动台打开电源时要登记，移动台从其他服务系统（如模拟系统）切换过来时也要登记。为了防止移动台频繁开关机时多次登记，移动台会在空闲状态之后延迟 T57m =20 秒后才登记（T57m 表示开机登记计数器的时隙）。

（2）关机登记：关机登记在移动台发出关机指令时完成。关机时，移动台会在登记完成之后才真正关掉电源。关机登记只有它在当前服务系统中已经登记过才进行。

（3）基于计数器的登记：为了使移动台按一定的时间间隔进行周期性的登记，移动台要设置一种寻呼信道时隙计数器（或间隔为 80ms 的计数器）。计数器的最大值设置受基站控制。当计数器达到最大值时即进行一次登记。周期性登记的好处在于除保证系统能经常掌握移动台的状态外，当移动台的断电源登记没有成功时，系统还会自动删除该移动台的登记。

（4）基于距离的登记：移动台在当前基站与上次登记基站距离超过门限时登记，移动台通过当前基站与上次登记基站的经度和纬度的计算结果确定移动台的距离。如果这个距离超过门限值，移动台登记。

（5）基于区域的登记：CDMA 蜂窝系统为了便于通信进行控制和管理，把系统划分为三个层次：即系统、网络和区域。网络是系统的子集，区域是系统和网络的组成部分（由一组基站组成）。系统用"系统标志"（SID）来区分，网络用"网络标志"（NID）来表示，区域由"区域号"来区分，属于一个系统的网络由"系统/网络"标志（SID,NID）来区分，属于一个系统中某个网络的区域用"区域号"加上"系统/网络"标志（SID,NID）来区分。图 4-18 给出了一个系统与网络的简例。图中系统 i 包含了三个网络，其标志号分别为 t、u、v，在这个系统中的基站可以分别处于三个网络：（SID=i,NID=t）或（SID=i,NID=u）或（SID=i,NID=v）之中，也可以不处于这三个网络之中，以（SID=i,NID=0）表示。

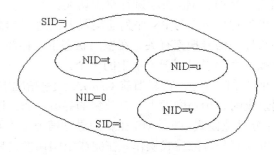

图 4-18　系统与网络示意图

基站和移动台都保存一张供移动台登记用的"区域表格"。

当移动台进入一个新区，区域表格中没有它的登记注册，则移动台要进行以区域为基础的登记，登记的内容包括区域号与系统/网络标志号（SID,NID）。

每次登记成功，基站和移动台都要更新其存储的区域表格，移动台为区域表格的每一次登记都提供一个计时器，根据计时的值可以比较表格中的各次登记的寿命。一旦发现区域表格中的登记数据的数目超过了允许保存的数目，则可根据计时器的值的大小把最早的即寿命最长的登记删掉，保证剩下的登记数目不超过允许的数目。允许移动台登记的最大数目由基站控制，移动台在其区域表格中至少能进行 7 次登记。

（6）参数改变登记：当移动台修改其存储的某些参数时，要进行登记。

（7）受命登记：基站发送一个登记请求指令通知移动台进行登记。

（8）默认登记：当移动台成功地发送出起始消息或寻呼应答消息时，基站能借此判断出移动台的位置，不涉及两者之间的任何登记消息交换，这叫作默认登记。

（9）业务信道登记：一旦基站得到移动台已被分配到业务信道登记消息时，则基站通知移动台它已被登记。

2. 漫游

漫游使得移动台能够在本地区以外进行通信。为了实现在系统之间以及网络之间漫游，移动台要专门建立一种"系统/网络"表格，移动台可在这种表格中存储 4 次注册。每次注册都包含"系统/网络"标志（SID,NID）。这种注册有两种类型，一是原籍注册；二是访问注册，如果要存储的标志（SID,NID）与原籍标志（SID,NID）不符，则说明移动台是漫游者。漫游有两种方式：其一是网络之间的漫游，即要注册的标志（SID,NID）和原籍标志（SID,NID）中的 SID 相同；其二是系统之间的漫游，即要注册的标志（SID,NID）与原籍标志（SID,NID）中的 SID 不同。

移动台的原籍注册可以不限于一个网络或系统。比如移动台的原籍标志（SID,NID）是（2,3）、（2,0）、（3,1），若它进入一个新的基站覆盖区，基站的标志（SID,NID）是（2,3），由于（2,3）在移动台的原籍表格中，所以可判定移动台不是漫游者。如果新基站的标志（SID,NID）是（2,7），这时 SID=2 在移动台的原籍表格中，但 NID=7 不在移动台的原籍表格中，故移动台是外来的 NID 漫游者。如果新基站的标志（SID,NID）是（4,0），则 SID=4 不在原籍表格中，故移动台是外来的 SID 漫游者。

　　NID 有两个保留值，一个是 0，这是为公众网所预留的；另一个是 65535，移动台利用它来进行漫游状态判决。如果移动台的漫游状态设定为 65535，这时移动台只进行 SID 比较，不进行 NID 比较，只要在同一 SID 内就认为是本地用户，不被看作是漫游。

4.4.2　CDMA 的呼叫处理

1. 移动台呼叫处理

　　移动台呼叫处理状态如图 4-19 所示，它由移动台初始化、移动台空闲、系统接入和业务信道四个状态组成。

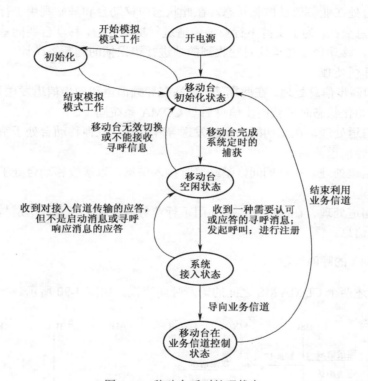

图 4-19　移动台呼叫处理状态

　　（1）移动台初始化状态。移动台接通电源后就进入"初始化状态"。在此状态下，移动台不断地检测周围各基站发来的导频信号和同步信号。由于各基站使用相同的引导 PN 序列，只是其偏置各不相同，移动台只要改变其本地伪随机（PN）序列的偏置，就能很容易地测出周围有哪些基站在发送导频信号。移动台比较这些导频信号的强度，即可判断出自己目前处于哪个小区之中；移动台在选择基站后，在同步信道上检测出所需的同步信息，在获得系统的同步信息后，把自己相应的时间参数进行调整，与该基站保持同步。

　　（2）移动台空闲状态。移动台在完成同步和定时后，即由初始化状态进入"空闲状态"。在此状态中，移动台检测寻呼信道准备接收外来呼叫，也可发起呼叫或进行注册登记。

　　（3）系统接入状态。如果移动台要发起呼叫或者进行注册登记，或者收到一种需要认可或应答的寻呼信息时，移动台即进入"系统接入状态"并在系统接入信道上向基站发送有关的信息。这些信息可分为两类，一类属于应答信息，一类属于请求信息（主动发送）。此时要解决一个问题，就是移动台在接入状态开始向基站发送信息时，应该使用多大的功率电平。为了防止移动台一开始就使用过大的功率，增大不必要的干扰，这里用到一种"接入尝试"的程序，它实质上是一种功率逐步增大的过程。所谓一次接入尝试是指从传送消息开始到收到该消息的认可的整个过程。一次接入尝试包括多次"接入探测"。在一次接入尝试中，多次接入探测都传送同一消息。在传输一个接入探测之后，移动台要开始等候一个规定的时间，以接收基站发来的认可信息，如果接收到认可信息，则尝试结束；如果收不到认可信息，则下一个接入尝试探测在延迟一定时间后被发送，在两个接入探测之间移动台发射机被关闭。第一个接入探测的功率是根据开环功率控制电路所估算的电平值进行发送的，其后每个接入探测所用功率均比前一个接入探测提高一个规定量。

（4）移动台处在业务信道控制状态。在此状态中移动台和基站利用上行业务信道和下行业务信道进行信息交换，为了支持下行业务信道进行功率控制，移动台要向基站报告误帧率的统计数字，为此，移动台要连续地对它收到的帧进行错误帧的判断、统计。

2. 基站的呼叫处理

（1）导频和同步信息处理。在此期间，基站在导频信道和同步信道发送导频和同步信息，以便移动台在初始化状态时捕获同步信息后与 CDMA 系统同步。

（2）寻呼信道处理，在此期间，基站发送寻呼信号，以便移动台处于空闲状态，或系统接入状态监听寻呼信道信息。

（3）接入信道处理。在此期间，基站监听接入信息，以接收移动台处于系统接入状态时发来的信息。

（4）业务信道处理。在此期间，基站用下行业务信道和上行业务信道与处于业务信道状态的移动台交换信息。

4.4.3　CDMA 的呼叫流程

下面主要讲述两个 CDMA MS 之间的语音呼叫流程，如图 4-20 所示。

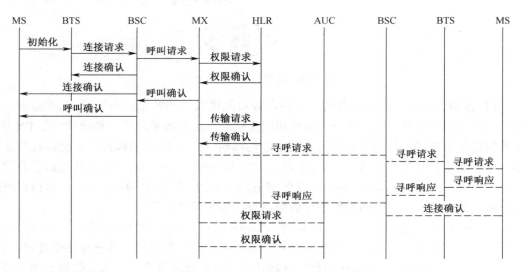

图 4-20　两个 MS 之间的语音呼叫流程图

MS 主叫： MS 发起呼叫时向 BTS 发送初始化信息，如果 BTS 具有有效信道，分配相应的 Walsh 码及与有效信道一致的帧位移，请求与 BSC 的连接。BSC 分配一个选择器后，请示与 MX 的呼叫连接。MX 要求对主叫 MS 的权限确认。根据从 AUC 中接收到的确认信息，MX 接受呼叫并将 MS 连接到目的地。

MS 被叫：MX 根据被叫 MS 的位置信息选择路径，将呼叫信息送达被叫所处位置的 BSC，在 BSC 控制下进行广播呼叫。被叫 MS 收到呼叫信息应答后，BTS 分配一个 Walsh 编码并为 MS 分配帧位移。BSC 接收到 BTS 送来的 MS 的应答信号后，为呼叫分配一个选择器。在确认与 MS 连接后，BSC 向 MX 发送应答信息，MX 完成有效连接。

项目小结

1. CDMA 蜂窝移动通信系统主要由网络交换子系统（NSS）、基站子系统（BSS）和移动台（MS）三大部分组成。

2. CDMA 系统采用伪随机序列——m 序列作为地址码，利用它的不同相位来区分不同的用户。

3. 导频信道为 MS 提供参考载波——作 QPSK 相干解调用（能精确同步），它是由基站连续不断发送的一种未经调制的直接序列扩频信号，供 MS 识别基站，并提取相干载波以进行相干解调。

4. CDMA 功率控制分为上行功率控制和下行功率控制，上行功率控制又可分为仅有 MS 参与的开环功率控制和 MS 与基站同时参与的闭环功率控制。

5. RAKE 接收机相对于每个多径元件有一个接收指针，在每个接收指针中，接收到的信号由扩展码进行相关处理，接收到的信号是用多径信号的时延时间校正的。

6. 软切换，就是当移动台需要跟一个新的基站通信时，并不先中断与原基站的联系，在两个基站覆盖区的交界处两个基站同时为它服务，起到了业务信道的分集作用。

7. 移动台呼叫处理状态由移动台初始化、移动台空闲、系统接入和业务信道四个状态组成。

习题与思考题

1. 简述 CDMA 的基本构成。
2. CDMA 系统采用功率控制有何作用？
3. 什么叫开环功率控制？什么叫闭环功率控制？
4. IS-95 上下行链路各使用什么调制方式？两者有什么区别？
5. IS-95 中是如何实现软切换的？这种功能有何好处？
6. 登记的作用是什么？IS-95 有哪几种登记？
7. 请画出 IS-95 网络结构的示意图，并简述各个模块的功能。
8. 在 CDMA 系统中移动台的呼叫处理包含哪些状态？在基站侧进行了哪些相应的处理？

项目五　实现两部 3G 手机之间的通信

本章导读

　　3G 网络，是指使用支持高速数据传输的蜂窝移动通信技术的第三代移动通信技术的线路和设备铺设而成的通信网络。3G 网络将无线通信与国际互联网等多媒体通信手段相结合，是新一代移动通信系统。国际电信联盟（ITU）在 2000 年 5 月确定 WCDMA、CDMA2000、TD-SCDMA 三大主流无线接口标准，写入 3G 技术指导性文件《2000 年国际移动通信计划》（简称 IMT-2000）。

　　本章以实现两部 3G 手机之间的通信项目为引导，首先介绍了 3G 移动通信的概念、网络结构、系统接口及其关键技术，重点介绍了 3G 的三大标准 WCDMA 移动通信系统、TD-SCDMA 移动通信系统及 CDMA2000 移动通信系统。

本章要点

- 3G 移动通信系统
- 3G 移动通信系统中的关键技术
- WCDMA 移动通信系统
- TD-SCDMA 移动通信系统
- CDMA2000 移动通信系统

任务 5.1　了解 3G 移动通信

　　第三代移动通信系统简称 3G，是由国际电信联盟（ITU）率先提出并负责组织研究的。它最早被命名为未来公共陆地移动通信系统（Futuristic Public Land Mobile Telecommunication System，FPLMTS），后更名为 IMT-2000（International Mobile Telecommunications 2000）。意指工作在 2000MHz 频段并在 2000 年左右投入商用的国际移动通信系统。它既包括地面通信系统，也包括卫星通信系统。它是将无线通信与互联网等多媒体通信相结合的新一代通信系统，是近 20 年来现代移动通信技术和实践的总结与发展。

5.1.1　概述

　　第三代移动通信系统是以宽带码分多址（CDMA）技术为主，采用数字通信技术的新一代移动通信系统。它能够处理图形、音乐、视频流等多种形式的信号，提供网页浏览、电话会议、电子商务等多种信息服务。

　　1. 第三代移动通信系统的目标

　　包括以下几个主要方面：

　　（1）平滑过渡和演进。与第二代移动通信系统及其他各种通信系统（固定电话系统、卫星通信系统、无绳电话系统等）相兼容。

（2）全球无缝覆盖和漫游。采用公用频段；设计上具有高度的通用性，系统中的业务以及它与固定网之间的业务可以兼容；拥有足够的系统容量和强大的多用户管理能力，达到具有高度智能和个人服务特色的覆盖全球的移动通信系统。

（3）支持高速率（高速移动环境 144kb/s，室外步行环境 384kb/s，室内环境 2Mb/s）的多媒体（话音、数据、图像、音频、视频等）业务。

（4）智能化。主要表现在优化网络结构方面（引入智能网概念）和收发信机的软件无线电化方面。

（5）业务终端多样化。既是通信工具又是计算工具和娱乐工具。

（6）个人化。用户可用唯一个人电信号码在任何终端上获取所需要的电信业务。也就是说，第三代移动通信系统以全球通用、系统综合为基本出发点，试图建立一个全球的移动综合业务数字网，提供与固定电信网业务兼容、质量相当的话音和数据业务，从而实现"任何人，在任何地点、任何时间与任何其他人"进行通信的梦想。

2. 第三代移动通信系统的频谱规划

1992 年世界无线电行政大会（WARC），根据 ITU-R（国际电联无线通信组织）对于 IMT-2000 的业务量和所需频谱的估计，划分了 230MHz 带宽给 IMT-2000，规定 1885～2025MHz（上行链路）以及 2110～2200MHz（下行链路）频带为全球基础上可用于 IMT-2000 的业务，还规定 1980～2010MHz 和 2170～2200MHz 为卫星移动业务频段，共 60MHz，其余 170MHz 为陆地移动业务频段，其中对称频段是 2×60MHz，不对称频段是 50MHz。上下行频带不对称主要是考虑到可以使用双频 FDD 方式和单频 TDD 方式。

除了上述频谱划分外，ITU 在 2000 年的 WARC2000 大会上还在 WARC-92 基础上又批准了新的附加频段：即

806～960MHz；

1710～1885MHz；

2500～2690MHz。

遵照 ITU-R 的规定，各国在 3G 使用频段上有各自的规划，分配给各种设备的频段也有所不同。

在欧洲，为 IMT-2000 地面系统分配的频段为 1900～1980MHz、2010～2025MHz 和 2110～2170MHz，共计 155MHz。其中 1920～1980MHz 和 2110～2170MHz 分配给 FDD 方式，1900～1920MHz 和 2010～2025MHz 分配给 TDD 方式。

在中国，IMT-2000 频谱的一部分已被预留给 PCS 或 WLL（无线本地环路）使用，不过这部分频谱并没有分配给任何运营商。2002 年 10 月，信息产业部颁布了关于我国第三代移动通信的频率规划，如表 5-1 所示。

表 5-1　我国第三代移动通信系统的频率规划

频率范围/MHz	工作模式	业务类型	备注
1920～1980/2110～2170	FDD（频分双工）	陆地移动业务	主要工作频段
1755～1785/1850～1880	FDD	陆地移动业务	补充工作频段
1880～1920/2010～2025	TDD（时分双工）	陆地移动业务	主要工作频段
2300～2400	TDD	陆地移动业务	补充工作频段，无线电定位业务共用

频率范围/MH	工作模式	业务类型	备注
825～835/870～880 885～915/930～960 1710～1755/1805～1850	FDD	陆地移动业务	之前规划给中国移动和中国联通的频段，上下行频率不变
1980～2010/2170～2200		卫星移动业务	

5.1.2 第三代移动通信系统的标准

1. 3G 标准的发展

第三代移动通信的研究工作开始于 1985 年，当时第一代的模拟移动通信系统正在大规模发展，第二代移动通信系统刚刚出现。国际电信联盟成立了临时工作组，提出了未来公共陆地移动通信系统（FPLMTS）。

从 20 世纪 90 年代中期开始，第三代移动通信的研究逐渐成为通信领域内的热点，各国对第三代移动通信的研究也都进入了实质性的研究阶段。IMT-2000 的发展大致经历了以下的历程：

1991 年，国际电联（IUT）正式成立无线传输（TG8/1）任务组，负责 FPLMTS 标准的制定工作。

1992 年，国际电联召开世界无线通信系统会议（WARC），对 FPLMTS 的频率进行了划分，这次会议成为第三代移动通信标准制定进程中的重要里程碑。

1994 年，ITU-T（国际电联远程通信组织）与 ITU-R（国际电联无线通信组织）正式携手研究 FPLMTS。

1997 年初，ITU 发出通函，要求各国在 1998 年 6 月前，提交候选的 IMT-2000 无线接口技术方案。

1998 年 6 月，ITU 共收到了 15 个有关第三代移动通信无线接口的候选技术方案。

1999 年 3 月，ITU-R TG8/1 第 16 次会议在巴西召开，确定了第三代移动通信技术的大格局。此时 IMT-2000 地面无线接口被分为两大组，即 CDMA 与 TDMA。

1999 年 5 月，30 多家世界主要无线运营商以及十多家设备厂商针对 CDMA FDD 技术在国际运营者组织多伦多会议上达成了融合协议。

1999 年 6 月，ITU-R TG8/1 第 17 次会议在北京召开，不仅全面确定了第三代移动通信无线接口最终规范的详细框架，而且在进一步推进 CDMA 技术融合方面取得了重大成果。

1999 年 10 月，ITU-R TG8/1 最后一次会议最终完成了第三代移动通信无线接口标准的制定工作。

2000 年 5 月，ITU 完成了第三代移动通信网络部分标准的制定。

2. 主要技术标准

由于无线接口部分是 3G 系统的核心组成部分，而其他组成部分都可以通过统一的技术加以实现，因此，无线接口技术标准即代表了 3G 的技术标准。主要有五种方案，如图 5-1 所示。

- IMT-2000 CDMA DS，对应 WCDMA，简化为 IMT-DS。
- IMT-2000 CDMA MC，对应 CDMA2000，简化为 IMT-MC。
- IMT-2000 CDMA TD，对应 TD-SCDMA 和 UTRA（通用地面无线接入）TDD，简化为 IMT-TD。

- IMT-2000 TDMA SC，对应 UWC-136，简化为 IMT-SC。
- IMT-2000 TDMA MC，对应 DECT，简化为 IMT-FT。

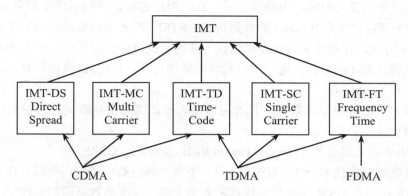

图 5-1　IMT-2000 确定的五种方案

ITU IMT-2000 所确定的五种技术规范，三种基于 CDMA 技术，两种基于 TDMA 技术，CDMA 技术作为第三代移动通信的主流技术。

ITU 在 2000 年 5 月确定 WCDMA、CDMA2000 和 TD-SCDMA 三大主流无线接口标准，写入 3G 技术指导性文件（2000 年国际移动通信计划，简称 IMT-2000）。

5.1.3　3G 演进策略

第二代移动通信技术的升级向第三代移动通信系统的过渡都是渐进式的，这主要考虑保证现有投资和运营商利益及已有技术的平滑过渡。

1. GSM 的升级和向 W-CDMA 的演进策略

由于 W-CDMA 投资巨大，一时难于大规模应用，但用户对高速率的数据业务又有一定需求，因此就出现了所谓的两代半（2.5G）技术。在 GSM 基础上的两代半技术是高速电路交换数据 HSCSD（57.6kbps）、通用分组无线业务 GPRS（144 kbps）、EDGE 3（将调制方式由 GMSK 更新为更高效率方式，将传输速率上升至 384kbps），可提供类似于第三代移动通信的业务。其演进过程如图 5-2 所示。

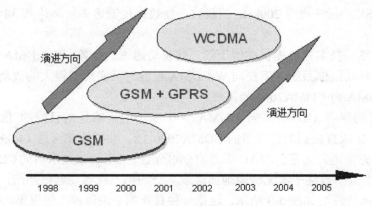

图 5-2　GSM 向 WCDMA 的演进过程

下面分别介绍 HSCSD、GPRS 和 EDGE。

（1）高速电路交换数据（High Speed Circuit-Switched Data，HSCSD）

第二代移动通信系统如 GSM 和 CDMA 是电路交换型移动数据通信，只能提供电路数据，它需要用户通过呼叫建立电路，电路建立后一直由用户占有，直到用户使用完毕后释放电路。过去 GSM 网上可提供速率 9.6kbps 的数据传输，ETSI（欧洲电信标准协会）现已推出新的标准——HSCSD 方式，在对原来线路差错纠正方法进行改进后，可使单个时隙的数据传输速率提高 50%，从而达到 14.4kbps。通过适当的时隙捆绑技术，HSCSD 可以同时占用多个时隙，使数据速率达到 57.6kbps。

但这种技术只能提供电路数据，且占用信道太多，因此市场不大。目前应用很少，市场前景并不光明。

（2）通用分组无线业务（General Packet Radio Service，GPRS）

如同所有电路交换技术一样，HSCSD 的一个重要缺点是信道利用率低。作为 GSM 的升级技术，GPRS 在现有 GSM 电路交换模式之上为了进一步提高数据通信的速率，增加了基于分组的空中接口，引入了分组交换。GPRS 可提供的数据速率是 115kbps。GPRS 通过网关 GGSN 与数据网相连，提供 GPRS 子网与数据网的接口，可方便地接入数据网（如分组网、Internet）或企业网。由于 GSM 是基于电路交换的网络，GPRS 的引入需要对原有网络进行一些改动，增加新的设备如 GPRS 业务支持节点（SGSN）、网关支持节点（GGSN）和 GPRS 骨干网；除此之外，其他新技术还需引进，如分组空中接口、信令、安全加密等。

在 GSM 网络上提供 GPRS 服务，只需增加 SGSN 和 GGSN 两类新的支持节点并对 BSC 进行软硬件升级，对其他网元，如 BTS、MSC/VLR、HLR、SMS-G/IWMSC、AUC、BGP（Border Gateway Protocol，边界网关协议）、SOG（Service Order gateway，客户服务管理系统）只需进行软件修改。此外，GSM 的计费是基于用户通话的时间。而 GPRS 的计费是从其他方面考虑的——传输数据量、内容、所用带宽、服务质量甚至接入的数据类型。GSM 运营商在升级到 GPRS 时需要考虑对计费系统的修改补充。

目前国内的中国移动、中国联通在很多城市开通了 GPRS。这种技术将作为一种过渡技术得到大量应用。

（3）EDGE（Enhanced Data for GSM Evolution）

作为 GSM 技术的下一个发展阶段，EDGE 的调制技术将不采用 GMSK（高斯最小移频键控），而采用 8PSK，高效利用 200kHz 的载波，使数据传输速率最高达到 384kbps（8 个时隙捆绑在一起使用）。

不过，以上这些技术只能提供类似于第三代移动通信的业务，W-CDMA 才是基于 GSM 的真正的第三代移动通信系统，但在向 W-CDMA 过渡时又必须做很大的改动。

2. 窄带 CDMA 向 CDMA2000 的演进

IS-95（目前的窄带 CDMA）向 CDMA2000 演进的策略是由目前的 IS-95-A 到可传输 115kbps 的 IS-95-B 或直接到加倍容量的 CDMA2000-1X，数据速率可达 144kbps，支持突发模式并增加新的补充信道和先进的 MAC 提供的 QoS 保证。采用增强技术后的 CDMA2000-1X EV 可以提供更高的性能，最终平滑无缝隙地演进成真正的第三代移动通信系统，此时传输速率可高达 2Mbps。其演进策略如图 5-3 所示。这是一种真正的平滑过渡，使得第二代移动通信的资源可以继续利用。

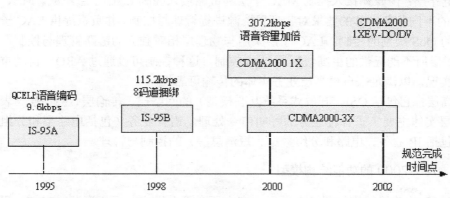

DO：高速数据业务
DV：高速数据业务+语音业务

图 5-3　IS-95 向 CDMA2000 的演进过程

5.1.4　IMT-2000 系统网络结构

1．系统组成

IMT-2000 系统网络包括三个组成部分：用户终端、无线接入网（Radio Access Network，RAN）、核心网（Core Network，CN），如图 5-4 所示。

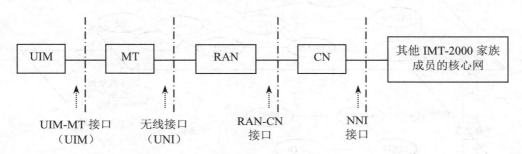

图 5-4　IMT-2000 的系统结构框图

2．系统标准接口

IMT-2000 系统网络接口包括：

（1）网络与网络接口（Network and Network Interface，NNI），指的是 IMT-2000 家族核心网之间的接口，是保证互通和漫游的关键接口。

（2）无线接入网与核心网之间的接口（RAN-CN），对应于 GSM 系统的 A 接口。

（3）移动台与无线接入网之间的无线接口（UNI）。

（4）用户识别模块和移动台之间的接口（UIM-MT）。

3．结构分层

第三代移动通信系统的分层方法仍采用三层结构描述，但由于第三代移动通信系统需要同时支持电路型业务和分组型业务，并支持不同质量、不同速率的业务，因此，其具体协议组成要复杂得多。各层的主要功能如下：

（1）物理层：定义了无线频谱的管理，通过无线链路传递数据，它是由一系列下行物理信道和上行物理信道组成。

（2）链路层：由媒体接入控制 MAC 子层和链路接入控制 LAC 子层组成。MAC 子层根据 LAC 子层的不同业务实体的要求对物理层资源进行管理与控制。并负责提供 LAC 子层的业务实体所需的 QoS 级别的控制。LAC 子层采用与物理层相对独立的链路管理与控制，并负责提供 MAC 子层所不能提供的更高级别的 QoS 控制，这种控制可以通过 ARQ（自动重发请求）等方式来实现，以满足来自更高层业务实体的传输可靠性。

（3）高层：它包括 OSI（开放式系统互联模型）的网络层、传输层、会话层、表示层和应用层。高层实体主要负责各种业务的呼叫信令处理，语音业务（包括电路型和分组型）和数据业务（包括 IP 业务、电路和分组数据、短消息等）的控制与管理。

5.1.5 IMT-2000 的功能结构模型

IMT-2000 的功能结构如图 5-5 所示，它由两个平面组成：无线资源（RRC）平面和通信控制（CC）平面。RRC 负责无线资源的分配和监视，肩负无线接入网完成的功能；而 CC 平面负责整体的接入、业务、寻呼、承载和连接控制。

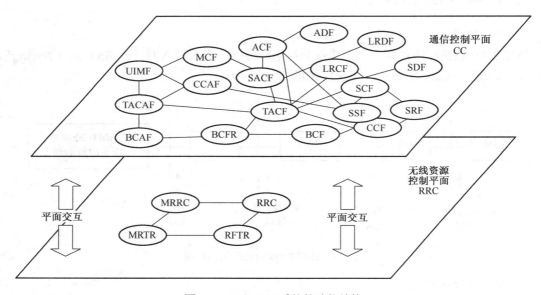

图 5-5 IMT-2000 系统的功能结构

无线资源（RRC）平面的功能模块包括：

- 无线资源控制（RRC）：处理无线资源总的控制，如无线资源的选择与保留、切换决定、频率控制、功率控制及系统信息广播等。
- 移动无线资源控制（MRRC）：处理移动侧的无线资源控制。
- 无线频率的发射和接收（RFTR）：处理无线接口网络侧的用户与控制信息的发射与接收，包括无线信道资源管理和纠错编码。
- 移动无线频率的发射与接收（MRTR）：处理无线接口用户侧的用户与控制信息的发射与接收，包括无线信道资源管理和纠错编码。

通信控制（CC）平面的功能模块包括：

- 业务数据功能（SDF）：负责存储与业务和网络有关的数据，并提供业务的一致性检查。

- 业务控制功能（SCF）：包括整个业务逻辑和移动控制逻辑，负责处理与业务有关的事件，支持位置管理、移动管理与身份管理等功能。
- 业务交换功能（SSF）：与呼叫控制功能（CCF）结合在一起，提供呼叫控制功能和业务控制功能之间通信所需的功能。
- 呼叫控制功能（CCF）：负责提供呼叫控制和连接控制，提供访问智能网功能的触发机制，建立、保持、释放网络中的承载连接。
- 特殊资源功能（SRF）：负责提供智能网业务、多媒体业务、分组数据交换业务等所需要的特殊资源，例如收发器、放音器和会议桥等。
- 业务访问控制功能（SACF）：提供与呼叫和承载无关的处理和控制功能，例如移动管理功能。
- 终端访问控制功能（TACF）：提供移动终端和网络之间连接的整体控制。例如终端寻呼、寻呼响应检测、切换决定和执行等。
- 承载控制功能（BCF）：控制承载实体之间的互连。
- 承载控制功能（BCFR），与无线承载有关：控制无线承载和对应有线承载之间的互连和适配。
- 移动控制功能（MCF）：在无线接口的移动侧提供整体业务访问控制逻辑。它可以支持与呼叫和载体无关的业务与网络通信（例如移动性管理）。
- 增强的呼叫控制代理功能（CCAF）：为用户提供业务接入功能，是用户与网络的接口。
- 终端接入控制代理功能（TACAF）：提供移动终端的接入功能。
- 承载控制代理功能（BCAF）：控制无线承载和移动终端其余部分的互连和适配。
- 用户身份管理功能（UIMF）：保存诸如标示、安全等用户信息，给网络或业务供应商提供一种手段，用来标示和鉴权 IMT-2000 用户和移动终端。
- 鉴权数据功能（ADF）：处理鉴权数据的存储和访问，且提供对数据的一致检验。
- 鉴权控制功能（ACF）：为鉴权服务的移动控制逻辑，具体功能包括用户鉴权、鉴权处理、机密控制。
- 位置登记数据功能（LRDF）：处理用户识别和位置数据的存储和访问，同时提供数据的一致检验。这里的数据包括定位信息、识别数据和活动/非活动状态信息等。
- 位置登记控制功能（LRCF）：包括位置管理、识别管理、用户鉴权、寻呼控制和提供路由数据。

任务 5.2 了解 3G 移动通信系统中的关键技术

5.2.1 初始同步与 RAKE 多径分集接收技术

CDMA 通信系统接收机的初始同步包括 PN 码同步、符号同步、帧同步和扰码同步等。CDMA2000 系统采用与 IS-95CDMA 系统类似的初始同步技术，即通过对导频信道的捕获建立 PN 码同步和符号同步，通过同步信道的接收建立帧同步和扰码同步。WCDMA 系统的初始同步则需要"三步捕获法"进行，即通过对基本同步信道的捕获建立 PN 码同步和符号同步，通过对辅助同步信道的不同扩频码的非相干接收，确定扰码组号等；最后通过对可能的扰码进行穷举搜索，建立扰码同步。

　　为解决移动通信中存在的多径衰落问题，系统采用 RAKE 分集接收技术；为实现相干 RAKE 接收，需发送未调导频信号，使接收端能在确知已发数据的条件下估计出多径信号的相位，并在此基础上实现相干方式的最大信噪比合并。WCDMA 系统采用用户专用的导频信号，而在 CDMA2000 下行链路采用公用导频信号，用户专用的导频信号仅作为备选方案用于使用智能天线的系统，上行链路则采用用户专用的导频信道。RAKE 多径分集技术的另一种重要的体现形式是宏分集及越区切换技术，WCDMA 和 CDMA2000 都支持。

5.2.2　高效率的信道编译码技术

　　信道编译码技术是第三代移动通信的一项核心技术。这是因为虽然第三代移动通信采用的扩频技术有利于克服多径衰落以提供高质量的传输信道，但扩频技术存在潜在的频谱效率低的问题，而一般的编码技术也是通过牺牲频谱利用率来换取功率利用率的，因此，3G 系统中必须采用高效的信道编译码技术来进一步改善通信质量。

　　综合来讲，现代无线通信系统对于信道编译码技术的要求是：选择效率高、编码增益高、时延性能好、译码算法较简单、存储量较小、溢出概率小，对同步要求不是很高，适合于衰落信道传送、易于实现。

　　目前，各种无线系统主要采用下行信道纠错编码和交织技术来进一步克服衰落效应。编码和交织都极大地依赖于信道的特征和业务的需求。这不仅对于业务信道和控制信道采用不同的编码和交织技术，而且对于同一信道的不同业务也采用不同的编码和交织技术。其中，采用较多的有卷积码和 Turbo 码等。在高速率且对译码时延要求不太高的数据链路中采用 Turbo 码以体现其优越的纠错性能；同时考虑到 Turbo 码的编译码的复杂度、时延的原因，在话音和低速率对译码时延要求比较苛刻的数据链路中使用卷积码，在其他逻辑信道中也使用卷积码。

5.2.3　智能天线技术

　　无线覆盖范围、系统容量、业务质量、阻塞和掉话等问题一直困扰着蜂窝移动通信系统。采用智能天线技术可以提高第三代移动通信系统的容量及服务质量。智能天线技术是基于自适应天线阵列原理，利用天线阵列的波束合成和指向，产生多个独立的波束，自适应地调整其方向图以跟踪信号变化；对干扰方向调零以减少甚至抵消干扰信号，提高接收信号的载干比（C/I），以增加系统的容量和频谱效率。其特点在于以较低的代价换得无线覆盖范围、系统容量、业务质量、抗阻塞和掉话等性能的显著提高。智能天线在干扰和噪声环境下，通过其自身的反馈控制系统改变辐射单元的辐射方向图、频率响应以及其他参数，使接收机输出端有最大的信噪比。

　　智能天线由 N 单元天线阵、A/D 转换器、波束形成器、波束方向估计及跟踪器等几部分组成。单元天线阵是收发射频信号的辐射单元；A/D 转换器完成模数转换以便进行数字域处理；波束形成器由自适应控制处理器和波束形成网络组成，把一定规律的激励信号转换成与各波束相对应的幅度相位分别提供给各辐射单元，以确定波束形成网络的各部分方向图（波束）的增益，计算各支路之间的耦合以及耦合与各部分方向图的交叉电平的关系，以消除各支路之间的耦合；波束方向估计及跟踪器是估计并跟踪接收信号的到达方向（DOA），以控制波束形成器改变波束方向来跟踪发送信号源。采用智能天线后，可用多只低功率的放大器代替高功率放大器（等效于 20W 的放大器），大大降低了成本，提高了设备可靠性。

5.2.4　软件无线电

软件无线电技术，顾名思义是用现代化软件来操纵、控制传统的"纯硬件电路"的无线通信。软件无线电技术的重要价值在于：传统的硬件无线电通信设备只是作为无线通信的基本平台，而许多的通信功能则是由软件来实现，打破了有史以来设备的通信功能的实现仅仅依赖于硬件发展的格局。软件无线电技术的出现是通信领域继固定通信到移动通信，模拟通信到数字通信之后第三次革命。

软件无线电的基本思想就是将宽带模数变换器（A/D）及数模变换器（D/A）尽可能地靠近射频天线，建立一个具有"A/D-DSP-D/A"模型的通用的、开放的硬件平台，在这个硬件平台上尽量利用软件技术来实现平台的各种功能模块。如使用数字信号处理器（DSP）技术，通过软件编程实现各种通信频段的选择，如 HF、VHF、UHF 和 SHF 等；通过软件编程完成传送信息抽样、量化、编码/解码、运算处理和变换，以实现射频电台的收发功能；通过软件编程实现不同的信道调制方式的选择，如调幅、调频、单边带、数据、跳频和扩频等；通过软件编程实现不同的保密结构、网络协议和控制终端功能等。

软件无线电系统的关键部分为：宽带多频段天线、高速 A/D 和 D/A 转换器以及高速信号处理部分。宽带多频段天线采用多频段天线阵列，覆盖不同频程的几个窗口；高速 A/D 转换器的关键是抽样速率和量化位数；高速信号处理部分完成基带处理、调制解调、比特流处理和编译码等工作。软件无线电技术最大的优点是基于同样的硬件环境，针对不同的功能采用不同的软件来实施，其系统升级、多种模式的运行可以自适应地完成。软件无线电能实现多模式通信系统的无缝连接。

第三代移动通信系统具有多模、多频段、多用户的特点，面对多种移动通信标准，采用软件无线电技术对于在未来移动通信网络上实现多模、多频率、不间断业务能力等方面将发挥重大作用，如基站可以承载不同的软件来适应不同的标准，而不用对硬件平台改动；基站间可以由软件算法协调，动态地分配信道与容量，网络负荷可自适应；移动台可以自动检测接入的信号，以接入不同的网络，且能适应不同的接续时间要求。由于硬件器件技术的限制，目前要实现软件无线电必须进行适度的折衷，尚未充分利用软件无线电的优势。因此，应针对软件无线电的特点，研究具有普遍意义的、不局限于特定硬件水平的长远技术，为第三代移动通信系统服务。

5.2.5　多用户检测技术

多径衰落环境下，各用户的扩频码通常难以保证正交，因而造成各用户之间的相互干扰，并限制了系统容量的提高。解决此问题的一个有效方法是使用多用户检测。

多用户检测（Multi User Detection，MUD）又称联合检测（Joint Detection，JD）或干扰消除。其基本思想是把所有用户的信号都当作有用信号，而不是当作干扰信号来对待。充分利用多址干扰信号的结构特征和其中包含的用户间的互相关信息，通过各种算法来估计干扰，最终达到降低或消除干扰的目的。

考虑到复杂度及成本等原因，目前的多用户检测实用化研究，主要围绕基站进行。基站设备中使用多用户检测技术，具有以下优点：

（1）提高了带宽利用率，抑制了多径干扰。

（2）消除或减轻了远近效应，降低了对功控高度精度的要求，可简化功控。

（3）弥补了扩频码互相关性不理想造成的影响。

（4）减小了发射功率，延长了移动台电池的使用时间，同时也减小了移动台的电磁辐射。

（5）改善了系统性能，提高了系统容量，增大了小区覆盖范围。

5.2.6 全 IP 的核心网

现有的第二代移动通信系统采用的是电路交换方式，并在逐渐向分组交换过渡。3G 的应用和服务将在数据速率和带宽方面提出更多的要求，如果想满足高流量等级和不断变化的需求，唯一的办法是过渡到全 IP 网络。它将真正实现话音和数据的业务融合。移动 IP 的目标是将无线话音和无线数据综合到一个技术平台上传输，这一平台就是 IP 协议。未来的移动网络将实现全包交换，包括话音和数据都由 IP 包来承载，话音和数据的隔阂将消失。

全 IP 网络可节约成本，提高可扩展性、灵活性和使网络运作更有效率等，支持 IPv6，解决 IP 地址的不足和移动 IP。IP 在移动通信中的引入，将改变移动通信的业务模式和服务方式。基于移动 IP 技术，为用户快速、高效、方便地部署丰富的应用服务成为可能。

任务 5.3 认识 WCDMA 移动通信系统

目前 GSM 系统拥有最大的移动用户群，我国的 GSM 网络是世界最大的 GSM 网络，WCDMA 是 GSM 向 3G 演进的方向。WCDMA 有两种工作模式：一是频分双工，称为 WCDMA FDD；二是时分双工，称为 WCDMA TDD。考虑到目前国际上的应用情况及本书的篇幅，本节只介绍 WCDMA FDD。

5.3.1 概述

1. WCDMA FDD 模式技术规范

基站同步方式：支持异步和同步的基站运行

信号带宽：5MHz；码片速率：3.84Mchip/s

调制方式：上行：QPSK；下行：QPSK

语音编码：AMR（自适应多码率语音传输编译码器）

信道编码：卷积码和 Turbo 码

解调方式：导频辅助的相干解调

发射分集方式：TSTD、STTD、FBTD

功率控制：上下行闭环功率控制，开环功率控制

2. WCDMA 与第二代空中接口的区别

表 5-2 列出了 WCDMA 与 GSM 之间空中接口的区别，表 5-3 列出了 WCDMA 与 IS-95 之间空中接口的区别。

表 5-2 WCDMA 与 GSM 之间空中接口的区别

名称	WCDMA	GSM
载波间隔	5MHz	200KHz
频率重用系数	1	1-18
功率控制频率	1500Hz	2Hz 或更低

续表

名称	WCDMA	GSM
服务质量控制（QoS）	无线资源管理算法	网络规划（频率规划）
频率分集	5MHz 频率的带宽使其可以采用 RAKE 接收机进行多径分集	跳频
分组数据	基于负载的分组调度	GPRS 中基于时隙的调度
下行发送分集	支持，以提高下行链路的容量	标准不支持，但可以应用

表 5-3　WCDMA 与 IS-95 之间空中接口的区别

名称	WCDMA	IS-95
载波间隔	5MHz	1.25MHz
码片速率	3.84Mchip/s	1.2288Mchip/s
功率控制频率	1500Hz 上下行链路都有	上行链路：800Hz 下行链路：慢速功率控制
基站同步	不需要	需要，典型的做法是通过 GPS
频率间切换	需要，使用分槽方式测量	可以采用，但未规定具体的测量方法
有效的无线资源管理算法	支持，提供所请求的 QoS	不需要，因其只为话音设计的网络
分组数据	基于载荷的分组调度	把分组数据作为短时电路交换呼叫来处理
下行链路发送分集	支持以获得更高的下行链路容量	标准不支持

空中接口的不同，反映了第三代系统的新要求。例如，为支持更高的比特速率，需要 5MHz 这一更宽的带宽。WCDMA 中采用发送分集来提高下行链路容量以支持具有上、下行链路容量非对称特性的业务（第二代的标准并不支持发送分集）。而在第三代系统中则要把不同比特速率、不同服务种类和不同质量要求的业务混合在一起，这就需要有先进的无线资源管理算法来保障服务质量和达到最大的系统吞吐量。还有，在新系统中对非实时的分组数据的支持也很重要。

由表 5-3 我们可以看到 WCDMA 与 IS-95 两者都采用直接序列的 CDMA。而 WCDMA 的码片速率为 3.84Mchip/s，比 IS-95 中的 1.2288Mchip/s 高，这样就能提供更多的多径分集。

WCDMA 上、下行链路中都采用快速闭环功率控制，而 IS-95 只在上行链路中使用这一技术。在下行链路中使用快速功率控制能够提高链路性能，并且增加下行链路的容量。当然这需要移动台增加新的功能，例如 SIR 估计和外环功率控制，这方面是 IS-95 移动台所没有的。

IS-95 系统主要是针对宏小区的应用。宏小区基站一般位于电线杆或屋顶这些易于接收 GPS 信号的地方。这是因为 IS-95 的基站需要同步，而同步的完成最典型的是依靠 GPS 信号。对 GPS 信号的需求使得室内和微小区中的应用要困难一些，因为没有与 GPS 卫星的视线（LOS）连接，很难接收到 GPS 信号。因此，WCDMA 的设计采用异步基站，就不需要获取 GPS 信号来同步。异步基站也使得 WCDMA 的切换与 IS-95 当中的略有不同。

在 WCDMA 中，频率间的切换很重要，这样可以使每个基站的几个载频得到最大化的使用。IS-95 中没有对频率间的切换做出详细规定，使得频率间的切换比较困难。

3. 核心网和业务

关于 WCDMA 无线接入网连接到核心网的问题，有三个基本的解决方案。在第二代系统中的基础是 GSM 核心网或基于 IS-41 的核心网，两者自然都是第三代系统中重要的可选方案；另一个可选方案是基于全 IP 的 GPRS 核心网。图 5-6 所示的是核心网和空中接口之间的典型连接。随着时间的推移，预计还会有其他的连接方式在标准化论坛中出现。

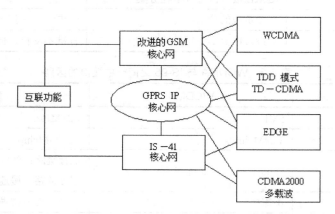

图 5-6　核心网与相关的第三代空中接口的选择方案

市场需求将决定运营商采取怎样的核心网组合方案。预计运营商会保留第二代核心网继续承担话音业务，然后在上层加入支持分组数据的功能。

由于各运营商采用的技术和频率分配的不同，全球漫游仍然需要在运营商间协商具体的配置方案。例如多模式和多频带的手机、不同核心网之间的漫游网关等问题。对于终端用户来说，各运营商之间的配置方案是不可见的，愿意缴纳全球服务费用的用户将会使用全球漫游终端。

从长远的角度来看，通信网络最终将朝着全 IP 的网络的方向发展，所有的业务将在分组交换网络上开展。GSM 主要开展诸如话音、短消息（SMS）、WAP 和电子邮件等的电路交换业务。在分组核心网络上开展大量新的分组业务的同时，话音业务仍然在电路交换网络上进行。随着规范的完善和技术的进步，基本上所有的业务都可以在分组交换网络上开展，这样就简化了网络维护，并易于开发新的业务。

5.3.2　WCDMA 系统网络结构

WCDMA 系统网络结构与第二代移动通信系统 GSM 有类似的结构，包括无线接入网络（Radio Access Network，RAN）和核心网络（Core Network，CN）。其中无线接入网络用于处理所有与无线有关的功能，而 CN 处理系统内所有的话音呼叫和数据连接，并实现与外部网络的交换和路由功能。

从图 5-7 可以看出，WCDMA 系统的网络单元包括如下部分：

1. UE（User Equipment）

UE 是用户终端设备，它主要包括射频处理单元、基带处理单元、协议栈模块以及应用层软件模块等。UE 通过 Uu 接口与网络设备进行数据交互，为用户提供电路域和分组域内的各种业务功能，包括普通话音、数据通信、移动多媒体、Internet 应用（如 E-mail、WWW 浏览、FTP 等）。

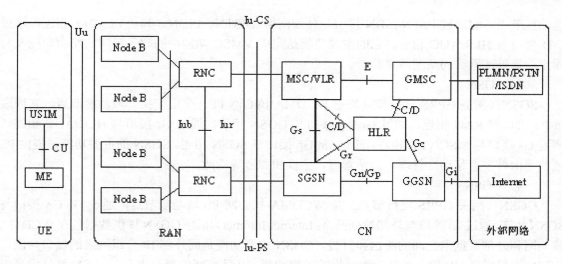

图 5-7　CDMA 的系统网络结构

UE 包括两部分：

（1）ME（裸机），提供应用和服务；

（2）SIM 卡：提供用户身份识别。

2. RAN

RAN：陆地无线接入网，分为基站（Node B）和无线网络控制器（RNC）两部分。

（1）基站（Node B）

WCDMA 系统的基站（即无线收发信机）也包括无线收发信机和基带处理部件。通过标准的 Iub 接口和 RNC 互连，主要完成 Uu 接口物理层协议的处理。它的主要功能是扩频、调制、信道编码及解扩、解调、信道解码，还包括基带信号和射频信号的相互转换等功能。Node B 由下列几个逻辑功能模块构成：射频收发放大系统（TRX）、基带部分（BB）、传输接口单元、基站控制部分。

（2）无线网络控制器（RNC）

RNC 是无线网络控制器，主要完成连接建立和断开、切换、宏分集合并、无线资源管理控制等功能。具体说明如下：

①执行系统信息广播与系统接入控制功能。

②切换和 RNC 迁移等移动性管理功能。

③宏分集合并、功率控制、无线承载分配等无线资源管理和控制功能。

3. 核心网（CN）

核心网络负责与其他网络的连接和对 UE 的通信和管理。主要功能实体如下：

（1）MSC/VLR

MSC/VLR 是 WCDMA 核心网 CS（电路交换）域功能节点，它通过 Iu-CS 接口与 RAN 相连，通过 PSTN/ISDN 接口与外部网络（PSTN、ISDN 等）相连，通过 C/D 接口与 HLR/AUC 相连，通过 E 接口与其他 MSC/VLR、GMSC 相连，通过 Gs 接口与 SGSN 相连。MSC/VLR 的主要功能是提供 CS 域的呼叫控制、移动性管理、鉴权和加密等功能。

（2）GMSC

GMSC 是 WCDMA 移动网 CS 域与外部网络之间的网关节点，也称为接口交换机。是可选功能节点，它通过 PSTN/ISDN 接口与外部网络（PSTN、ISDN、其他 PLMN）相连，通过 C/D 接口与 HLR/AUC 相连。它的主要功能是完成 VMSC 功能中的呼入呼叫的路由功能及与固定网等外部网络的网间结算功能。

（3）SGSN

SGSN（服务 GPRS 支持节点）是 WCDMA 核心网 PS（分组交换）域功能节点，它通过 Iu-PS 接口与 RAN 相连，通过 Gn/Gp 接口与 GGSN 相连，通过 Gr 接口与 HLR/AUC 相连，通过 Gs 接口与 MSC/VLR 相连，通过 Gn/Gp 接口与 SGSN 相连。SGSN 的主要功能是提供 PS 域的路由转发、移动性管理、会话管理、鉴权和加密等功能。

（4）GGSN

GGSN（网关 GPRS 支持节点）是 WCDMA 核心网 PS 域功能节点，通过 Gn/Gp 接口与 SGSN 相连，通过 Gi 接口与外部数据网络（Internet/Intranet）相连。GGSN 提供数据包在 WCDMA 移动网和外部数据网之间的路由和封装。GGSN 主要功能是同外部 IP 分组网络的接口功能，GGSN 需要提供 UE 接入外部分组网络的关口功能，从外部网的观点来看，GGSN 就好像是可寻址 WCDMA 移动网络中所有用户 IP 的路由器，需要同外部网络交换路由信息。

（5）HLR

HLR（归属位置寄存器）是 WCDMA 核心网 CS 域和 PS 域共有的功能节点，它通过 C 接口与 MSC/VLR 或 GMSC 相连，通过 Gr 接口与 SGSN 相连，通过 Gc 接口与 GGSN 相连。HLR 的主要功能是提供用户的签约信息存放、新业务支持、增强的鉴权等功能。

4．OMC

OMC（图中未画）功能实体包括设备管理系统和网络管理系统。设备管理系统完成对各独立网元的维护管理，包括性能管理、配置管理、故障管理、计费管理和安全管理等功能。网络管理系统能够实现对全网所有相关网元的统一维护和管理，实现综合集中的网络业务功能，同样包括网络业务的性能管理、配置管理、故障管理、计费管理和安全管理。

5．外部网络

可以分为两类：

（1）电路交换网络（CS networks）：提供电路交换的连接，像通话服务。ISDN 和 PSTN 均属于电路交换网络。

（2）分组交换网络（PS networks）：提供数据包的连接服务。Internet 属于分组数据交换网络。

6．系统接口

从图 5-7 可以看出，WCDMA 系统主要有如下接口：

（1）Cu 接口

Cu 接口是 SIM 卡和裸机之间的电气接口，采用标准接口。

（2）Uu 接口

Uu 接口是 WCDMA 的无线接口。UE 通过 Uu 接口接入到网络系统的固定网络部分，可以说 Uu 接口是 WCDMA 系统中最重要的开放接口。

（3）Iu 接口

Iu 接口是连接 RAN 和 CN 的接口。类似于 GSM 系统的 A 接口和 Gb 接口。Iu 接口是一个开放的标准接口。这也使通过 Iu 接口相连接的 RAN 与 CN 可以分别由不同的设备制造商提供。

（4）Iur接口

Iur接口是连接RNC之间的接口，是WCDMA系统特有的接口，用于对RAN中移动台的移动管理。比如在不同的RNC之间进行软切换时，移动台所有数据都是通过Iur接口从正在工作的RNC传到候选RNC。Iur是开放的标准接口。

（5）Iub接口

Iub接口是连接Node B与RNC的接口，也是一个开放的标准接口。Iub接口相连接的RNC与Node B也是分别由不同的设备制造商提供。

其他接口与GSM的相同。

5.3.3 WCDMA 空中接口（Uu 接口）

1. 分层结构

空中接口的协议结构分为三个协议层：它们是物理层、数据链路层和无线资源管理层。数据链路层包括描述 MAC 和描述 RLC 的两个子层，整个无线接口的协议结构如图 5-8 所示。

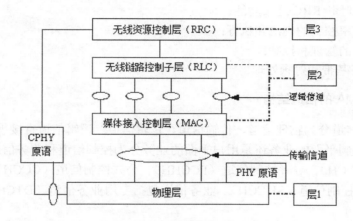

图 5-8　WCDMA 的分层结构

（1）无线资源控制层（RRC）

RRC 位于无线接口的第三层，它主要处理 UE 和 RAN 的第三层控制平面之间的信令，包括处理连接管理功能、无线承载控制功能、移动性管理等。

（2）数据链路层

数据链路层包括：媒体接入（MAC）与链路控制层（RLC）。

MAC 层屏蔽了物理介质的特征，为高层提供了使用介质的手段。高层以逻辑信道的形式传输信息，MAC 完成传输信息的有关变换（检错、打包、拆包、复用），以传输信道的形式将信息发向物理层。

RLC 层为用户和控制数据提供分段和重传业务。每个 RLC 实体由 RRC 配置，并以三种模式进行操作：透明模式、非确认模式、确认模式。在控制平面，RLC 层向上层提供的业务为信令无线承载。在用户平面，RLC 向上层提供的业务为业务无线承载。

（3）物理层

物理层是 OSI 参考模型的最底层，它支持在网络介质上传输比特流所需的操作。物理层与层 2 的 MAC 子层和层 3 的 RRC 相连（图 5-8 中不同层间的椭圆圈为业务接入点）。物理层与 MAC 层相互之间的通信是用 PHY 原语来完成的，与 RRC 层的接口相互间的通信是用 CPHY 原语实现的。

物理层为 MAC 层提供不同的传输信道（传输信道定义了信息是如何在无线接口上进行传输的），MAC 层为层 2 的无线链路控制（RLC）子层提供了不同的逻辑信道（逻辑信道定义了所传输的信息类型）。物理信道在物理层进行定义，是承载信息的物理介质。物理层接收来自 MAC 层的数据后，进行信道编码和复用，通过扩频和调制送入天线发射。

2. Uu 接口一般原则

● Uu 接口是一个开放的接口，实现不同厂商的 Node B 和 UE 进行互连；
● 物理层功能基本上在 Node B 实现；
● MAC 层以上协议基本上在 RNC 终结，无线资源由 RNC 集中管理；
● 采用逻辑信道/传输信道/物理信道三层映射关系；
● 测量根据 RRM（无线资源管理）算法的需要配置，Node B 对测量报告不做处理。

3. Uu 接口功能

● 广播、寻呼和 RRC 连接功能；
● 切换和功率控制的判决和执行；
● 无线资源的管理和控制；
● WCDMA 基带和射频处理。

5.3.4 WCDMA 的信道结构

WCDMA 的信道分为物理信道、传输信道、逻辑信道。逻辑信道直接承载用户业务，所以根据承载的是控制平面的业务还是用户平面的业务分为控制信道和业务信道。控制信道包括广播控制信道（BCCH）、寻呼控制信道（PCCHH）、公共控制信道（CCCH）、专用控制信道（DCCH）和共享控制信道（SHCCH）。业务信道包括专用业务信道（DTCH）和公共业务信道（CTCH）。

传输信道分为公共传输信道和专用传输信道两种类型，公共传输信道包括随机接入信道（RACH）、下行接入信道（FACH）、下行链路共享信道（DSCH）、上行链路公共分组信道（CPCH）、广播信道（BCH）和寻呼信道（PCH）；专用传输信道只有一种，即为专用信道（DCH）。

1. 专用传输信道（DCH）

专用传输信道仅存在一种，即 DCH，是一个上行或下行传输信道。专用传输信道用于发送特定用户物理层以上的所有信息，其中包括实际业务的数据以及高层的控制信息。由于 DCH 上发送的信息内容对物理层是不可见的，因此对高层控制信息和用户数据采用相同的处理方式。

专用传输信道主要特征包括：快速功率控制、逐帧快速数据速率变化，以及通过改变自适应天线系统的天线权值来实现对某小区或某扇区的特定部分区域的发射等。专用传输信道还支持软切换。

2. 公共传输信道

（1）广播信道（BCH）

广播信道是一个下行传输信道，用于广播系统或小区特定的信息，BCH 总是在整个小区内发射，并且有一个单独的传送格式。

（2）下行接入信道（FACH）

下行接入信道用于向位于某一小区的终端发送控制信息，也就是说，该信道用于基站接收到随机接入消息之后的响应信息的传送，同样也可以在 FACH 中发送分组数据。一个小区中可以有多个 FACH，但其中必须有一个具有较低的比特速率，以使该小区范围内的所有终端都能接收到，而其他 FACH 可以具有较高的数据速率。FACH 在整个小区或小区内某一部分使用波束赋形天线进行发射，使用慢速功控。

（3）寻呼信道（PCH）

寻呼信道是下行传输信道，在系统知道 UE 所处的小区时，用来给 UE 传送控制信息。PCH总是在整个小区中发送。PCH 的设计可以支持睡眠模式。

（4）随机接入信道（RACH）

随机接入信道是一个上行传输信道，用来传送来自 UE 的控制信息。RACH 也可以用来传送较短的用户分组数据。在多个用户发送 RACH 信道数据时，采用随机发送方式，具有发生碰撞的可能性。RACH 采用开环功率控制。

（5）上行链路公共分组信道（CPCH）

上行链路公共分组信道是 RACH 信道的扩展，用来在上行链路方向发送基于分组的用户数据。在下行链路方向上与之成对出现的是 FACH。CPCH 和 RACH 在物理层上的主要区别在于：前者使用快速功率控制，采用基于物理层的碰撞检测机制和 CPCH 状态检测过程，且上行链路 CPCH 的传输可能会持续几个帧，后者可能只占用一个或者两个帧。CPCH 的特性是带有初始的碰撞冒险和使用闭环功率控制。

（6）下行链路共享信道（DSCH）

下行链路共享信道是用来发送专用用户数据或控制信息的传输信道，可以由几个用户共享。DSCH 在很多方面与下行接入信道（FACH）类似，但共享信道支持使用快速功率控制和逐帧可变比特速率。DSCH 不要求能在整个小区范围接收到，可以采用与之相关的下行链路DCH 的发送天线分集技术，而且总是与一个或几个下行 DCH 相关联。DSCH 使用波束赋形天线在整个小区内发射，或在一部分小区内发射。

3. 物理信道

物理信道是由特定的载频、扰码、信道化码、开始和结束时间的持续时间段，上、下行链路中的相对相位来定义的。

一般的物理信道包括三层结构：超帧、无线帧和时隙。

（1）超帧

一个超帧长 720ms，包括 72 个无线帧。超帧的边界是用系统帧序号（SFN）来定义的，SFN 为 72 的整数倍时，该帧为超帧的起始无线帧；SFN 为 72 的整数倍减 1 时，该帧为超帧的结尾无线帧。

（2）无线帧

无线帧是一个包括 15 个时隙的处理单元，长 10ms。

（3）时隙

时隙是包括一组信息符号的单元。每个时隙的符号数目取决于不同的物理信道。一个符号包括许多码片（chip）。每个符号的码片数量与物理信道的扩频因子相同。

物理信道包括上行物理信道和下行物理信道。其中上行物理信道包括专用物理信道和公共物理信道，下行物理信道也包括专用和公共两种物理信道。

4. 上行专用物理信道

上行专用物理信道分为上行专用物理数据信道（DPDCH）和上行专用物理控制信道（DPCCH），DPDCH 和 DPCCH 在每个无线帧内是 I/Q 码复用。上行 DPDCH 用于传输专用数据信息，在每个无线链路中可以有 0 个、1 个或几个上行 DPDCH。上行 DPCCH 用于传输专用控制信息，包括支持信道估计以进行相干检测的已知导频比特（Pilot）、发射功率控制指令（TPC）比特、反馈信息（FBI）以及一个可选的传输格式组合指示（TFCI）比特，TFCI 将复用在上行 DPDCH 上的不同传输信道的瞬时参数通知给接收机，并与同一帧中要发射的数据相对应。

图 5-9 即为上行专用物理信道的帧结构。每个帧长为 10ms，分成 15 个时隙，每个时隙的长度为 $T_{slot}=2560$ 码片，对应于一个功率控制周期，一个功率控制周期为(10/15)ms。

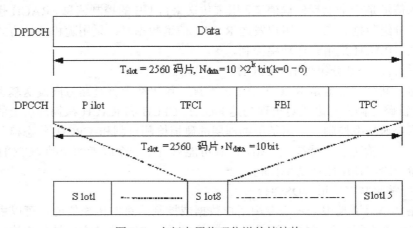

图 5-9　上行专用物理信道的帧结构

图 5-9 中的参数 k 决定了上行链路 DPDCH 的一个时隙的比特数，它与扩频因子 SF 的关系是：$SF=256/2^k$。在每个物理层连接中可有 0、1 或多个专用物理数据信道存在，它的扩频因子的取值范围为 256～4。上行专用物理信道允许进行多码操作，即几个 DPDCH 信道使用不同扩频码并行传输。在每个物理连接中有一个且只有一个 DPCCH，它的扩频因子固定为 256。

5. 上行公共物理信道

上行公共物理信道包括物理随机接入信道（PRACH）和物理公共分组信道（PCPCH）。

（1）物理随机接入信道（PRACH）

随机接入信道的传输是基于带有快速捕获指示的时隙 ALOHA 方式。数据和控制部分是并行传输的，时间上用接入时隙（一个预先定义的时间偏置表示为接入时隙）来确定。每两帧有 15 个接入时隙，间隔为 5120 码片，UE 只能在接入时隙的开始位置进行随机接入传送。当前小区中哪个接入时隙的信息可用，是由高层信息给出的。PRACH 分为前缀部分和消息部分。

（2）物理公共分组信道（PCPCH）

PCPCH 的传输是基于带有快速捕获指示的 CSMA-CD（Carrier Sense Multiple Access-Collision Detection）方式，并有快速功率控制，数据和控制部分是并行传输的。

6. 下行专用物理信道

下行专用物理信道只有一种类型，即下行 DPCH。在一个下行 DPCH 信道内，由层 2 或更高层产生的专用数据信息（DPDCH）与层 1 产生的控制信息（DPCCH）以时间分段复用的方式进行传输发射。图 5-10 显示下行 DPCH 的帧结构，每个长 10ms 的帧被分成 15 个时隙，每个时隙长为 T_{slot}=2560 码片，对应于一个功率控制周期。

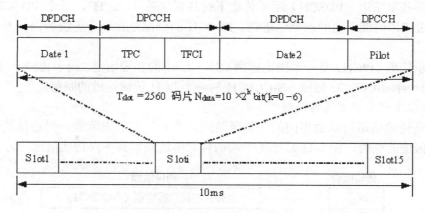

图 5-10　下行 DPCH 的帧结构

7. 下行公共物理信道

下行公共物理信道包括公共导频信道（CPICH）、公共控制信道（CCPCH）、同步信道（SCH）、下行共享信道（PDSCH）、捕获指示信道（AICH）、寻呼指示信道（PICH）。

公共导频信道（CPICH）为固定速率（30kbps，SF=256）的下行物理信道，用于传送预定义的比特/符号序列。有两种类型的公共导频传道：主（P-CPICH）和从（S-CPICH）。

主公共导频传道（P-CPICH）总是使用同一个信道码，用主扰码进行扰码，每个小区有且仅有一个 CPICH，在整个小区内进行广播，P-CPICH 为 SCH、P-CCPCH（主公共控制信道）、AICH、PICH 提供相位基准，还是其他下行物理信道的缺省相位基准。

从公共导频信道（S-CPICH）可以使用任意信道码，只要求满足 SF=256，扰码可以使用主扰码也可以使用从扰码，一个小区可以有 0、1 或几个从扰码，可以在小区内部分发射，可作为 S-CCPCH（从公共控制信道）和下行 DPCH 的参考。

公共控制物理信道分为主公共控制物理信道（P-CCPCH）和从公共控制物理信道（S-CCPCH）。

P-CCPCH 为一个固定速率（30kbps，SF=256）的下行物理信道，用于传输 BCH。与下行 DPCH 的帧结构的不同之处在于没有 TPC 指令、TFCI、导频比特。在每个时隙的第一个 256 码片内，P-CCPCH 不进行发射，在此段时间内，将发射主 SCH 和从 SCH。

S-CCPCH 用于传送 FACH 和 PCH，有两种类型的 S-CCPCH，即包括 TFCI 的和不包括 TFCI 的，是否传输 TFCI 是由 RAN 来确定的，因此对所有的 UE 来说，支持 TFCI 的使用是必须的。如果 FACH 和 PCH 映射到相同的 S-CCPCH，它们可以映射到同一帧。CCPCH 和一个下行专用物理信道的主要区别在于 CCPCH 不是闭环功率控制。P-CCPCH 和 S-CCPCH 的主要区别在于 P-CCPCH 是一个预先定义的固定速率，而 S-CCPCH 可以通过包含 TFCI 来支持可变速率。更进一步讲，P-CCPCH 是在整个小区内连续发射的，而对传送 PACH 的 S-CCPCH 采用与专用物理信道相同的方式以一个窄瓣波束的形式来发射，对于传送 PCH 的 S-CCPCH 是整个小区发射。

同步信道（SCH）是一个用于小区搜索的下行链路信号，由两个子信道（主 SCH 和从 SCH）组成。主和从 SCH 的 10ms 无线帧分成 15 个时隙，每个长为 2560 码片，在每个时隙重复发送。主同步码（PSC）每个小区分配一个，用于小区时隙同步；从同步码（SSC）每个小区分配一组，用于帧同步和时隙同步。

物理下行共享信道（PDSCH）用于传送下行共享信道（DSCH），一个 PDSCH 对应于一个 PDSCH 根信道码或下面的一个信道码，PDSCH 的分配是在一个无线帧内，基于一个单独的 UE。

寻呼指示信道（PICH）是一个固定速率（SF＝256）的物理信道，用于传输寻呼指示（PI），PICH 总是与一个 S-CCPCH 随路，S-CCPCH 为一个 PCH 传输信道的映射。

8. 传输信道到物理信道的映射

虽然某些传输信道可以由相同的（甚至是同一个）物理信道承载，但还是要经过从传输信道到物理信道的映射。图 5-11 总结了不同的传输信道映射到不同物理信道的方式。

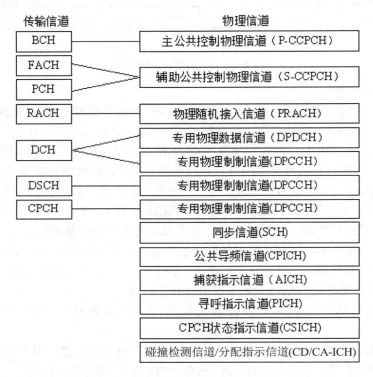

图 5-11　传输信道映射到物理信道

9. WCDMA 中的码类型及用途

上行链路物理信道加扰的作用是区分用户，下行链路加扰可以区分小区和信道，因此选择的扰码之间必须有良好的正交性。我们的系统采用 Gold 码作为扰码。

下行链路的扰码是长度为 $2^{18}-1$ 的 Gold 码，总共可以产生 $2^{18}-1=262143$ 个码片，常用扰码是序号在 0，1，…，8191 中的码字。这些扰码可分为 512 个集合，每个集合包括一个主扰码和 15 个次扰码。下行链路的扰码如图 5-12 所示。

512 个主扰码又可以进一步分成 64 个扰码组，每组有 8 个主扰码。系统为每个小区分配且仅分配一个主扰码。主公共控制物理信道（P-CCPCH）通常使用主扰码，另外的下行物理链路可以使用主扰码，也可以使用与本小区分配的主扰码同一扰码集合里的一个次扰码。

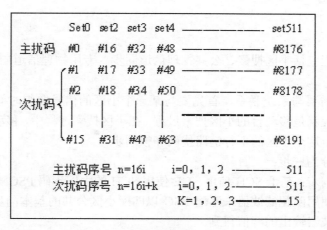

图 5-12　下行链路的扰码

上行链路扰码共有 2^{24} 个。在上行链路可采用短扰码或长扰码。短扰码可以简化多用户检测技术的实现，否则要采用长扰码。

区分同一信源不同信道的码为信道化码，在此采用可变扩频比正交码（OVSF）技术，它的码字长度是 2 的整数次幂，即 SF=4,8,…,256,512。

扩频码就是信道化码（信道编码）与扰码的乘积。SF 与符号速率、比特率的关系如表 5-4、表 5-5 所示。

表 5-4　上行链路 SF 与符号速率、比特率的关系

扩频因子	符号速率（ks/s）	比特率（kb/s）
256	15	15
128	30	30
64	60	60
32	120	120
16	240	240
8	480	480
4	960	960

表 5-5　下行链路 SF 与符号速率、比特率的关系

扩频因子	符号速率（ks/s）	比特率（kb/s）
512	7.5	15
256	15	30
128	30	60
64	60	120
32	120	240
16	240	480
8	480	960
4	960	1920

10. 物理程序

（1）同步过程

物理层同步过程包括小区搜索、公共物理信道同步、专用物理信道同步等。

1）小区搜索

移动台开机，需要与系统联系，首先要与某一个小区的信号取得时间同步。这种从无联系到时间同步的过程就是移动台的小区搜索过程。在小区搜索过程中，移动台捕获一个小区的发射信号并据此确定这个小区的下行链路扰码和帧同步。

小区搜索一般分为三步：

第一步为时隙同步：基于 SCH 信道，UE 使用 SCH 的主同步码 PSC 去获得该小区的时隙同步。典型方法是使用匹配滤波器来匹配 PSC 以匹配小区公共的基本同步码。小区的时隙定时可由检测匹配滤波器输出的峰值得到。

第二步为帧同步和码组识别：UE 使用 SCH 的从同步码 SSC 去找到帧同步，并对第一步中找到的小区的码组进行识别。这是通过对收到的信号与所有可能的从同步码序列进行相关得到的，并标识出最大相关值。由于序列的周期移位是唯一的，因此码组与帧同步一样，可以被确定下来。

第三步为扰码识别：UE 确定找到的小区所使用的主扰码。主扰码是通过在 CPICH 上对识别的码组内的所有的码按符号相关而得到的。在主扰码被识别后，则可检测到主 CCPCH。系统和小区特定的 BCH 信息也就可以读取出来了。

2）公共物理信道同步

所有公共物理信道的无线帧定时都可以在小区搜索完成之后确定。在小区搜索过程中可以得到 P-CCPCH 的无线帧定时，将被作为所有物理信道的定时基准，直接用于下行链路，但是非直接用于上行链路，从其他公共物理信道与 P-CCPCH 的相对定时关系确定公共物理信道同步。

3）专用物理信道同步

不同下行专用信道 DPCH 同步定时可以不同，但其与 P-CCPCH 的帧定时的偏置将是 256 码片的整数倍。

（2）功率控制

功率控制分为开环功率控制和闭环功率控制。开环功率控制主要是在 RACH 的接入过程和 CPCH 的接入过程的初始化阶段前缀部分的发射过程采用的功率控制方法。对于闭环功率控制又分为快速和慢速闭环功率控制，系统中主要是采用快速闭环功率控制。

对于 UE 侧，下行闭环功率控制调整网络的发射功率，使接收到的下行链路的 SIR 保持在一个给定的目标值 SIRtarget 附近。而每一个连接的 SIRtarget 则由高层外环功率控制分别调整，UE 同时估计下行 DPCCH/DPDCH 的接收功率和干扰功率，得到信噪比估计值 SIRest，然后根据以下规则产生 TPC 命令：如果 SIRest > SIRtarget，则 TPC 命令为 0，要求增加发射功率；如果 SIRest <SIRtarget，则 TPC 命令为 1，要求降低发射功率。

1）上行信道的发射功率控制

PRACH 消息部分的功率控制将采用增益因子去控制"控制/数据部分"的相对功率，以使其与上行专用物理信道的功率相近。PCPCH 消息控制部分和数据部分的功率同时控制，控制部分和数据部分功率的差别由网络侧利用增益因子计算确定通知 UE，PCPCH 的功率控制前缀用于初始化，控制部分和对应的 DL DPCCH 都可以在上行功率控制前缀部分发送，而数据部分只能在功率控制前缀结束之后才能发送。

上行 DPCCH/DPDCH 功率控制：高层确定初始发射功率，DPCCH/DPDCH 发射功率的偏差由网络侧利用增益因子计算确定。上行 DPCCH 发射功率的变化在其导频区域开始前发生，变化由 UE 推导得出；最大的允许值，其大小要低于该终端所属的功率等级中的最大输出功率。

上行 DPCCH/DPDCH 正常发射功率控制：上行闭环功率控制调节 UE 的发射功率，使得 RAN 接收到的上行链路的信干比（SIR）保持在一个给定的目标值 SIRtarget 附近。服务小区对接收到的上行 DPCH 的信干比进行估计，再根据估计得到的 SIRest 和以下规则产生 TPC 命令：如果 SIRest > SIRtarget，TPC 命令=0；如果 SIRest <SIRtarget，TPC 命令=1；TPC 命令每时隙发送一次，UE 根据 TPC 命令得出 TPC-cmd 值；如果 UE 在一个时隙内收到多个 TPC 命令，则对多个命令进行合并得到一个单一的 TPC 命令。

UE 支持两种 TPC 命令合并算法，TPC 命令合并算法 1 是合并相同的 TPC 命令处于同一个无线链路集；算法 2 是合并不同的 TPC 命令采用软判决加权；TPC 命令合并算法 2 比算法 1 采用最小步长更小的调整步长，采用硬判决合并。

上行 DPCCH/DPDCH 压缩模式下的功率控制：一些帧被压缩，形成传输间隙，此时 RAN 支持的上行功率控制参数和步长与非压缩模式相同，另外有附加特征，使每个传输间隙之后的信干比（SIR）能尽快恢复并接近目标 SIR。在上行压缩帧的传输间隙中，停止发送上行 DPDCH 和 DPCCH，在上下行压缩帧中，下行链路中可能会缺少 TPC 命令，这时对应的 TPC-cmd 将设为 0；压缩和非压缩模式下的上行 DPCCH 的导频个数可能不同，在每个时隙的开始，UE 计算功率调整量，改变上行 DPCCH 的发射功率，补偿导频符号总功率的变化；功率控制前缀可用于 DCH 的初始化，上下行 DPCCH 都可以在上行功率控制前缀部分发送，而上行 DPDCH 只能在功率控制前缀结束之后才能发送；功率控制前缀部分的长度是 UE 的一个特定参数，由网络通过信令通知，其值为 0～8 个帧。

上行 DPCCH/DPDCH 功率差设置：DPCCH 和 DPDCH 采用不同码进行发送，不同的传输格式组合 TFC 对应的增益因子不同，正常帧的 TFC 对应的 DPCCH 和 DPDCH 的增益因子可以通过网络侧配置或高层信令配置。

2）下行信道的发射功率控制

下行信道的发射功率由网络决定，高层提供的功率设置是对发射总功率的设置，在发射分集时，是两副天线发射的功率和。

下行 DPCCH/DPDCH 功率控制：DPCCH 和其对应的 DPDCH 的功率同时控制，功率控制环路以相同的步长调节 DPCCH 和 DPDCH 的功率；DPCCH 和 DPDCH 的相对发射功率偏置由网络决定，DPCCH 中 TFCI、TPC 和导频字段相对于 DPDCH 的功率偏置分别为 PO1、PO2 和 PO3 dB；CPCH 对应的 DLDPCCH 中的 CCC 区域的功率和导频区域的功率相同。

下行 DPCCH/DPDCH 正常发射功率控制：UE 产生 TPC 命令来控制网络的发射功率，并在上行 DPCCH 的 TPC 字段发送；RAN 对接收到的 TPC 命令做出反应，调节下行 DPCCH/DPDCH 的发射功率，一个时隙中发射的所有 DPDCH 符号的平均功率在一个功率门限范围内，功率调整步长为最小步长（1dB 或 0.5dB）的整数倍；当失去同步 UE 不能产生 TPC 命令时，TPC 命令在非同步状态为 1。UTRAN 按照命令调整下行 DPCCH/DPDCH 的发射功率，可以每个时隙或每三个时隙估计 TPC 命令，更新一次发射功率。

下行 DPCCH/DPDCH 压缩模式下的功率控制：压缩模式下的下行功率控制的目的是为了尽快将发射间隙之后的 SIR 恢复到与目标 SIR 接近。在压缩帧的传输间隙，下行 DPDCH 和

DPCCH 停止发送，DPCCH 传输间隙后的第一个时隙的发射功率等于传输间隙之前的那个时隙的功率。

PDSCH 的功率控制由网络层决定是基于 UE 在上行 DPCCH 上发送的功率控制指令进行闭环功率控制或慢功率控制。AICH 功控相对于主 CPICH 的 AICH 的发射功率（测量每个发送的捕获标志得到）由高层通知 UE；PICH 功控相对于主 CPICH 的 PICH 的发射功率（测量发送的寻呼指示得到），由高层通知 UE；S-CCPCH 相对于数据部分的发射功率，TFCI 和导频部分有一个偏移量；CSICH 相对于主 CPICH 的发射功率（由每一个发射状态指示测量得到）由高层通知 UE。

（3）随机接入

随机接入初始化前，物理层从高层 RRC 层接收信息：前缀的扰码、参数 AICH-Transmission-Timing[0 或 1]、接入业务种类（ASC）、可用的特征码、RACH 子信道集、功率倾斜因子 Power-Ramp-Step[大于 0 的整数]、参数 Preamble-Retrans-Max[大于 0 的整数]、前缀的初始功率 Preamble-Initial-Power、上次发射的前缀和随机接入消息控制部分之间的频率偏移 DPP-m = Pmessage-control-Ppreamble、传送格式参数集，包括每个传送格式的数据和控制部分之间的功率偏移 DPP-m。

随机接入初始化阶段，物理层从高层 MAC 层接收信息：用于 PRACH 消息部分的传送格式、PRACH 传输的 ASC（服务级别）、发射的数据（传送数据块的集合）。物理随机接入过程如图 5-13 所示。

由图 5-13 可知：物理随机接入程序将按下面的步骤进行。

1）为规定的 ASC 从可用 RACH 子信道组中概率均等地随机选择一个 RACH 信道。

2）在选择的 RACH 子信道组中导出可用上行接入时隙，如果在被选择的集合中没有接入时隙可用，则在下一个接入时隙集合中随机选择一个与 RACH 子信道组相关的上行接入时隙。

3）为规定的 ASC 从可用的识别 Signature 标识中随机选择一个。

4）设置前缀重传计数 Preamble-Retrans-Max。

5）设置前缀传输功率 Preamble-Initial-Power。

6）UE 利用选择的上行接入时隙、识别 Signature 标识、前缀传输功率参数传送一个前缀。

7）在与选择的上行链路接入时隙相对应的下行链路接入时隙中，如果没有检测到与选择的识别 Signature 标识相关的捕获指示正负值（AI 的取值非 1 即-1）情况下：选择一个新的上行链路接入时隙作为下一个可用的接入时隙，选择 Signature 标识，增加前缀传输功率。前缀重传计数减 1，如果前缀重传计数大于 0，则重复步骤 6），否则退出物理层随机接入过程。

8）如果检测到与选择的识别 Signature 标识相关的捕获指示为否定值，退出物理层随机接入过程。

9）如果检测到与选择的识别 Signature 标识相关的捕获指示为肯定值，则在 AICH 对应的上次前缀发射后 3 或 4 个上行接入时隙发射接入消息。

10）结束物理层随机接入过程。

（4）发射分集

发射分集是指在基站方通过两根天线发射信号，每根天线被赋予不同的加权系数（包括幅度、相位等），从而使接收方增强接收效果，改变下行链路的性能。发射分集包括开环发射分集和闭环发射分集，开环发射分集不需要移动台的反馈，基站的发射先经过空间时间块编码，再在移动台中进行分集接收解码，以改善接收效果；而闭环发射分集需要移动台的参与，移动台监测基站的两个天线的发射信号幅度和相位等,然后,在上行信道里通知基站下一次应发射的幅度和相位,从而改善接收效果。

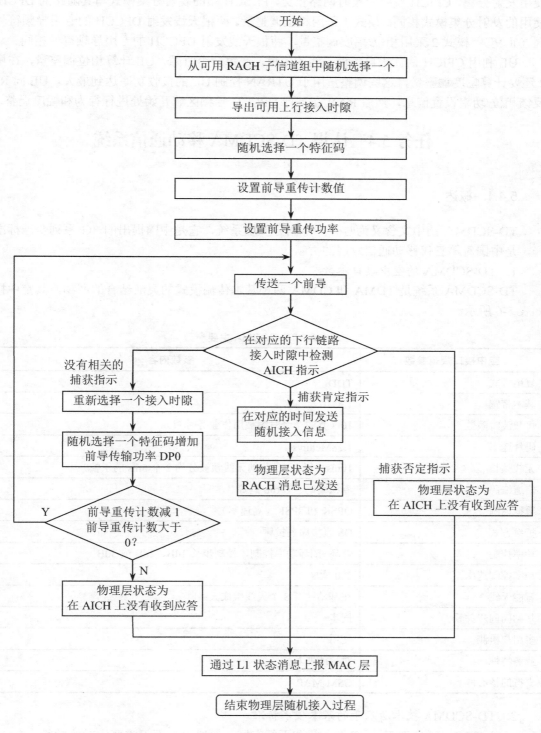

图 5-13　RACH 接入流程

发射分集种类分为开环发射分集模式和闭环发射分集模式。一个物理信道上同时只能使用一种模式。如果在任何一个下行物理信道上使用了发射分集，则在 P-CCPCH 和 SCH 也将使用发射分集，CPICH 发射分集时两路正交，PDSCH 帧的发射分集模式与其随路的 DPCH 上使用的发射分集模式相同。模式 1 采用相位调整量。两根天线发射 DPCCH 的专用导频符号不同（正交）；模式 2 采用相位/幅度调整量，两根天线发射 DPCCH 的专用导频符号相同。

UE 利用 CPICH 估计来自每根天线的信道，在每一个时隙，UE 计算相位调整量，在模式 2 还要计算幅度调整量，这些调整量用于 UTRAN 控制 UE 的接收功率达到最大。UE 向 RAN 反馈相位/功率设置信息，然后 RAN 在下行 DPCCH 导频区域开始处进行行为和幅度调整。

任务 5.4　认识 TD-SCDMA 移动通信系统

5.4.1　概述

TD-SCDMA 的中文含义为时分同步码分多址系统，它是中国提出的 3G 系列全球标准之一，是中国对第三代移动通信发展的贡献。

1. TD-SCDMA 的空中接口参数

TD-SCDMA 系统是 TDMA 和 CDMA 两种基本传输模式的灵活结合的产物，其空中接口如表 5-6 所示。

表 5-6　TD-SCDMA 主要参数

空中接口规范参数	参数内容
复用方式	TDD
基本带宽	1.6MHz
每载波时隙数	10（其中 7 个时隙被用作业务时隙）
码片速率	1.28Mchip/s
无线帧长	10ms（每个 10ms 的无线帧被分为 2 个 5ms 的子帧）
信道编码	卷积编码、Turbo 码等
数据调制	QPSK 和 8PSK（高速率）
扩频方式	DS 直接序列扩频
功率控制	开环+闭环功率控制，控制步长 1dB、2dB 或 3dB
功率控制速率	200 次/s
智能天线	在基站端有 8 个天线组成天线阵
基站间同步关系	同步
多用户检测	使用
业务特性	对称或非对称
支持的核心网	GSM-MAP

2. TD-SCDMA 技术所基于的基本技术标准

（1）TDD（时分双工）：允许上行和下行在同一频段上，而不需要成对的频段。在 TDD

中，上行和下行在同一频率信道中的不同时间里传输。这可根据不同的业务类型来灵活地调整链路的上、下行转换点，支持对称和非对称的数据业务。

（2）TDMA（时分多址）：是一种数字技术，它将每个频率信道分割为许多时隙，从而允许传输信道在同一时间由数个用户使用。

（3）CDMA（码分多址）：在每个蜂窝区使多个用户同时接入同一无线信道成为可能，提高了通信的密度。但每个用户会干扰其他人，从而导致多接入干扰（MAI）。

（4）联合检测（JD）：允许接收机为所有信号同时估计无线信道和工作。通过单个通信流量的并行处理，JD 消除了多接入干扰（MAI），降低了蜂窝区内干扰，因此提高了传输容量。

（5）动态信道分配（DCA）：先进的 TD-SCDMA 空中接口充分利用了所有可提供的多址技术。TD-SCDMA 依据干扰方案提供了无线资源的自适应分配，降低了蜂窝区之间的干扰。

（6）终端互同步：通过精确地对每个终端传输时隙的调谐，TD-SCDMA 改善了手机的跟踪，降低了定位的计算时间，以及交付寻找的寻找时间。由于同步，TD-SCDMA 不需要软交付，这样更有利于蜂窝覆盖区降低蜂窝间的干扰，并降低设施和运行成本。

（7）智能天线：是在蜂窝区域通过蜂窝和分配功率跟踪移动用户时使用的波形控制天线。没有智能天线时，功率将分配至所有的蜂窝区域内，相互干扰较大。采用智能天线可降低多用户干扰，通过降低蜂窝间的干扰提高了系统容量和接收的灵敏度，并在增加蜂窝范围的同时降低了传输功率。

（8）接力切换：由于采用智能天线可大致定位用户的方位和距离，所以 TD-SCDMA 系统的基站和基站控制器可采用接力切换方式，根据用户的方位和距离信息，判断用户现在是否移动到应该切换给另一基站的临近区域。如果进入切换区，便可通过基站控制器通知另一基站做好切换准备，达到接力切换的目的。接力切换可提高切换成功率，降低切换时对临近基站信道资源的占用。基站控制器实时获得移动终端的位置信息，并告知移动终端周围同频基站信息，移动终端同时与两个基站建立联系，切换由基站控制器发起，使移动终端由一个小区切换至另一小区。TD-SCDMA 系统既支持频率内切换，也支持频率间切换，具有较高的准确度和较短的切换时间，它可动态分配整个网络的容量，也可实现不同系统间的切换。

由于智能天线的使用，TD-SCDMA 系统可得到移动台所在的位置信息。接力切换就是利用移动台的位置信息，准确地将移动台切换到新的小区。接力切换避免了频繁的切换，大大提高了系统容量。在切换时可根据系统需要，采用硬切换和软切换的机理。

3．特点及优势

TD-SCDMA 的技术特点主要表现在以下几个方面：

（1）频谱灵活性和支持蜂窝网的能力

TD-SCDMA 仅需要 1.6MHz 的最小带宽。若带宽为 5MHz，则支持 3 个载波，在一个地区可组成蜂窝网，支持移动业务，并可通过动态信道分配（DCA）技术提供不对称数据业务。

（2）高频谱利用率

TD-SCDMA 为对称话音业务和不对称数据业务提供的频谱利用率高。换言之，在使用相同频带宽度时，TD-SCDMA 可支持多一倍的用户。

（3）设备成本

在无线基站方面，TD-SCDMA 的设备成本低，原因如下：

1）智能天线能大大地增加接收灵敏度，减少同信道干扰，增加容量，同时在发射端也能降低干扰和输出功率。

2）上行同步降低了码道间干扰，提高了 CDMA 容量，简化了基站硬件，降低了成本。

3）软件无线电可缩短产品开发周期，减小硬件设备更新换代的损失，降低成本。

（4）系统兼容

支持多种通信接口，由于 TD-SCDMA 同时满足 Iub、A、Gb、Iu、Iur 多种接口的要求，因此 TD-SCDMA 的基站子系统既可作为 2G 和 2.5G GSM 基站的扩容，又可作为 3G 网中的基站子系统，能同时兼顾现在的需求和长远的发展。

5.4.2 TD-SCDMA 系统的基本结构

1. TD-SCDMA 系统的基本结构

TD-SCDMA 系统主要由三部分组成：终端（UE）、无线子系统（RAN）、核心网子系统（CN），如图 5-14 所示。

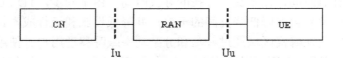

图 5-14　TD-SDCMA 系统的基本结构

2. TD-SCDMA 无线子系统的基本结构

TD-SCDMA 无线子系统的基本结构如图 5-15 所示。

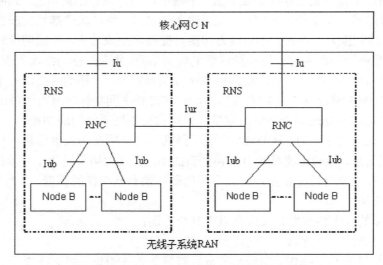

图 5-15　TD-SCDMA 无线子系统的基本结构

- RAN 是第三代移动通信网络中的无线接入网部分，它由一组 RNS 组成，通过 Iu 接口和核心网相连。每一个 RNS 包括一个 RNC 和一个或多个 Node B，Node B 和 RNC 之间通过 Iub 接口进行通信。
- RNC 主要负责接入网无线资源的管理，包括接入控制、功率控制、负载控制、切换和分组调度等。
- Node B 主要进行空中接口的物理层处理，如信道交织和编码、速率匹配和扩频等。同时它也执行无线资源管理部分的内环功控。

- Iub 接口是 RNC 和 Node B 之间的接口，用来传输 RNC 和 Node B 之间的控制信令和用户数据，其主要功能是管理 Iub 接口的传输资源、Node B 逻辑操作维护、传输操作维护信令、系统消息管理、专用信道控制、公共信道控制和定时以及同步管理。在现行的第三代移动通信系统标准中，Iub 接口还是一个不开放的内部接口，并没有像 Iu 接口和 Iur 接口一样做成完全开放的接口。这样就限制了单独制造 Node B 的厂家将无法参与网络设备的竞争。同时对运营者来讲，开放的 Iub 接口将会使得组网更加灵活。目前，我国通信标准研究组织正积极推动 Iub 接口开放的相关事宜，并取得很大进展。
- Iur 接口是两个 RNC 之间的逻辑接口，用来传送 RNC 之间的控制信令和用户数据。Iur 接口是一个开放接口，最初设计是为了支持 RNC 之间的软切换，但是后来加入了其他的有关特性。现在 Iur 接口的主要功能是支持基本的 RNC 之间的移动性、支持公共信道业务、支持专用信道业务和支持系统管理过程。
- 无线接口是指终端（UE）和接入网（RAN）之间的接口，简称 Uu 接口，通常我们也称之为空中接口。不同的无线接口协议使用各自的无线传输技术（RTT）。Uu 接口是一个完全开放的接口，它主要用来建立、重配置和释放各种 3G 无线承载业务。

3. TD-SCDMA 的核心网子系统 CN

核心网子系统的框架结构分成两个部分：电路交换（CS）域和分组交换（PS）域，分别对应于原来的 GSM 交换子系统和 GPRS 交换子系统，如图 5-16 所示。

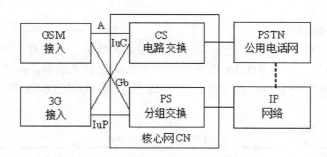

图 5-16　TD-SCDMA 的核心网子系统框架结构

CS 域和 PS 域是依据系统对用户业务的支持方式区分的，根据运营商实际网络的规划方案，核心网可以同时包含这两个域，也可以只包括其中之一。核心网主要处理系统内部所有的语音呼叫、数据连接和交换，以及和外部其他网络的连接和路由选择，无线接入网络 RAN 利用 CS 域接入 PSTN 传统的语音业务；利用 PS 域接入 IP 等传统数据通信网络的数据业务。

5.4.3　TD-SCDMA 的物理层

TD-SCDMA 的无线接口协议也分为三层，其中物理层处于无线接口协议模型的最底层，它提供物理介质中比特流传输需要的所有功能，物理层与介质接入控制子层（MAC）及无线资源控制（RRC）子层的接口如图 5-17 所示。

物理层通过 MAC 子层的传输信道实现向上层提供数据传输服务，传输信道特性由传输格式定义，传输格式同时也指明物理层对这些信道的处理过程。一个 UE 可同时建立多个传输信道，每个传输信道都有其特征。物理层实现传输信道到相同或不同物理信道的复用，在当前无线帧中传送格式组合指示（TFCI）字段，是用于唯一标识编码复合传输信道中每个传输信道的传输格式。

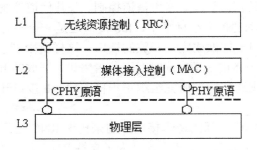

图 5-17　物理层接口

物理层主要功能包括传输信道的 FEC（前向纠错）编译码，向上提供测量及指示（如 FER、SIR、干扰功率、发送功率等）；宏分集分布/组合及软切换执行；传输信道的错误检测；传输信道的复用；编码复合传输信道的解复用；速率匹配；编码复合传输信道到物理信道的映射；物理信道的调制/扩频与解调/解扩；频率和时间的同步；闭环的功率控制；物理信道的射频处理等。

一个物理信道是由频率、时隙、信道码和无线帧分配来定义的，建立一个物理信道的同时，也就给出了它的初始结构。物理信道的持续时间既可以无线长，也可以分配所定义的持续时间。

1. TD-SCDMA 帧结构

TD-SCDMA 的物理信道采用四层结构：系统帧、无线帧、子帧和时隙/码。时隙用于在时域上区分不同用户信号，具有 TDMA 的特性。一个系统帧长 720ms，由 72 个无线帧组成，每个无线帧长 10ms，分为两个 5ms 的子帧。图 5-18 所示为 TD-SCDMA 系统子帧结构。

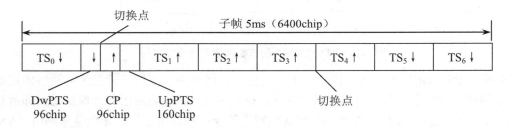

图 5-18　TD-SCDMA 系统子帧结构

在一个子帧中，共计 7 个固定长度的常规时隙和 3 个特殊时隙。7 个常规时隙中除了 TS$_0$必须用于下行方向、TS$_1$必须用于上行方向外，其余时隙的方向可以改变。3 个特殊时隙为下行导引时隙（DwPTS）、上行导引时隙（UpPTS）、保护时隙（Gp）。

2. TD-SCDMA 时隙结构

TD-SCDMA 的物理信道是一个突发信道，在分配到无线帧中的特定时隙发射，无线帧的分配可以是连续的，即每一帧的相应时隙都可以分配给某物理信道；也可以是不连续的，即仅有部分无线帧的相应时隙分配给该物理信道。

● 常规时隙突发结构：一个突发由数据部分、训练序列码部分和一个保护部分组成。

一个发射机可同时发射几个突发，几个突发的数据部分必须使用不同的 OVSF 信道码。训练序列码部分必须使用同一基本的训练序列码。但这些码是由基本码的移位产生的。TD-SCDMA 系统常规时隙突发结构如图 5-19 所示。

| 数据符号 (352chip) | 训练序列 (144chip) | 数据符号 (352chip) | Gp |

864Tc

图 5-19　TD-SCDMA 系统常规时隙突发结构

- 下行导引 DwPTS 时隙结构：如图 5-20 所示，通常是由长为 64chip 的 SYNC-DL 和 32chip 的保护间隔（GP）组成。

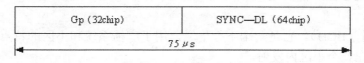

| Gp (32chip) | SYNC—DL (64chip) |

75μs

图 5-20　DwPTS 时隙结构

每个子帧中的 DwPTS（SYNC-DL）是为建立下行导频和同步而设计的，由 Node B 以最大功率在全方向或某一扇区上发射。

SYNC-DL 是一组 PN 码，用于区分相邻小区，系统中定义了 32 个码组，每组对应一个 SYNC-DL 序列，SYNC-DL PN 码集在蜂窝网络中可以复用。DwPTS 的发射要满足覆盖整个区域的要求，因此不采用智能天线赋形。将 DwPTS 放在单独时隙，便于下行同步的迅速获取，同时也可以减小对其他下行信号的干扰。

- 上行导引时隙（UpPTS）结构：如图 5-21 所示，它由长为 128chip 的上行同步序列 SNYC-UL 和 32chip 的保护间隔（Gp）组成。

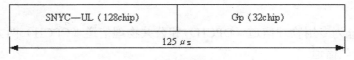

| SNYC—UL (128chip) | Gp (32chip) |

125μs

图 5-21　UpPTS 时隙结构

每个子帧中的 UpPTS 是为建立上行同步而设计的，当 UE 处在空中登记和随机接入状态时，它将首先发射 UpPTS，当得到网络的应答后，发送接入信息。SNYC-UL 是一组 PN 码，用于在接入过程中区分不同的 UE。

- 保护时隙（Gp）：96chips，时长 75μs。

Gp 用于下行到上行转换的保护，在小区搜索时，确保 DwPTS 可靠接收，防止干扰 UL 工作；在随机接入时，确保 UpPTS 可以提前发射，防止干扰 DL 工作，确定基本的基站覆盖半径、AC 信道估计，计算天线补偿因子。

5.4.4　传输信道和物理信道

在 TD-SCDMA 系统中，存在三种信道模式：逻辑信道、传输信道和物理信道。逻辑信道是 MAC 子层向上层提供的服务，它描述的是传送什么类型的信息；传输信道作为物理层向高层提供的服务，它描述的是信息如何在空中接口上传输。TD-SCDMA 通过物理信道模式直接把需要传输的信息发送出去，也就是说在空中传输的都是物理信道承载的信息。

1. 传输信道

传输信道是指由物理层提供给高层的服务，分为专用传输信道和公共传输信道。传输信道定义无线接口数据传输的方式和特性。

（1）专用传输信道（DCH）

专用传输信道仅存在一种，是一个上行或下行传输信道。可用于上/下行链路，承载网络和特定 UE 之间的用户信息或控制信息。

（2）公共传输信道

公共传输信道包括广播信道、上行接入信道、寻呼信道、随机接入信道、上行共享信道和下行共享信道。

1）广播信道（BCH）。它是一个下行信道，用于广播系统和小区的特点信息，利用一个单独的传送格式在整个小区内发射。

2）下行接入信道（FACH）。它是一个下行传输信道，在确定了 UE 所在小区的前提条件下向 UE 发送控制信息，有时也可以使用它发送短的业务数据包。

3）寻呼信道（PCH）。它是一个下行传输信道，总是在整个小区内进行寻呼信息的发射，与物理层产生的寻呼指示的发射是相随的，以支持有效的睡眠模式，延长终端电池的使用寿命。

4）随机接入信道（RACH）。它是一个上行信道，使用它向系统发送控制信息，有时也可以使用它发送短的业务数据。

5）上行共享信道（USCH）。它是一个被一些 UE 共享的上行传输信道，用于承载 UE 的专用控制和业务数据。

6）下行共享信道（DSCH）。它是一个被一些 UE 共享的下行传输信道，用于承载 UE 的专用控制和业务数据。

2. 物理信道

物理信道也分为专用物理信道（DPCH）和公共物理信道（CPCH）两大类。

（1）专用物理信道

专用传输信道（DCH）被映射到 DPCH 上，它采用前面介绍的突发结构，由于支持上下行数据传输，下行通常采用智能天线进行波束赋形。

（2）公共物理信道

1）主公共物理信道（P-CCPCH）：它仅承载来自 BCH 的信息，用作整个小区的系统信息广播。根据系统信息容量的要求，一个小区中需要配置 2 个 P-CCPCH。为了便于 UE 搜索，P-CCPCH 使用以下固定的物理层参数：

- 固定映射在时隙 0；
- 采用扩频因子 SF=16；
- 两个 P-CCPCH 总是采用 TS#0 的信道化码 $SF=16^{(k=1)}$ 和 $SF=16^{(k=2)}$；
- P-CCPCH 不进行信道复用，不支持 TFCI，也没有 TPC 和 SS 信令；
- 总使用 TS_0 时隙的训练序列码。

2）辅公共物理信道（S-CCPCH）：它用于承载来自 PCH 和 FACH 的数据，根据 PCH 和

FACH 的数据的容量要求，系统中可以配置一个或多个 S-CCPCH。S-CCPCH 所使用的时隙和码字等配置信息可以从 BCH 广播中获取。S-CCPCH 固定使用 SF=16 的扩频因子，不使用 SS 和 TPC，但可以使用 TFCI。

3）快速物理接入信道（FPACH）：它是 TD-SCDMA 系统所独有的，作为对 UE 发出的 UpPTS 信号的应答，用于支持建立上行同步。Node B 使用 FPACH 传送对检测到的 UE 的上行同步信号的应答。FPACH 上的内存包括定时调整、功率调整等，是一个突发信息，不承载传输信道的信息。PACH 使用扩频因子 SF=16，其配置（使用的时隙和码道）通过小区系统信息广播读取。FPACH 突发携带的信息为 32bit，其信息比特描述如表 5-7 所示。

表 5-7　FPACH 信息比特描述

信息字段	长度/bit
上行导频码参考编号	3（高位）
相对子帧号	2
接收 UpPCH 的起始位置	11
RACH 信息的发送功率要求	7
保护比特	9（低位）

4）物理随机接入信道（PRACH）

它用于承载来自 RACH 的数据，在系统中可以根据运营商的需求，配置一个或多个 PRACH，PRACH 可以使用的扩频码和相应的扩频因子为 16、8、4。其配置（使用的时隙和码道）通过小区系统信息广播读取。

5）物理上行共享信道（PUSCH）：USCH 映射到 PUSCH。PUSCH 支持传送 TFCI 信息。UE 使 PUSCH 进行发送是由高层信令选样的。

6）物理下行共享信道（PDSCH）；DSCH 映射到 PDSCH，PDSCH 支持传送 TFCI 信息。PDSCH 的突发结构训练序列的选择均与 DSCH 相同，需要注意的是 DSCH 不能独立的存在，必须有 FACH 或 DCH 与之相随，因此作为 DSCH 承载信道的 PDSCH 也不能单独存在。PDSCH 可以使用物理层信令 TFCI、SS 和 TPC。但通常情况下，对 UE 的功控命令和定时提前量调整的信息都放在与之相随的 DPCH 上传输。

7）寻呼指示信道（PICH）：它不承载传输信道的信息，但与 PCH 配对使用，为终端提供有效的休眠模式操作。PICH 固定使用 SF=16 的扩频因子，PICH 使用两个信道化码，一个是 PICH 帧的持续时间为 10ms，即两个子帧。

3. 传输信道到物理信道的映射

传输信道到物理信道的映射关系如表 5-8 所示。

表 5-8　传输信道到物理信道的映射关系

传输信道	物理信道
专用信道（DCH）	专用物理信道（DPCH）
广播信道（BCH）	主公共物理信道（P-CCPCH）
寻呼信道（PCH）	辅公共物理信道（S-CCPCH）
下行接入信道（FACH）	辅公共物理信道（S-CCPCH）

传输信道	物理信道
随机接入信道（RACH）	物理随机接入信道（PRACH）
上行共享信道（USCH）	物理上行共享信道（PUSCH）
下行共享信道（DSCH）	物理下行共享信道（PDSCH）
	寻呼指示信道（PICH）
	下行导频信道（DwPCH）
	上行导频信道（UpPCH）
	快速物理接入信道（FPACH）

需要注意的是 PICH、DwPCH、UpPCH 和 FPACH 不承载来自传输信道的信息，所以没有对应的传输信道。

5.4.5　物理层处理过程

移动终端从开机到发出第一个随机接入请求止，可分为小区搜索、建立上行同步、随机接入 3 个过程。在 TD-SCDMA 系统中一共定义了 32 个下行同步码（SYNC-DL）、256 个上行同步码（SYNC-UL）、128 个训练序列和 128 个扰码。所有这些码被分成 32 个码组，每个码组由 1 个下行同步码、8 个上行同步码、4 个训练序列和 4 个扰码组成。不同的临近小区使用不同的码组，对 UE 来说，只要确定了小区使用的下行同步码，就能找到训练序列和扰码；而上行同步码是从该小区所用的 8 个上行同步码中随机选择一个来发送的。

1. TD-SCDMA 小区搜索

在初始的小区搜索中，UE 搜索一个小区，然后决定下行导频时隙 DwPTS 的同步，扰码和基本训练序列的识别，控制复帧同步，读取广播信息。初始的小区搜索过程有下面 4 个步骤：

（1）搜索下行导频时隙 DwPTS

移动台接入系统的第一步是获得与当前小区的同步。该过程是通过捕获小区下行导频时隙 DwPTS 的下行同步码 SYNC-DL 来实现的。下行同步码是一个系统预定的 64 位的 PN 序列，下行同步码最多有 32 种可能的选择。系统中相邻小区的下行同步码是互不相同的，不同相邻小区的同步码可以复用。

按照 TD-SCDMA 的无线帧结构，下行同步码在系统中每 5ms 发送一次，并且每次都用全向天线以恒定满功率值发送该信息。移动台接入系统时，对 32 个下行同步码逐一进行搜索，即用接收信号与 32 个可能的下行同步码逐一做相关。由于该码字彼此间具有较好的正交性，获取相关峰值最大的码字被认为是当前接入小区使用的下行同步码。同时，根据相关峰值的时间位置也可以初步确定系统的下行定时。

（2）扰码和基本训练序列的识别

该步骤的主要目的是找到该小区所使用的基本训练序列和与其对应的扰码。UE 接收位于 DwPTS 之前的 P-CCPCH 的训练序列。在 1.28Mchip/s TDD 中，每个下行同步码对应 4 个不同的基本训练序列，总共有 128 个训练序列，并且这些码字相互不重叠，基本训练序列的编号除以 4 得到下行同步码的编号。由于下行同步码和 P-CCPCH 的一组基本训练序列是相对应的，故一旦下行同步码被检测出来，这 4 个训练序列也就确定了，UE 就会知道哪 4 个基本训练序列被使用，然后 UE 只需要通过使用这 4 个基本训练序列进行符号到符号的相关判断，就可以确定该基本训练序列是 4 个中的哪一个。在一个帧里使用的是相同的基本训练序列。而每个扰码和特定的基本训练序列相对应，因此就可以确定扰码。

（3）控制复帧同步

为了正确解调出 BCH 中的信息，UE 必须要知道每一帧的系统帧号，系统帧号出现在物理信道 QPSK 调制时相位变化的排列图案中。复帧头的具体位置是由 n 个连续的下行导频信道 QPSK 相位编码确定的，而下行导频信道采用 QPSK 调制，因此，其包含 QPSK 的相位编码信息。UE 通过使用该编码信息就可以搜索到复帧头，即取得复帧同步，这样 BCH 信息在 P-CCPCH 中的具体位置就可以确定了。

（4）读取广播信道

UE 在发起一次呼叫前，必须获得一些与当前所在小区有关的相同消息，比如可使用的物理随机接入信道和快速物理接入信道资源等，这些信息周期性的在广播信道（BCH）上广播。广播信道是一个传输信道，它被映射到 P-CCPCH，P-CCPCH 使用无线子帧的 0 时隙，按系统要求，广播信道消息的扩频因子为 16，码道使用 0 码道和 1 码道。有了这些信息，UE 就可以完成对 P-CCPCH 的解调和对 BCH 的译码，解读系统消息，获取 UE 在系统中进一步操作所需要的相关信息，从而得到小区的配置等公用信息。

2. 上行同步

上行接入同步是 UE 发起一个业务呼叫前必须的过程，如果 UE 仅驻留在某小区而没有呼叫业务时，UE 不用启动上行同步过程。因为在空闲模式下，UE 和 Node B 之间仅建立了下行同步，此时 UE 并不知道距 Node B 的距离，也不能准确知道发送"RRC 连接请求"消息时所需要的发射功率和定时提前量，此时系统还不能正确接收 UE 发送的信息。因此，为了避免上行传输的不同步带给业务时隙的干扰，需要首先在上行方向的特殊时隙 UpPTS 上发送 SUNC-UL 消息。UpPTS 时隙专用于 UE 和系统的上行同步，没有用户的业务数据。按照系统要求，每个 UpPTS 序列号对应 8 个 SUNC-UL 码字，UE 根据收到的 DwPTS 信息，随机决定将使用的上行 SUNC-UL 码字。与 UE 决定 SUNC-DL 的方式类似，Node B 可以采用逐个做相关运算的办法，判断 UE 当前使用的是哪个上行同步码字。系统收到 UE 发送的 SUNC-UL，就可得到 SUNC-UL 的定时和功率信息，并由此决定 UE 应该使用的发送功率和时间调整量，从而去控制 UE。

3. 随机接入过程

（1）随机接入准备

当 UE 处于空闲模式时，它将保持下行同步并读取小区广播信息。从 DwPTS 中使用的 SWC-DL 码，UE 可以得到为随机接入而分配给 UpPTS 的 8 个 SYNC-UL 码（签名）的码集。关于 PRACH、FPACH 和 SCCPCH（承载 FACH 逻辑信道）的一些参数（码、扩频因子、训练序列码、时隙）都会在 BCH 上广播。因此，当发送 SYNC-UL 序列时，UE 可知道接入时所使用的 PACH 资源、PRACH 资源和 CCPCH 资源。UE 需要在 UpPCH 发射之前对关于随机接入的 BCH 信息进行解码。从而得到一些资源及控制信息，为接入做好准备。

（2）物理随机接入过程

物理随机接入过程可以按如下步骤执行：

1）UE 侧

①设置签名重发计数器为 M。

②设置签名发射功率为 SIP。

③从给定 ASC（服务级别）可用的 UpPCH 子信道中任意选择一个，须满足每个选择被选中的概率相同。

④用选定的 UpPCH 子信道，进行签名发送。

⑤等待系统的签名应答。

⑥得到应答后，UE 立即随机接入信道发送接入请求信息（电话号码等）。

2）网络侧

①接受 UE 的签名，并准备给予应答。

②一个有效签名接收后，从 UpPCH 测量相对接收到的第一径的参考时间 Tref 的时间偏差，并在相关 FPACH 上发送 FPACH 突发确认检测到的签名。

当发生碰撞或处于恶劣的传输环境中，基站不能发送 FPACH 或不能接收 SCNY-UL 时，UE 得不到基站的任何响应，只能根据目前的测量调整发射时间和发射功率，在随机延时后，再次发送 SYNC-UL。每次重新传输，UE 都是随机选择新的 SYNC-UL。

4. 功率控制

在 TD-SCDMA 中，由于其应用环境包括对室外的覆盖，所以上行信道也需要闭环功率控制，其他信道的功率控制方式与 WCDMA FDD 基本类似，但由于 TD-SCDMA 采用了波束赋形技术，所以其对功率控制的速率要求可以降低。

5. 时间提前量

为使同一小区中的每一个 UE 发送的同一帧的信号到达基站的时间基本相同，基站可以用时间提前量调整 UE 发射定时，时间提前量的初始值由基站测量 PRACH 的定时决定。

TD-SCDMA 每子帧 5ms 测试一次，根据测量结果，调整 1/8chip 的整倍数（在 0～64chip 内），得到最接近的定时。切换时需加入原小区和目标小区的相对时间差（Δt），即 $TA_{new}=TA_{old}+2\Delta t$，$TA_{new}$ 为新小区的时间提前量，TA_{old} 为旧小区的时间提前量。

任务 5.5　认识 CDMA2000 移动通信系统

5.5.1　了解 CDMA2000-1X 与 CDMA2000

1. CDMA2000-1X 系统的引入

从 20 世纪 90 年代中期开始，中国的 GSM 和 CDMA 话音用户数和业务量得到迅猛的增长。伴随着因特网的快速发展和人们之间信息交流的加强，人们对移动通信的需求已不再局限于移动话音业务，以"彩信""彩 e"为代表的众多移动数据业务和移动多媒体业务已走进人们的生活，并表现出广阔的发展前景。

从移动通信运营商的发展来看，随着话音业务逐渐趋于饱和，开始考虑如何将丰富多彩的 IP 数据业务引入蜂窝移动通信网中，用来吸引更多的用户并提高单机用户业务量。此时就出现了 CDMA2000-1X 系统，它作为一种过渡产品能够在 1.25MHz 带宽上提供高达 304kbps 的高速分组数据业务，基本能满足用户上网的要求，它是介于第二代（IS-95）和第三代之间的一种过渡产品，被称作 2.5G。CDMA2000-1X 系统的下行信道和上行信道均用码片速率

1.2288Mchip/s 的单载波直接序列扩频方式。因此它可以方便地与 IS-95（A/B）后向兼容，实现平滑过渡。运营商可在某些需要高速数据业务而导致容量不够的蜂窝上，用相同载波部署 CDMA2000-1X 系统，从而减少了用户和运营商的投资。

CDMA2000-1X 采用的新标准和提供的新业务，可平滑地向第三代过渡。相对于 IS-95 型 CDMA 网络，CDMA2000-1X 除了在无线部分空中接口方面改进以外，在核心网部分还引入了分组域的概念，增加了分组控制单元（PCF）、分组数据业务节点（PDSN）、AAA（认证、授权、计费）服务器和 HA（归属代理，用于移动 IP 业务）等功能单元，采用了基于移动 IP 技术的分组网络结构，为用户提供诸如 WWW 浏览、E-mail、高速数据下载、视频点播（VOD）、网上游戏等丰富多彩的互联网业务。

2. CDMA2000 标准系列简介

CDMA2000 是美国为了将 CDMAOne 系列进一步升级至第三代移动通信而制定的标准。CDMA2000 系列标准主要包含 CDMA20001x、CDMA20001x-EV（Evolution）和 CDMA20003x 等系列。其中，1x 和 3x 分别代表其载波 1 倍于 IS-95A（即与 IS-95A 相同）和 3 倍于 IS-95A（即采用 3 载波方式）。CDMA 网络系统演进过程示意图如图 5-22 所示。

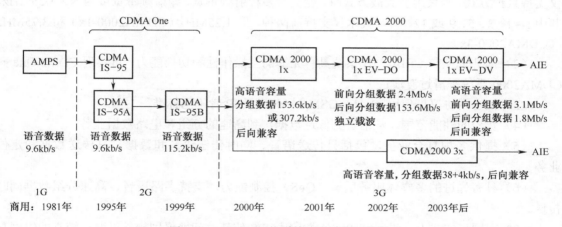

图 5-22　CDMA 网络系统演进过程示意图

CDMA2000-1x 原意是指 CDMA2000 的第一阶段（速率高于 IS-95，低于 2Mb/s），可支持 308kb/s 的数据传输、网络部分引入分组交换以及移动 IP 业务。

有人称 CDMA2000-3x 为 CDMA2000 第二阶段，实际上并不准确。它与 CDMA2000-1x 的主要区别是前向 CDMA 信道采用 3 载波方式，而 CDMA2000-1x 用单载波方式。因此它的优势在于能提供更高的速率数据，但占用频谱资源也较宽，在较长时间内运营商未必会考虑 CDMA2000-3x，而会考虑 CDMA2000-1xEV。

CDMA2000-1xEV 是在 CDMA2000-1x 的基础上进一步提高速率的增强体制，采用高速率数据（HDR）技术，能在 1.25MHz（同 CDMA2000-1x 带宽）内提供 2Mb/s 以上的数据业务，是 CDMA2000-1x 的边缘技术。3GPP 已开始制定 CDMA2000-1xEV 的技术标准，其中用高通公司技术的称为 HDR，用摩托罗拉和诺基亚公司联合开发技术的称为 1xTREME，中国的 LAS-CDMA 也属此列。

CDMA2000 在探索新技术方面是较活跃的，为进一步加强 CDMA2000-1x 的竞争力，

3GPP2 从 2000 年开始在 CDMA2000-1x 的基础上制定 1xEV 的标准。目前 1xEV 分为以下两个阶段。

第一阶段：1xEV-DO（DataOnly），采用与语音分离的信道传输数据，高通公司提出的 HDR（High Data Rate）技术已成为该阶段的技术标准，支持平均速率为 650kb/s、峰值速率为 2.4Mb/s 的高速数据业务。

第二阶段：1xEV-DV（Data and Voice），数据信道与语音信道合一。与 GSM 不同，由 GSM 演进的 GPRS 为第二代半产品，CDMA 并无第二代半产品。IS-95 为第二代，IS-2000（包括 CDMA2000-1x、CDMA2000-3x、CDMA2000-1xEV 等）均属第三代产品。当然，各系列产品之间的业务性能、功能还是有明显的差别的。

CDMA2000-3x 占有 3 个载波，每个载波上都采用 1.2288Mchip/s 的直接扩频（DS），故属于多载波（MC）方式，其码片速率为 3×1.2288Mchip/s=3.6864Mchip/s。目前这一方案基本上被搁置，也没有制造商问津，因为它实际上已被性能更优越的 CDMA2000-1xEV 所代替。

3．CDMA2000 技术特点

（1）多种信道带宽，前向链路上支持多载波（MC）和直扩（DS）两种方式；反向链路仅支持直扩方式。当采用多载波方式时，能支持多种射频带宽，即射频带宽可为 N×1.25MHz，其中 N=1、3、5、9 或 12，目前技术仅支持前两种，即 1.25MHz（CDMA2000-1x）和 3.75MHz（CDMA2000-3x）。

（2）与现存的 TIA/EIA-95B 系统具有无缝的互操作性和切换能力，可实现 CDMAOne 向 CDMA2000 系统平滑过渡演进。

（3）核心网协议可使用 IS-41、GSM-MAP 以及 IP 骨干网标准。

（4）宽松的性能范围，从语音到低速数据，到高速的分组和电路数据业务。

（5）提供多种复合业务，包括只传送语音、同时传送语音和数据、只传送数据和定位业务。

（6）具有先进的多媒体服务质量（QoS）控制能力，支持多路语音、高速分组数据同时传送。

（7）在同步方式上，沿用 IS-95 方式采用 GPS 使基站间严格同步，以取得较高的组网与频谱利用效率，有效地使用无线资源。

（8）采用了一系列新技术，在提高系统性能和容量上有明显的优势，在相同条件下，对普通语音业务而言，CDMA2000 系统容量大致为 IS-95 系统的两倍。

（9）采用短 PN 码，通过不同的相位偏置区分不同的小区，采用 Walsh 码区分不同信道，采用长 PN 码区分不同用户。

（10）支持软切换和更软切换。

5.5.2　学习 CDMA2000 的物理信道结构

为了满足 3G 系统业务的需求，并实现从现有 2G 系统的 CDMA 技术平滑演进到 3G，CDMA2000 相对于 2G 系统的 CDMAOne 标准提出了更多的物理信道，对于它们的应用可以非常灵活，但增加了复杂度。

1．CDMA2000 的前向链路物理信道

CDMA2000 系统前向链路所包括的物理信道如图 5-23 所示。

（1）前向导频信道

前向导频信道包括前向导频信道（Forward Pilot Channel，F-PICH）、前向发送分集导频信道（Forward Transmit Diversity Pilot Channel，F-TDPICH）、前向专用辅助导频信道（Forward Delicated Auxiliary Pilot Channel，F-APICH）和前向辅助发送分集导频信道（Forward Auxiliary Transmit Diversity Pilot Channel，F-ATDPICH）。它们都是未经调制的扩频信号，导频信道的所有比特为 0，不需要编码和交织，只需要正交扩频和 QPSK 调制。BS 发射它们的目的是使其覆盖范围内的 MS 能够获得基准频率和相位定时信息，以帮助 MS 对 BS 所发的信号进行相干解调。

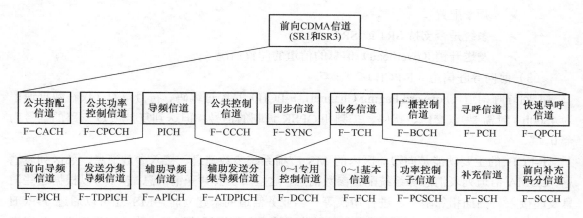

图 5-23　CDMA2000 系统的前向物理信道

BS 在 FL CDMA 信道上使用了发送分集方式，则它必须发送相应的 F-TDPICH。

BS 在 FL 上应用了智能天线或波束赋形，则可以在一个 CDMA 信道上产生一个或多个辅助导频（F-APICH），用来提高容量或满足覆盖上的特殊要求（如定向发射）。当使用了 F-APICH 的 CDMA 信道采用了分集发送方式时，BS 应发送相应的 F-ATDPICH。

前向导频信道的主要功能是：

● 协助移动台捕获系统；

● 提供信道增益和相位估计；检测多径信号；

● 协助小区捕获和切换。

（2）同步信道（F-SYNC）

前向同步信道（Forward Synchronization Channel，F-SYNC）是经过编码、符号重复、交织、扩频和 QPSK 调制的信号。MS 通过对它的解调可以获得 PN 长码状态、系统定时信息和其他一些基本的系统配置参数。

F-SYNC 的数据速率为 1200b/s，固定用 Walsh 码 W3264 作为信道化码且扩频。F-SYNC 携带了系统的一些定时信息，这些信息定期快速更新。通常它与 F-PICH 一样，每个载频上的每一小区/扇区配置一个。在 F-PICH 为 MS 提供载波相位以及 PN 短码相位信息后，F-SYNC 进一步为移动台提供当前系统时间、长码发生器状态、短码偏置值、前向寻呼信道数据速率等信息。

前向同步信道的主要功能是：

● 获得系统同步；

- 提供导频偏置 PILOT_PN；
- 系统时间；
- 长码状态；
- 寻呼信道速率；
- 基本系统配置信息：
  - ➢ BS 当前使用的协议的版本号
  - ➢ BS 所支持的最小的协议版本号
  - ➢ 网络和系统标识
  - ➢ 频率配置
  - ➢ 系统是否支持 SR1 或 SR3
  - ➢ 发送开销（overhead）信息的信道的配置情况

（3）前向寻呼信道（F-PCH）

前向寻呼信道（Forward Paging Channel，F-PCH）是经过编码、符号重复（仅在数据速率为 4800b/s 时需要）、交织、扰码、扩频和 QPSK 调制的信号，但送到复扩频 Q 支路的信号为全 0。

F-PCH 的主要功能是向覆盖区内的 MS 广播系统参数消息、接入参数消息、邻区列表消息、CDMA 信道列表消息等系统配置参数消息，这些属于公共开销信息，MS 可以根据这些消息发起接入、扫描相邻基站、进行切换等。当业务信道尚未建立时，MS 还可以通过 F-PCH 收到时隙寻呼消息、标准的指令消息、信道分配消息、数据子帧消息、鉴权查询消息、共享安全数据更新消息、特性通知消息等针对特定 MS 的专用消息。

每个载波上的小区/扇区最多可配置 7 个 F-PCH，F-PCH 的传输速率配置为 9600b/s 或 4800b/s 两种。在系统规划时，经过在数据速率和覆盖范围之间寻求折中后确定，F-PCH 固定用 Walsh 码 W164～W764 作为信道化码并且扩频，与前向同步信道（F-SYNCH）不同的是，它使用 PN 长码作为扰码。

前向寻呼信道的功能是：

- 寻呼 MS；
- 指配业务信道；
- 发送系统参数消息、接入参数消息、邻区列表消息、CDMA 信道列表。

（4）前向广播控制信道（F-BCCH）

前向广播控制信道（Forward Broadcast Control Channel，F-BCCH）是经过编码、符号重复、交织、扰码、扩频和 QPSK 调制的信号。F-BCCH 是 BS 用来发送系统开销信息和进行短消息广播的信道。

前向广播控制信道的功能是：BS 用它来发送系统开销信息（例如原来在 F-PCH 上发送的开销信息），以及需要广播的消息（例如短消息）。

（5）前向公共分配信道（F-CACH）

前向公共分配信道（Forward Common Assignment Channel，F-CACH）是经过编码、交织、数据扰码、扩频和 QPSK 调制的信号。F-CACH 专门用于在接入过程向 MS 发送反向信道分配的快速响应信息，提供对反向链路上随机接入分组传输的支持。

前向公共分配信道的功能是：

- FL 公共分配信道 F-CACH 专门用来发送对 RL 信道快速响应的分配信息，提供对 RL 上随机接入分组传输的支持；
- F-CACH 在预留接入模式中控制 R-CCCH 和相关的 F-CPCCH 子信道，并且在功率受控接入模式下提供快速的证实，此外还有拥塞控制的功能；
- BS 也可以不用 F-CACH，而是选择 F-BCCH 来通知 MS。

（6）前向公共控制信道（F-CCCH）

前向公共控制信道（Forward Common Control Channel，F-CCCH）是经过编码、交织、扰码、扩频和 QPSK 调制的信号。BS 用它来给空闲状态的特定 MS 发送专用消息，如寻呼消息等。F-CCCH 具有可变的发送速率 9600b/s、19200b/s 或 38400b/s；帧长为 20ms、10ms 或 5ms。尽管 F-CCCH 的数据速率能以帧为单位改变，但发送给 MS 的给定帧的数据速率对于 MS 来说是已知的。

前向公共控制信道的功能是：BS 用它来发送给指定 MS 的消息：寻呼消息，应答，信道指配消息，短数据突发。与寻呼信道功能类似，但数据传输率更高、更可靠。

（7）前向公共功率控制信道（F-CPCCH）

前向公共功率控制信道（Forward Common Power Control Channel，F-CPCCH）是经过编码、符号重复、扩频和 QPSK 调制的信号，F-CPCCH 不经过交织编码。F-CPCCH 的目的是对多个反向公共控制信道（Reverse Common Control Channel，R-CCCH）和反向增强接入信道（Reverse Enhanced Access Channel，R-EACH）进行功率控制，实现 MS 接入时对其接入功率进行闭环控制。

前向公共功率控制信道的功能是：

- FL 公共功率控制信道 F-CPCCH 的目的是对多个 R-CCCH 和 R-EACH 进行功控。
  - ➤ 功率受控模式：控制 R-EACH；
  - ➤ 预留模式或指定模式：控制 R-CCCH。
- BS 可以支持一个或多个 F-CPCCH，每个 F-CPCCH 又分为多个功控子信道（每个子信道一个比特，相互间时分复用），每个功控子信道控制一个 R-CCCH 或 R-EACH。

注：与功率控制子信道的区别在于，它控制的是反向基本信道或专用信道，而 CPCCH 控制的是反向公共信道。

（8）前向专用控制信道（F-DCCH）

前向专用控制信道（Forward Dedicated Control Channel，F-DCCH）是经过编码、交织、数据扰码、扩频和 QPSK 调制的信号。在通话和数据业务过程中，BS 用 F-DCCH 来向特定的 MS 传送用户和信令信息。

在数据速率选定的情况下，BS 必须能够在 F-DCCH 上以固定的速率发送。F-DCCH 的帧长为 5ms 或 20ms。F-DCCH 必须支持非连续的发送方式，断续的基本单位为帧。在 F-DCCH 上，允许附带一个前向功率控制子信道。

前向专用控制信道的功能是：

- FL 专用控制信道 F-DCCH 用来在通话（包括数据业务）过程中向特定的 MS 传送用户信息和信令信息。每个 FL 业务信道可以包括最多 1 个 F-DCCH 。
- F-DCCH 上，允许附带一个 FL 功控子信道。

（9）前向基本信道（F-FCH）

前向基本信道（F-FCH）是经过编码、符号重复、交织、数据扰码、扩频和调制的信号。F-FCH 用来在通话和数据业务过程中向特定的 MS 传送用户信息和信令信息。

前向基本信道的功能是：

- FL 基本信道 F-FCH 用来在通话（可包括数据业务）过程中向特定的 MS 传送用户信息和信令信息。
- 每个 FL 业务信道可以包括最多 1 个 F-FCH。F-FCH 可以支持多种可变速率，工作于 RC1 或 RC2 时，它分别等价于 IS-95A 或 IS-95B 的业务信道。
- F-FCH 在 RC1 和 RC2 时的帧长为 20ms。
- 在 RC3 到 RC9 时的帧长为 5ms 或 20ms。一般 20ms 用于语音，5ms 用于信令。在某一 RC 下，F-FCH 的数据速率和帧长可以按帧为单位进行选择，但调制符号的速率保持不变。
- 在 F-FCH 上，允许附带一个 FL 功控子信道。

（10）前向补充信道（F-SCH）

前向补充信道（Forward Supplemental Channel，F-SCH）是经过编码、符号重复、交织、数据扰码、扩频和 QPSK 调制的信号，F-SCH 用来在通话和数据业务过程中向特定的 MS 传送用户信息。BS 可以支持 F-SCH 帧的非连续发送。速率的分配是通过专门的补充信道请求消息等来完成的。

前向补充信道的功能是：

- 支持多个补充信道的组合来完成不同的业务。每个 FL 业务信道可以包括最多 2 个 F-SCH。
- 支持高速电路数据传输和分组数据传输。
- 只适用于 RC3 至 RC9。
- 由基站规定数据传输速率，因此不需要速率检测。
- 对立设置 FER，可以灵活地根据业务要求和资源使用情况进行控制。
- 支持突发数据模式。
- 支持非连续发送。

2. CDMA2000 的反向链路物理信道

CDMA2000 系统反向链路所包括的物理信道如图 5-24 所示。

（1）反向导频信道（R-PICH）

反向导频信道（Reverse-Pilot Channel，R-PICH）是未经过编码调制的扩频信号。R-PICH 帮助 BS 检测 MS 的发射，取得相位定时参考，进行相干解调，同时 R-PICH 还承载用来对前向信道进行快速功率控制的指令。这是 CDMA2000 系统的一大特点，IS-95CDMA 系统是不具备这一特点的。

反向导频信道的功能是：

- 当使用 R-EACH、R-CCCH 或 RC3 到 RC6 的 RL 业务信道时，应该发送 R-PICH。当发送 R-EACH 前缀（preamble）、R-CCCH 前缀或 RL 业务信道前缀时，也应该发送 R-PICH。
- 基本功能是：初始捕获，跟踪，反向相干解调，功率控制测量。

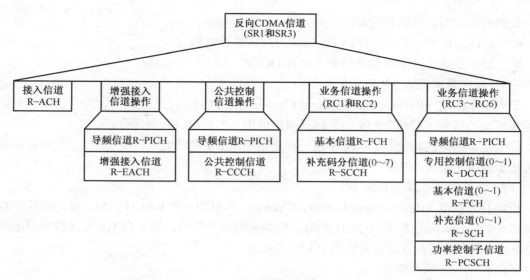

图 5-24　CDMA2000 系统的反向链路物理信道

（2）反向接入信道（R-ACH）

反向接入信道（Reverse-Access Channel，R-ACH）属于 CDMA2000 后向兼容 IS-95 的信道，是经过编码（14.4KS/s）、符号重复（28.8KS/s）、交织（28.8KS/s）、64 阶 Walsh 码正交调制（307.2kchip/s）、PN 长码扩频和加扰（4 倍扩频 1.2288Mchip/s）及 OQPSK 数字调制的信号。它用来发起同 BS 的通信或响应寻呼信道消息。MS 使用 R-ACH 发送非业务信息，R-ACH 传送的信息主要包括：①登记信息：MS 通知 BS 它所处的位置、转台以及其他登记所需的参数；②始呼信息：允许 MS 发起呼叫（发送拨号数字）；③寻呼响应信息：对寻呼发出响应；④鉴权查询响应信息：用于验证 MS 的合法身份。

反向接入信道的功能是：用来发起同 BS 的通信或响应寻呼信道消息。

（3）反向增强接入信道（R-EACH）

反向增强接入信道（R-EACH）是为了克服 IS-95 的 R-ACH 速率低、接入时延大和传输质量有限而引入的。它是经过编码、符号重复、交织、Walsh 码正交调制、PN 长码扩频和加扰及数字调制的信号。

反向增强接入信道的功能是：用于 MS 发起同 BS 的通信或响应专门发给 MS 的消息。

（4）反向公共控制信道（R-CCCH）

反向公共控制信道（R-CCCH）是经过编码、符号重复、交织、扩频和调制的信号。它的重要特点是发射功率受 BS 的 F-CPCCH 控制，并且本身还可以工作在软切换模式，因此可以支持较高的速率，对系统资源能利用充分。

反向公共控制信道的功能是：R-CCCH 用于在没有使用反向业务信道时向 BS 发送用户和信令信息。

（5）反向专用控制信道（R-DCCH）

反向专用控制信道（Reverse Dedicated Control Channel，R-DCCH）是经过编码、符号重复、交织、扩频和调制的信号。它的功能和 F-DCCH 类似，用于在通话中向 BS 发送低速小量数据或相关控制信息。

反向专用控制信道的功能是：

- R-DCCH 用于在通话中向 BS 发送用户和信令信息。
- 反向业务信道中可包括最多 1 个 R-DCCH。

（6）反向基本信道（R-FCH）

反向基本信道（Reverse Fundamental Channel，R-FCH）是经过编码、符号重复、交织、扩频和调制的信号。对每个 MS 的不同反向信道用不同的 Walsh 码区分。

反向基本信道的功能是：R-FCH 用于在通话中向 BS 发送用户和信令信息，反向业务信道中可包括最多 1 个 R-FCH。

（7）反向补充信道（R-SCH）

反向补充信道（Reverse Supplemental Channel，R-SCH）和 F-SCH 类似，是为高速率数据业务增加的信道，其结构和 R-FCH 类似。它是分组业务信道，用于向 BS 发送数据速率高于 19.2kb/s 的用户数据业务，它只适用于 RC3～RC6。

反向补充信道的功能是：

- R-SCH 用于在通话中向 BS 发送用户信息，它只适用于 RC3 到 RC6。
- 反向业务信道中可包括最多 2 个 R-SCH。
- R-SCH 可以支持多种速率，当它工作在某一允许的 RC 下，并且分配了单一的数据速率，则它固定在这个速率上工作；如果分配了多个数据速率，R-SCH 则能够以可变速率发送。
- R-SCH 必须支持 20ms 的帧长；它也可以支持 40ms 或 80ms 的帧长。在 20ms 帧长时，速率为：9.6，19.2，38.4，76，8，153.6 和 307.2（RC3）；或者为：14.4，28.8，57.6，115.2，230.4（RC4）。

（8）反向补充码分信道（R-SCCH）

反向补充码分信道（Reverse Supplemental Code Channel，R-SCCH）属于 CDMA2000 后向兼容 IS-95 而保留的信道，只适用于 RC1 和 RC2。R-SCCH 的前导是在其自身上发送的全速率全零帧（无帧质量指示）。当允许在 R-SCCH 上不连续发送时，在恢复已中断的发送时，需要发送 R-SCCH 前导。

反向补充码分信道的功能是：

- R-SCCH 用于在通话中向 BS 发送用户信息，它只适用于 RC1 和 RC2。反向业务信道中可包括最多 7 个 R-SCCH，虽然它们和相应 RC 下的 R-FCH 的调制结构是相同的，但它们的长码掩码及载波相位相互之间略有差异
- R-SCCH 在 RC1 和 RC2 时的帧长为 20ms。在 RC1 下，R-SCCH 的数据速率为 9600b/s；在 RC2 下，其数据速率为 14400b/s。

5.5.3　学习 CDMA2000 系统的网络结构

CDMA2000 的网络结构如图 5-25 所示。其中，PDE 为定位实体，MPC 为移动定位中心，SCP 为业务控制节点，SSP 为业务交换节点，AAA 为认证、授权和计费，HA 为本地代理，FA 为外地代理，PCF 为分组控制功能，IWF 为互通功能。由图可见，CDMA2000 网络包含以下几个部分。

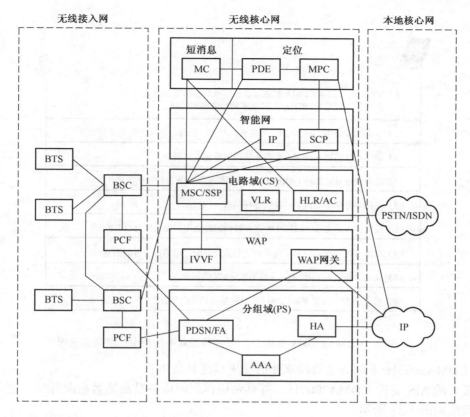

图 5-25 CDMA 的网络结构

（1）无线接入网部分。无线接入网部分主要包括基站发送、接收系统 BTS，基站控制器 BSC 和分组控制功能 PCF。PCF 主要负责与分组数据业务有关的无线资源的控制，是 CDMA20001x 为分组数据业务而新增加的部分，它可视为分组域的一个组成部分。

（2）无线核心网部分。它包含核心网的电路域，其主要组成有移动交换中心 MSC、访问位置寄存器 VLR、归属位置寄存器 HLR 及鉴权中心 AC；还包括核心网的分组域，其主要组成有分组数据服务节点 PDSN、外地代理 FA、认证/授权/计算单元 AAA 服务器和本地归属代理 HA。

（3）智能网部分。其主要组成包括 MSC/SSP 业务交换节点、IP、业务控制节点 SCP 等。

（4）无线应用协议。它主要包含互通功能 IWF 及 WAP 网关等。

（5）短消息 MC 和定位功能部分。

（6）本地核心网。它包含电路域的 PSTN/ISDN 网和分组域的 IP 网。

5.5.4　CDMA20001x 物理层信道接续流程

1. CDMA20001x 系统语音，低速数据业务的空中信道接续流程

CDMA20001x 系统语音/低速数据业务的空中信道（物理信道）接续流程与 CDMAOne 系统语音/低速数据业务的空中信道接续流程基本相同。这里所说的低速数据速率是指基本信道（FCH）所能承载的最大速率，对于 CDMA20001x 系统是 19.2kb/s，如图 5-26 所示。

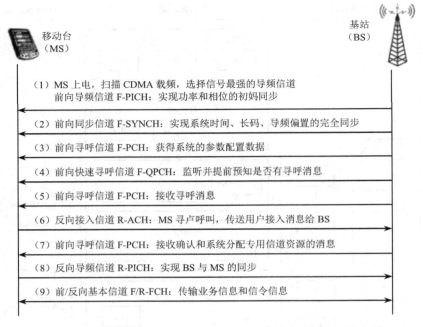

图 5-26 CDMA20001x 系统语音/低速数据业务的空中信道接续流程

2. CDMA20001x 系统高速数据业务的空中信道接续流程

当接入的 MS 支持 CDMA20001x，并且希望得到的服务是高速数据业务时，空中物理信道接续流程如图 5-27 所示。

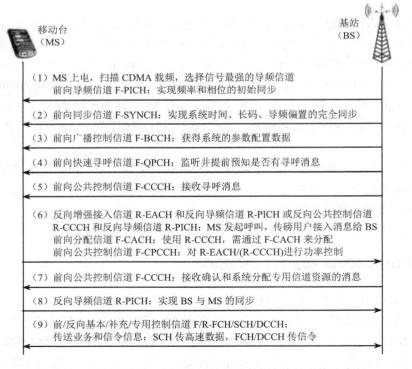

图 5-27 CDMA20001x 系统高速数据业务的空中信道接续流程

项目小结

1．第三代移动通信系统是采用宽带码分多址（CDMA）数字通信技术的新一代移动通信系统。它以更高的处理速度和更快的移动环境处理图形、数据、音乐、视频流等。提供包括网页浏览、电话会议、电子商务等多种信息服务。

2．IMT-2000 系统网络包括三个组成部分：用户终端、无线接入网（Radio Access Network，RAN）、核心网（Core Network，CN）。

3．第三代移动通信系统的分层方法仍采用三层结构描述，但由于第三代移动通信系统需要同时支持电路型业务和分组型业务，并支持不同质量、不同速率的业务，因此其具体协议组成要复杂得多。

4．实现 3G 的关键技术包括：初始同步与 RAKE 多径分集接收技术，高效率的信道编译码技术；智能天线技术；软件无线电技术，多用户检测技术，全 IP 的核心网技术。

5．WCDMA 是 GSM 向 3G 演进的方向。WCDMA 有两种工作模式：一是频分双工，称为 WCDMA FDD，二是时分双工，称为 WCDMA TDD。

6．WCDMA 系统网络结构与第二代移动通信系统 GSM 有类似的结构，包括无线接入网络（Radio Access Network，RAN）和核心网络（Core Network，CN）。其中无线接入网络用于处理所有与无线有关的功能，而 CN 处理系统内所有的话音呼叫和数据连接，并实现与外部网络的交换和路由功能。CN 从逻辑上分为电路交换域（Circuit Switched Domain，CS）和分组交换域（Packet Switched Domain，PS）。

7．TD-SCDMA 的中文含义为时分同步码分多址系统。它是中国提出的 TD-SCDMA 全球标准之一，也是中国对第三代移动通信发展的贡献。

8．在 TD-SCDMA 系统中，也存在三种信道模式：逻辑信道、传输信道和物理信道。

传输信道分为专用传输信道和公共传输信道。其中，专用传输信道仅存在一种，是一个上行或下行传输信道，可用于上/下行链路作为承载网络和特定 UE 之间的用户信息或控制信息。公共传输信道包括：广播信道、上行接入信道、寻呼信道、随机接入信道、上行共享信道和下行共享信道。

9．物理信道也分为专用物理信道（DPCH）和公共物理信道（CPCH）两大类。

10．移动终端从开机，到发出第一个随机接入请求止，可分为小区搜索、建立上行同步、随机接入三个过程。

11．CDMA2000-1XEV 是 CDMA2000 标准家族的重要成员，也是 CDMA2000-1X 的增强技术。1X 表示单载波，EV 表示系统的发展，它被分为两个发展阶段：第一阶段称为 CDMA2000-1XEV-DO，它是在独立于 CDMA2000-1X 的载波上向移动终端提供高速无线数据业务，不支持语音业务，也就是说仅对数据进行优化，以使分组通信达到更高性能。支持平均速率为 650kb/s，峰值速率为 2.4Mb/s 的高速数据业务。第二阶段称为 CDMA2000-1XEV-DV，数据信道与话音信道合一，并进一步提高数据通信速率（1XEV-DV 可提供 4.8M 甚至更高的吞吐量）。

习题及思考题

1．IMT-2000 有哪些主要特点？

2．画出 IMT-2000 的功能模型，并简述其系统组成。

3．CDMA 与 CDMA2000 的主要区别是什么？

4．画出 GSM 网络演进为 WCDMA 的基本框图，并作简单说明。

5．画出 IS-95 CDMA 网络演进为 CDMA2000 的基本框图，并作简单说明。

6．画出 WCDMA 中传输信道的结构，并说明各个信道的作用。

7．画出 WCDMA 中传输信道到物理信道的映射图。

8．什么是 SDMA？TD-SCDMA 中的"S"有哪些含义？为何要将 SDMA 与 CDMA 结合使用？

9．简述 TD-SCDMA 系统技术特点。

10．画出 TD-SCDMA 的帧结构图，并做简单说明。

项目六 第四代移动通信系统4G（LTE）的认识

本章导读

第四代移动通信技术（简称4G）由于连接传输速率大幅提高，从而能引入高质量的视频通信，将广泛地应用于人们日常生活和经济建设的方方面面。LTE（Long Term Evolution）是由3GPP（The 3rd Generation Partnership Project，第三代合作伙伴计划）组织制定的UMTS（Universal Mobile Telecommunications System，通用移动通信系统）技术标准的长期演进，于2004年12月在3GPP多伦多TSG RAN#26会议上正式立项并启动。2013年12月，中国正式向三大运营商发放TD-LTE牌照，开启我国LTE网络技术运用序幕。

本章首先介绍了4G的国际标准及国内牌照，然后介绍了LTE网络的特点与基本结构；对LTE物理层方面的系统设计及物理流程进行了详细说明；对LTE的空中接口协议、终端切换过程和安全行架构做了详细的概述；分析了LTE网络中OFDM和MIMO这两项关键技术的运用；最后简单介绍了5G前沿技术。

本章要点

- LTE网络的网络基本结构；
- LTE物理层方面的系统设计及物理流程；
- LTE的空中接口协议；
- LTE网络中的OFDM技术和MIMO技术。

任务6.1 了解LTE系统概述及网络结构

3G技术带给人们的高速网络体验是史无前例的。然而网速没有最快，只有更快。随后4G（LTE）技术顺势而生。GPP长期演进（即LTE）项目是近两年来3GPP启动的最大的新技术研发项目，这种以OFDM/FDMA为核心的技术可以被看作"准4G"技术。

6.1.1 4G的国际标准及国内牌照

1. 4G的国际标准

4G国际标准工作历时三年。从2009年初开始，ITU在全世界范围内征集IMT-Advanced候选技术。2009年10月，ITU共计征集到了五个候选技术，分别是来自北美标准化组织IEEE的802.16m、日本3GPP的FDD-LTE-Advance，韩国（基于802.16m）、中国（TD-LTE-Advanced）、欧洲标准化组织3GPP（FDD-LTE-Advance）。ITU在收到候选技术以后，组织世界各国和国际组织进行了技术评估。2010年10月，在中国重庆，ITU-R下属的WP5D工作组最终确定了IMT-Advanced的两大关键技术，即LTE-Advanced和802.16m。中国提交的候选技术作为

LTE-Advanced 的一个组成部分，也包含在其中。在确定了关键技术以后，WP5D 工作组继续完成了电联建议的编写工作，以及各个标准化组织的确认工作。此后 WP5D 将文件提交上一级机构（SG5）审核，SG5 审核通过以后，再提交给全会讨论通过。

2012 年 1 月 18 日下午 5 时，ITU（国际电联）在 2012 年无线电通信全会全体会议上，正式审议通过将 LTE-Advanced 和 Wireless MAN-Advanced（802.16m）技术规范确立为 IMT-Advanced（俗称"4G"）国际标准，中国主导制定的 TD-LTE-Advanced 和 FDD-LTE-Advanced 同时并列成为 4G 国际标准。此后，ITU（国际电联）又将 WiMax、HSPA+、LTE 正式纳入到 4G 标准里，加上 LTE-Advanced 和 WirelessMAN-Advanced 这两种标准，4G 标准已经达到了 5 种。截止到 2013 年 12 月份 LTE 已然成为 4G 全球标准，包括 FDD-LTE 和 TD-LTE 两种制式。2013 年 3 月，全球 67 个国家已部署 163 张 LTE 商用网络，其中 154 张 FDD-LTE 商用网络，15 张 TD-LTE 商用网络，6 家运营商部署双模网络。

2. 国内牌照

2013 年 12 月 4 日下午，工业和信息化部（以下简称"工信部"）向中国移动、中国电信、中国联通正式发放了第四代移动通信业务牌照（即 4G 牌照），中国移动、中国电信、中国联通三家均获得 TD-LTE 牌照，此举标志着中国电信产业正式进入了 4G 时代。

有关部门对 TD-LTE 频谱规划使用做了详细说明：

中国移动：获得 130MHz 频谱资源，
  分别为 1880～1900MHz、2320～2370MHz、2575～2635MHz；

中国联通：获得 40MHz 频谱资源，
  分别为 2300～2320MHz、2555～2575MHz；

中国电信：获得 40MHz 频谱资源，
  分别为 2370～2390MHz、2635～2655MHz。

而 2014 年年中，工信部给电信和联通两家运营商分配了 FDD-LTE 的试商用频谱。其中联通使用 1755～1765MHz（上行）、1850～1860MHz（下行）、电信使用 1765～1780MHz（上行）1860～1875MHz（下行）。

2015 年 2 月 27 日，工信部向中国电信和中国联通发放了"LTE/第四代数字蜂窝移动通信业务（LTE FDD）"经营许可（FDD 牌照）。中国移动虽然也提出了申请，但此次未能获得 FDD 牌照。

6.1.2 4G 系统的技术参数

3GPP LTE 的主要性能指标如下：

- 支持带宽：1.25MHz～20MHz；
- 峰值速率（带宽 20MHz）：下行 100Mbps，上行 50Mbps；
- 接入时延：控制面从驻留到激活的迁移时延小于 100ms，从睡眠到激活的迁移时延小于 50ms，用户面时延小于 10ms；
- 移动服务：能为 350km/h 高速移动用户提供大于 100kbps 的接入速率；
- 频谱效率：下行 3～4 倍于 HSDPA，上行 2～3 倍于 HSUPA；
- 无线宽带灵活配置：支持 1.4MHz、3MHz、5MHz、10MHz、15MHz、20MHz；
- 支持 inter-rat 移动性，例如 GSM/WCDMA/HSPA；
- 取消 CS 域，CS 域业务由 PS 域实现，如 VoIP；

● 支持 100km 半径的小区覆盖。

6.1.3　4G 系统的特点

4G 系统的主要特点可以归纳为如下几点：

（1）通信速度快，可达到 20Mbps，甚至最高可以达到 100Mbps，这种速度会相当于 2009 年最新手机的传输速度的 1 万倍左右，第三代手机传输速度的 50 倍。

（2）通信灵活，可以随时随地通信，更可以双向下载传递资料、图画、影像甚至网上联线对打游戏。

（3）智能性能高，终端设备的设计和操作具有智能化，可以实现许多难以想象的功能。

（4）兼容性好，具备全球漫游、接口开放、能跟多种网络互联、终端多样化以及能从第二代平稳过渡等特点。

（5）提供增值服务，可以实现无线区域环路（WLL）、数字音频广播（DAB）等方面的无线通信增值服务。

（6）高质量通信，可以容纳市场庞大的用户数，改善现有通信品质不良。

（7）频率效率高，由于引入许多功能强大的突破性技术，可以使用与以前相同数量的无线频谱做更多的事情。

6.1.4　4G（LTE）系统的网络结构

网络体系结构是指通信系统的整体设计，它为网络硬件、软件、协议、存取控制和拓扑提供标准。4G 网络结构可分为三层：物理网络层、中间环境层、应用网络层。

LTE 网络结构遵循业务平面与控制平面完全分离化、核心网趋同化、交换功能路由化、网元数目最小化、协议层次最优化、网络扁平化和全 IP 化原则。如图 6-1 所示为 LTE 网络结构简化模型，包括终端部分、接入部分、接入控制部分和网络控制部分。LTE 网络结构的特点是网络扁平化、IP 化架构，LTE 之间、各网络节点之间的接口使用 IP 传输，通过 IMS 承载综合业务，原 UTRAN 的 CS 域业务均可由 LTE 网络的 PS 域承载。

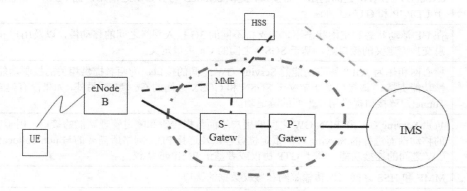

图 6-1　LTE 网络结构简化

移动网络全 IP 架构可以分为核心网、传送网、数据网和接入网等层面进行分析，数据网本身就是基于 IP 的网络，而其他网络要实现 IP 化则需要一个过程。如图 6-2 所示为 LTE IP 化的网络结构架构。eNodeB：演进型 NodeB，LTE 中的基站，相比现有 3G 中的 NodeB，集成了部分 RNC 的功能，减少了通信时协议的层次。MME：Mobility Management Entity（移动性管理设备），负责移动性管理、信令处理等功能；S-GW：Signal Gateway（信令网关），连接NO.7 信令网与 IP 网的设备，主要完成传输层信令转换，负责媒体流处理及转发等功能；PDN GW：是连接外部数据网的网关，UE（用户设备，如手机）可以通过连接到不同的 PDN Gateway 访问不同的外部数据网。表 6-1 所示为网络架构中网络接口的作用。

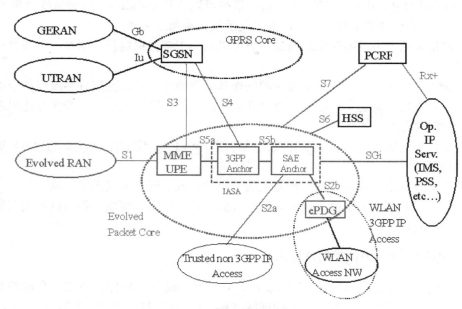

图 6-2　IP 化的网络结构架构

表 6-1　LTE 网络接口

接口	作用
S1-MME	eNodeB 与 MME 之间的控制面接口，提供 S1-AP 信令的可靠传输，基于 IP 和 SCTP 协议
S1-U	eNodeB 与 S-GW 之间的用户面接口，提供 eNodeB 与 S-GW 之间用户面 PDU 非保证传输。基于 UDP/IP 和 GTP-U 协议
S3	在 UE 活动状态和空闲状态下，为支持不同的 3G 接入网络之间的移动性，以及用户和承载信息交换而定义的接口点，基于 SGSN 之间的 Gn 接口定义
S4	核心网和作为 3GPP 锚点功能的 Serving GW 之间的接口，为两者提供相关的控制功能和移动性功能支持。该接口基于定义于 SGSN 和 GGSN 之间的 Gn 接口。另外，如果没有建立 Direct Tunnel，该接口提供用户平面的隧道功能
S5	负责 Serving GW 和 PDN GW 之间的用户平面数据传输和隧道管理功能的接口。用于支持 UE 的移动性而进行的 Serving GW 重定位过程以及连接 PDN 网络所需要的与 non-collocated PDN GW 之间的连接功能。基于 GTP 协议或者基于 PMIPv6 协议
S6a	MME 和 HSS 之间用以传输签约和鉴权数据的接口
S7	基于 Gx 接口的演进，传输服务数据流级的 PCC 信息、接入网络和位置信息
S7c	基于 Gx 接口演进，支持传输 QoS 参数和相关分组过滤器参数、控制信息。在 S5/S8 接口基于 PMIPv6 协议情形下支持
S8a	定义于不同 PLMN 间，VPLMN 中 Serving GW 和 HPLMN 中 PDN GW 之间为用户提供控制平面和用户平面功能的接口，该接口基于 SGSN 和 GGSN 间的 Gp 接口。S8a 相当于是 S5 接口的跨 PLMN 版本

续表

接口	作用
S8b	支持跨 PLMN 网关漫游情况用户平面和控制平面功能的接口，支持 PMIPv6 协议
S10	MME 之间的接口，用来处理 MME 重定位和 MME 之间的信息传输
S11	MME 和 Serving GW 之间的接口
S12	有 Direct Tunnel 建立时，UTRAN 和 Serving GW 之间的接口，用于二者之间的用户数据传输。该接口基于 Iu-u/Gn-u 使用 SGSN 和 UTRAN 间或 SGSN 和 GGSN 间所定义的 GTP-U 协议

4G 系统针对各种不同业务的接入系统，通过多媒体接入连接到基于 IP 的核心网中。基于 IP 技术的网络结构使用户可实现在 3G、4G、WLAN 及固定网间无缝漫游。4G 网络结构可分为三层：物理网络层、中间环境层、应用网络层。

1）物理网络层提供接入和路由选择功能。

2）中间环境层的功能有网络服务质量映射、地址变换和完全性管理等。

3）物理网络层与中间环境层及其应用环境之间的接口是开放的，使发展和提供新的服务变得更容易，提供无缝、高数据率的无线服务，并运行于多个频带，这一服务能自适应于多个无线标准及多模终端，跨越多个运营商和服务商，提供更大范围服务。

6.1.5　3G 网络架构和 LTE 网络架构对比

这里简单介绍一下图 6-3 中各个网元的功能。

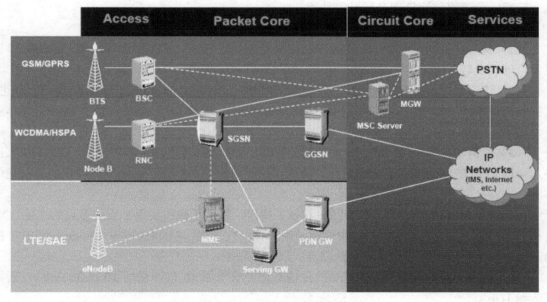

图 6-3　2G/3G/LTE 网络架构

NodeB：由控制子系统、传输子系统、射频子系统、中频/基带子系统、天馈子系统等部分组成，即 3G 无线通信基站；

RNC：Radio Network Controller（无线网络控制器），用于提供 NodeB 移动性管理、呼叫处理、链接管理和切换机制，即 3G 基站控制器；

Iub：Iub 接口是 RNC 和 NodeB 之间的逻辑接口，完成 RNC 和 NodeB 之间的用户数据传送、用户数据及信令的处理；

CS：Circuit Switch（电路交换），属于电路域，用于 TDM 语音业务；

PS：Packet Switch（分组交换），属于分组域，用于 IP 数据业务；

MGW：Media GateWay（媒体网关），主要功能是提供承载控制和传输资源；

MSC：Mobile Switching Center（移动交换中心），MSC 是 2G 通信系统的核心网元之一。是在电话和数据系统之间提供呼叫转换服务和呼叫控制的地方，MSC 转换所有在移动电话和 PSTN 和其他移动电话之间的呼叫；

SGSN：Serving GPRS Support Node GPRS（服务支持节点），SGSN 作为 GPRS/TD-SCDMA/WCDMA 核心网分组域设备的重要组成部分，主要完成分组数据包的路由转发、移动性管理、会话管理、逻辑链路管理、鉴权和加密、话单产生和输出等功能；

GGSN：Gateway GPRS Support Node（网关 GPRS 支持节点），起网关作用，可以和多种不同的数据网络连接，可以对 GSM 网中的 GPRS 分组数据包进行协议转换，从而把这些分组数据包传送到远端的 TCP/IP 或 X.25 网络；

eNodeB：演进型 NodeB，LTE 中基站，相比现有 3G 中的 NodeB，集成了部分 RNC 的功能，减少了通信时协议的层次；

MME：Mobility Management Entity（移动性管理设备），负责移动性管理、信令处理等功能；

S-GW：Signal Gateway（信令网关），连接 NO.7 信令网与 IP 网的设备，主要完成传输层信令转换，负责媒体流处理及转发等功能。

LTE 架构相较于 3G 网络架构，有以下变化。

（1）实现了控制与承载的分离，MME 负责移动性管理、信令处理等功能，S-GW 负责媒体流处理及转发等功能。

（2）核心网取消了 CS（电路域），全 IP 的 EPC（Evolved Packet Core，移动核心网演进）支持各类技术统一接入，实现固网和移动融合（FMC），灵活支持 VoIP 及基于 IMS 多媒体业务，实现了网络全 IP 化。

（3）取消了 RNC，原来 RNC 功能被分散到了 eNode B 和网关（GW）中，eNodeB 直接接入 EPC，LTE 网络结构更加扁平化，降低了用户可感知的时延，大幅提升用户的移动通信体验。

（4）接口连接方面：引入 S1-Flex 和 X2 接口，移动承载需实现多点到多点的连接，X2 是相邻 eNodeB 间的分布式接口，主要用于用户移动性管理；S1-Flex 是从 eNodeB 到 EPC 的动态接口，主要用于提高网络冗余性以及实现负载均衡。

（5）传输带宽方面：较 3G 基站的传输带宽需求增加 10 倍，初期 200～300Mb/s，后期将达到 1Gb/s。

4G 网络的特点：

（1）支持现有系统和将来系统通用接入的基础结构。

（2）与 Internet 集成统一，移动通信网仅仅作为一个无线接入网。

（3）具有开放、灵活的结构，易于扩展。

（4）是一个可重构的、自组织的自适应网络。

（5）智能化的环境，个人通信、信息系统、广播、娱乐等业务无缝连接为一个整体，满足用户的各种需求。

（6）用户在高速移动中，能够按需接入系统，并在不同系统间无缝切换，传送高速多媒体业务数据。

（7）支持接入技术和网络技术各自独立发展。

任务 6.2　了解 LTE 系统物理层

LTE 的研究工作主要集中在物理层、空中接口协议和网络架构几个方面。本章将对 LTE 物理层方面的系统设计做简单的介绍。

6.2.1　双工方式和帧结构

目前的 LTE 分为频分双工（FDD）和时分双工（TDD）两种双工方式，LTE 分别为 FDD 和 TDD 设计了各自的帧结构。

1. FDD 帧结构

LTE FDD 类型的无线帧长为 10ms，每帧含 10 个子帧、20 个时隙。每个子帧有两个时隙，每个时隙为 0.5ms，如图 6-4 所示。LTE 的每个时隙可以有若干个资源块（PRB），每个 PRB 含有多个子载波。

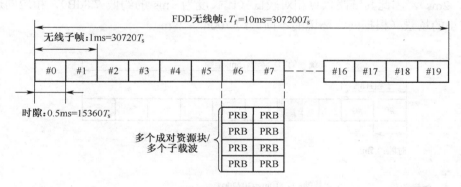

图 6-4　FDD 帧结构

2. TDD 帧结构

TDD 采用时间来区分上、下行，其单方向的资源在时间上是不连续的，而且需要保护时间间隔，来避免两个方向之间的收发干扰。

（1）最初的 TDD 结构

TD-LTE 针对 TDD 模式中上、下行时间转换的需要，设计了专门的帧结构。它采用无线帧结构，无线帧长度是 10ms，由两个长度为 5ms 的半帧组成，每个半帧由 5 个长度为 1ms 的子帧组成，其中有 4 个普通子帧和 1 个特殊子帧。所以整个帧也可理解为分成了 10 个长度为 1ms 的子帧作为数据调度和传输的单位（即 TTI）。其中，子帧#1 和#6 可配置为特殊子帧，该子帧包含了 3 个特殊时隙，即 DwPTS、GP 和 UpPTS（见图 6-5），它们的含义和功能与 TD-SCDMA 系统中的相类似。其中，DwPTS 的长度可以配置为 3～12 个 OFDM 符号，用于正常的下行控制信道和下行共享信道的传输；UpPTS 的长度可以配置为 1～2 个 OFDM 符号，可用于承载上行物理随机接入信道和 Sounding 导频信号；剩余的 GP 则用于上、下行之间的保护间隔，相应的时间长度约为 71～714μs，对应的小区半径为 7km～100km。

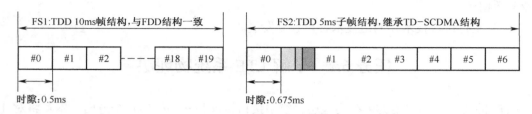

图 6-5 最初的 TDD 结构

（2）融合 TDD 结构

如图 6-6 所示，短 RACH（Random Access CHannel）是 LTE 对 TDD 的另一项特殊设计。在 LTE 中，随机接入序列可采用的长度分为 1ms、2ms 以及 157μs 三种，共 5 种随机接入序列格式。其中，长度为 157μs 的随机接入序列格式是 TDD 所特有的，由于其长度明显短于其他的 4 种格式，因此又称为"短 RACH"。采用短 RACH 的原因也是与 TDD 关于特殊时隙的设计相关的，短 RACH 在特殊时隙的最后部分（即 UpPTS）进行发送，这样利用这一部分的资源完成上行随机接入的操作，避免占用正常子帧的资源。采用短 RACH 时，需要注意的一个主要问题是其链路预算所能够支持的覆盖半径，由于其长度要远远小于其他格式的 RACH 序列（1ms、2ms），因此其链路预算相对较低（比长度为 1ms 的约低 7.8dB），相应的适用于覆盖半径较小的场景（根据网络环境的不同，约 700m～2km）。

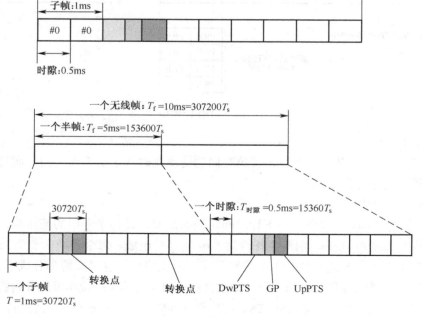

图 6-6 融合 TDD 结构

6.2.2 基本传输和多址技术的选择

基本传输技术和多址技术是无线通信技术的基础。OFDM/FDMA 技术与 CDMA 技术相比，可以取得更高的频谱效率；但 OFDM 的上行峰平比 PAPR 将影响手持终端的功放成本和电池寿命。所以，LTE 系统下行采用 OFDM，上行采用具有较低 PAPR 的单载波技术 SC-FDMA。

6.2.3 基本参数设计

为满足数据传输延迟方面的较高要求（单向延迟小于 5ms），LTE 系统必须采用很小的最小交织长度（TTI），基本的子帧长度为 0.5ms，但在考虑和 LCR-TDD（即 TD-SCDMA）系统兼容时可以采用 0.675ms 子帧长度。例如 TD-SCDMA 的时隙长度为 0.675ms，如果 LTE TDD 系统的子帧长度为 0.5ms，则新、老系统的时隙无法对齐，使得 TD-SCDMA 系统和 LTE TDD 系统难以"临频共址"共存。

OFDM 和 SC-FDMA 的子载波宽度选定为 15kHz，这是一个相对适中的值，兼顾了系统效率和移动性。下行 OFDM 的 CP 长度有长短两种选择，分别为 4.69ms（采用 0.675ms 子帧时为 7.29ms）和 16.67ms。短 CP 为基本选项，长 CP 可用于大范围小区或多小区广播。短 CP 情况下一个子帧包含 7 个（采用 0.675ms 子帧时为 9 个）OFDM 符号；长 CP 情况下一个子帧包含 6 个（采用 0.675ms 子帧时为 8 个）OFDM 符号。上行由于采用单载波技术，子帧结构和下行不同。

虽然为了支持实时业务，LTE 的最小 TTI 长度仅为 0.5ms，但系统可以动态地调整 TTI，以在支持其他业务时避免由于不必要的 IP 包分割造成的额外延迟和信令开销。

上、下行系统分别将频率资源分为若干资源单元（RU）和物理资源块（PRB），RU 和 PRB 分别是上、下行资源的最小分配单位，大小同为 25 个子载波，即 375kHz。下行用户的数据以虚拟资源块（VRB）的形式发送，VRB 可以采用集中（localized）或分散（distributed）方式映射到 PRB 上。集中方式即占用若干相邻的 PRB，这种方式下，系统可以通过频域调度获得多用户增益。分散方式即占用若干分散的 PRB，这种方式下，系统可以获得频率分集增益。上行 RU 可以分为 Localized RU（LRU）和 Distributed RU（DRU），LRU 包含一组相邻的子载波，DRU 包含一组分散的子载波。为了保持单载波信号格式，如果一个 UE 占用多个 LRU，这些 LRU 必须相邻；如果占用多个 DRU，所有子载波必须等间隔。

6.2.4 参考符号（导频）设计

1. 下行参考符号设计

LTE 目前确定了下行参考符号（即导频）设计。下行导频格式如图 6-7 所示，系统采用 TDM（时分复用）的导频插入方式。每个子帧可以插入两个导频符号，第 1 和第 2 导频分别在第 1 和倒数第 3 个符号。导频的频域密度为 6 个子载波，第 1 和第 2 导频在频域上交错放置。采用 MIMO 时须支持至少 4 个正交导频（以支持 4 天线发送），但对智能天线例外。在一个小区内，多天线之间主要采用 FDM（频分复用）方式的正交导频。在不同的小区之间，正交导频在码域实现（CDM）。

对多小区 MBMS 系统，可以考虑采用两种参考符号结构：各小区相同的（cell-common）的参考符号和各小区不同的（cell-specific）参考符号。

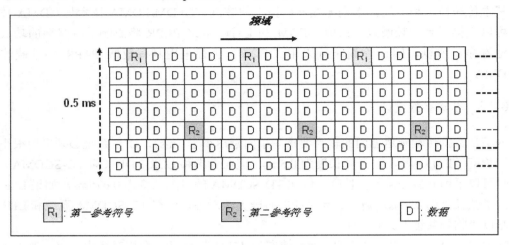

图 6-7　OFDM 导频结构

2. 上行参考符号设计

上行参考符号位于两个 SC-FDMA 短块中，用于 NodeB 的信道估计和信道质量（CQI）估计。参考符号的设计需要满足两种 SC-FDMA 传输——集中式（Localized）SC-FDMA 和分布式（Distributed）SC-FDMA 的需要。由于 SC-FDMA 短块的长度仅为长块的一半，因此 SC-FDMA 参考符号的子载波宽度为数据子载波宽度的 2 倍。

针对用于信道估计的参考符号，首先考虑不同 UE 的参考符号之间将采用 FDM 方式区分。参考符号可能采用集中式发送（只对集中式 SC-FDMA 情况），也可能采用分散式发送。在采用分散式发送时，如果 SB1 和 SB2 都用于发送参考符号，SB1 和 SB2 中的参考符号将交错放置，以获得更佳的频域密度。对分布式 SC-FDMA 情况，也可以考虑采用 TDM 和 CDM 方式对不同 UE 的参考符号进行复用。特别对于一个 NodeB 内的多个 UE，将采用分布式 FDM 和 CDM 的方式。

为了满足频域调度的需要，可能需要对整个带宽进行信道质量估计，因此即使数据采用集中式发送，用于信道质量估计的参考符号也需要在更宽的带宽内进行分布式发送。不同 UE 的参考符号可以采用分布式 FDM 或 CDM（也基于 CAZAC 序列）复用在一起。

6.2.5　控制信令设计

1. 下行控制信令设计

下行调度信息用于 UE 对下行发送信号进行接收处理，又分为三类：资源分配信息、传输格式和 HARQ 信令。资源分配信息包括 UE ID、分配的资源位置和分配时长，传输格式包括多天线信息、调制方式和负载大小。HARQ 信令的内容视 HARQ 的类型有所不同，异步 HARQ 信令包括 HARQ 流程编号、IR（增量冗余）HARQ 的冗余版本和新数据指示；同步 HARQ 信令包括重传序列号。在采用多天线的情况下，资源分配信息和传输格式可能需要对多个天线分别传送。

上行调度信息用于确定 UE 上行发送信号格式，也包含资源分配信息和传输格式，结构与下行相似。其中传输格式的形式取决于 UE 是否有参与确定传输格式的能力。如果上行传输格式完全由 NodeB 决定，则此信令中将给出完整的传输格式；如果 UE 也参与上行传输格式的确定，则此信令可能只给出传输格式的上限。

传送控制信令的时频资源可以进行调整，UE 通过 RRC 信令或盲检测方法获得相应的资源信息。控制信令的编码可以考虑两种方式：联合编码和分别编码。联合编码即多个 UE 的信令合在一起进行信道编码；分别编码即各用户采用分开的独立编码的控制信道，每个信道用来通知一个用户的 ID 及其资源分配情况。

下行控制信令可采用 FDM 和 TDM 两种复用方式，FDM 方式的优势是可以以数据率为代价换取更好的覆盖，TDM 方式的优势是可以实现微睡眠（micro-sleep）。另外，下行控制信令本身可以考虑采用多天线技术（如赋形和预编码）传送，以提高传送质量。

2．上行控制信令设计

上行控制信令包括：与数据相关的控制信令、信道质量指示（CQI）、ACK/NACK 信息和随机接入信息。其中随机接入信息又可以分为同步随机接入信息和异步随机接入信息，前一种信息还包含调度请求和资源请求。

与数据相关的控制信令包括 HARQ 和传输格式（只当 UE 有能力选择传输格式时）。LTE 上行由于采用单载波技术，控制信道的复用不如 OFDM 灵活。只采用 TDM 方式复用控制信道，因为这种方式可以保持 SC-FDMA 的低 PAPR 特性。与数据相关的信令将和 UE 的数据复用在一个时/频资源块中。

3．调制和编码

LTE 下行主要采用 OPSK、16QAM、64QAM 三种调制方式。上行主要采用位移 BPSK（p/2-shift BPSK，用于进一步降低 DFT-S-OFDM 的 PAPR）、OPSK、8PSK 和 16QAM。另一个正在考虑的降 PAPR 技术是频域滤波（spectrum shaping）。另外"立方度量"（Cubic Metric）是比 PAPR 更准确的衡量对功放非线性影响的指标。在信道编码方面，LTE 主要考虑 Turbo 码，但如果能获得明显的增益，也将考虑其他编码方式，如 LDPC 码。为了实现更高的处理增益，还可以考虑以重复编码作为 FEC（前向纠错）码的补充。

6.2.6　多天线技术

1．下行 MIMO 和发射分集

LTE 系统将设计可以适应宏小区、微小区、热点等各种环境的 MIMO 技术。基本 MIMO 模型是下行 2×2、上行 1×2 个天线，但同时也正在考虑更多天线配置（最多 4×4）的必要性和可行性。具体的 MIMO 技术尚未确定，目前正在考虑的方法包括空分复用（SDM）、空分多址（SDMA）、预编码（Pre-coding）、秩自适应（Rank adaptation）、智能天线，以及开环发射分集（主要用于控制信令的传输，包括空时块码（STBC）和循环位移分集（CSD））等。根据 TR 25.814 的定义，如果所有 SDM 数据流都用于一个 UE，则称为单用户（SU）-MIMO；如果将多个 SDM 数据流用于多个 UE，则称为多用户（MU）-MIMO。

下行 MIMO 将以闭环 SDM 为基础，SDM 可以分为多码字 SDM 和单码字 SDM（单码字可以看作多码字的特例）。在多码字 SDM 中，多个码流可以独立编码，并采用独立的 CRC，码流数量最大可达 4。对每个码流，可以采用独立的链路自适应技术（例如通过 PARC 技术实现）。

下行 LTE MIMO 还可能支持 MU-MIMO（或称为空分多址 SDMA），出于 UE 对复杂度的考虑，目前主要考虑采用预编码技术，而不是干扰消除技术来实现 MU-MIMO。SU-MIMO 模式和 MU-MIMO 模式之间的切换，由 NodeB 控制（半静态或动态）。

作为一种将天线域 MIMO 信号处理转化为束（beam）域信号处理的方法，预编码技术可以在 UE 实现相对简单的线性接收机。3GPP 已经确定，线性预编码技术将被 LTE 标准支持。但采用归一化（Unitary）还是非归一化（Non-unitary），采用码本（Codebook）反馈还是非码本（Non-codebook）反馈，还有待于进一步研究。另外，码本的大小、具体的预编码方法、反馈信息的设计和是否对信令采用预编码技术等问题（此问题主要涉及智能天线的使用），都正在研究之中。需要指出的是，在目前的 LTE 研究工作中，智能天线技术被看作预编码技术的一种特例。

同时正在被考虑的问题还有是否采用秩自适应（Rank adaptation）及天线组选择技术。还将采用开环发射分集作为闭环 SDM 技术的有效补充，目前的工作假设是循环位移分集（CSD）。

用于广播多播（MBMS）的 MIMO 技术和用于单播的 MIMO 技术将有很大的不同。MBMS 系统将无法实现信息的上行反馈，因此只能支持开环 MIMO，包括开环发射分集、开环空间复用或两者的合并。

如果单频网（SFN）MBMS 系统中的小区的数量足够多，系统本身已具有足够的频率分集，因此再发射采用空间分集带来的增益就可能很小。但由于在 SFN 系统中，MBMS 系统很可能是带宽受限的，因此空间复用比较有吸引力。而且由于接收信号来自于多个小区，有助于空间复用的解相关处理。

对于用于 MBMS 的多码字空间复用系统，由于缺少上行反馈，针对码字进行自适应调制编码（AMC）无法实现。但可以特意在不同天线采用不同的调制编码方式或不同的发射功率（半静态的），以实现在 UE 的有效的干扰消除（不同天线间的调制编码方式及功率的差异有利于串行干扰消除获得更佳的性能）。

2. 上行 MIMO 和发射分集

上行 MIMO 还将采用一种特殊的 MU-MIMO（SDMA）技术，即上行的 MU-MIMO（也即已被 WiMAX 采用的虚拟 MIMO 技术）。此项技术可以动态地将两个单天线发送的 UE 配成一对（Pairing），进行虚拟的 MIMO 发送，这样两个 MIMO 信道具有较好正交性的 UE 可以共享相同的时/频资源，从而提高上行系统的容量。这项技术对标准化的影响，主要是需要 UE 发送相互正交的参考符号，以支持 MIMO 信道估计。

6.2.7　调度

调度就是动态 F 将最适合的时/频资源分配给某个用户，系统根据信道质量信息（CQI）的反馈、有待调度的数据量、UE 能力等决定资源的分配，并通过控制信令通知用户。调度和链路自适应、HARQ 紧密联系，都是根据下述信息来调整的：QoS 参数和测量；NodeB 有待调度的负载量；等待重传的数据；UE 的 CQI 反馈；UE 能力；UE 睡眠周期和测量间隙/长度；系统参数，如带宽和干扰水平。

LTE 的调度可以灵活地在集中和分布方式之间切换，并将考虑减小开销的方法。一种方法就是对话音业务一次性调度相对固定的资源（即 persistent scheduling）。

上行调度与下行相似，但上行除了可以采用调度来分配无线资源外，还将支持基于竞争（Contention）的资源分配方式。

调度操作的基础是 CQI 反馈（当然 CQI 信息还可以用于 AMC、干扰管理和功率控制等）。CQI 反馈的频域密度应该是最小资源块的整数倍，CQI 的反馈周期可以根据情况的变化进行调整。LTE 还未确定具体的 CQI 反馈方法，但反馈开销的大小将作为选择 CQI 反馈方法的重要依据。

6.2.8　链路自适应

1. 下行链路自适应

链路自适应的核心技术是自适应调制和编码（AMC）。LTE 对 AMC 技术的争论主要集中在是否对一个用户的不同频率资源采用不同的 AMC（RB-specific AMC）。理论上说，由于频率选择性衰落的影响，这样做可以比在所有频率资源上采用相同的 AMC 配置（RB-common AMC）取得更佳的性能。但大部分公司在仿真中发现这种方法带来的增益并不明显，反而会带来额外的信令开销，因此最终决定采用 RB-common AMC。也就是说，对于一个用户的一个数据流，在一个 TTI 内，一个层 2 的 PDU 只采用一种调制编码组合（但在 MIMO 的不同流之间可以采用不同的 AMC 组合）。

2. 上行链路自适应

上行链路自适应比下行包含更多的内容，除了 AMC 外，还包括传输带宽的自适应调整和发射功率的自适应调整。UE 发射带宽的调整主要基于平均信道条件（如路损和阴影）、UE 能力和要求的数据率。该调整是否也基于块衰落和频域调度，有待于进一步研究。

6.2.9　HARQ

LTE 基本将采用增量冗余（Incremental Redundancy）HARQ。另外，各公司还就是否采用异步 HARQ 或自适应 HARQ 展开了讨论。基本的 HARQ，每次重传的时刻和所采用的发射参数（调制编码方式及资源分配等）都是预先定义好的。而异步 HARQ 则可以根据需要随时发起重传。自适应 HARQ 即每次重传的发射参数可以动态调整。因此异步 HARQ 和自适应 HARQ 与基本的 HARQ 相比可以取得一定增益，但需要额外的信令开销。

例如对于自适应 HARQ，每次重传可以自适应地改变 AMC 配置和资源块分配，但需要通过信令传送各次重传的参数配置。而对于基本 HARQ，重传采用固定的、预定义的 AMC 配置和资源块分配，因此只需要在首次传送时发送参数配置。

6.2.10　LTE 系统物理流程图

根据 LTE 物理层协议，了解 LTE 一般下行过程的流程，如图 6-8 所示。这里的一般下行过程，指的是下行共享信道的整个物理过程。上行过程很相似，但是上行中 UE 能力比较小，调度信息等是基站通过下行控制信息制定的。

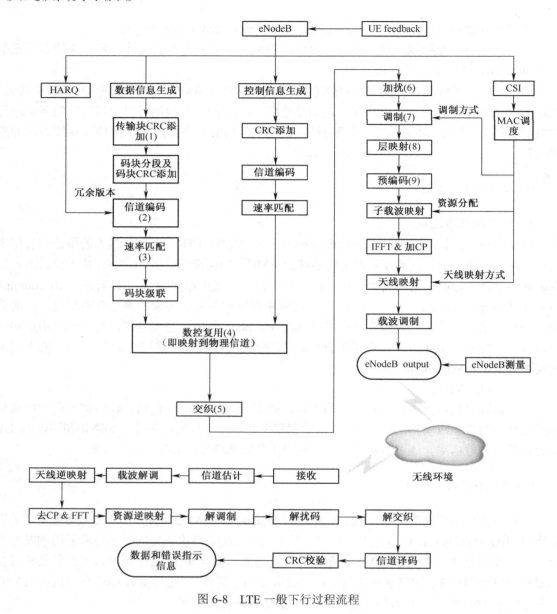

图 6-8　LTE 一般下行过程流程

任务 6.3　了解 LTE 的空中接口协议

6.3.1　空中接口协议栈

空中接口是指终端和接入网之间的接口，通常也称之为无线接口。无线接口协议主要是用来建立、重配置和释放各种无线承载业务。无线接口协议栈根据用途分为用户平面协议栈和控制平面协议栈。

1. 控制平面协议栈

控制平面负责用户无线资源的管理，无线连接的建立，业务的 QoS 保证和最终的资源释放，如图 6-9 所示。

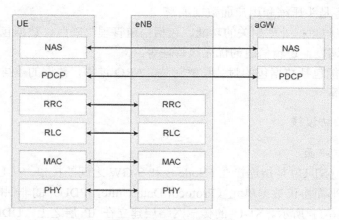

图 6-9　控制平面协议栈

控制平面协议栈主要包括非接入层（Non-Access Stratum，NAS）、无线资源控制子层（Radio Resource Control，RRC）、分组数据汇聚子层（Packet Data Convergence Protocol，PDCP）、无线链路控制子层（Radio Link Control，RLC）及媒体接入控制子层（Media Access Control，MAC）。

控制平面的主要功能由上层的 RRC 层和非接入子层（NAS）实现。

NAS 控制协议实体位于终端 UE 和移动管理实体 MME 内，主要负责非接入层的管理和控制。实现的功能包括：EPC 承载管理，鉴权，产生 LTE-IDLE 状态下的寻呼消息，移动性管理，安全控制等。其终止于网络侧的 MME 节点。

RRC 协议实体位于 UE 和 eNodeB 网络实体内，主要负责接入层的管理和控制，实现的功能包括：系统消息广播，寻呼建立、管理、释放，RRC 连接管理，无线承载（Radio Bearer，RB）管理，移动性功能，终端的测量和测量上报控制。PDCP 层的主要功能为头压缩、安全性（加密和完整性保护）、数据包的处理等；RLC 层的主要功能为数据包的分段、重组、传输和重传（ARQ），以及协议错误的检测与处理；MAC 层的主要功能为逻辑信道与传输信道的映射、HARQ、逻辑信道优先级管理、MAC 头填充等。这几层称为接入层，终止于网络侧的 eNodeB 节点。PDCP、MAC 和 RLC 的功能和在用户平面协议实现的功能相同。

2．用户平面协议

用户平面用于执行无线接入承载业务，主要负责用户发送和接收的所有信息的处理，如图 6-10 所示。

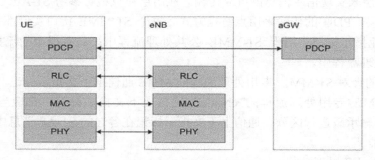

图 6-10　用户平面协议栈

用户平面协议栈主要由 MAC、RLC、PDCP 三个子层构成。

PDCP 主要任务是头压缩和用户面数据加密。

MAC 子层实现与数据处理相关的功能，包括信道管理与映射、数据包的封装与解封装，HARQ 功能，数据调度，逻辑信道的优先级管理等。

RLC 实现的功能包括数据包的封装和解封装，ARQ 过程，数据的重排序和重复检测，协议错误检测和恢复等。

6.3.2　S1 接口协议栈

1. S1 接口用户平面

S1 用户面接口（S1-U）是指连接在 eNode B 和 S-GW 之间的接口。S1-U 接口提供 eNodeB 和 S-GW 之间用户平面协议数据单元（Protocol Data Unite，PDU）的非保障传输。S1 接口用户平面协议栈如图 6-11 所示。S1-U 的传输网络层建立在 IP 层之上，UDP/IP 协议之上采用 GPRS 用户平面隧道协议（GPRS Tunneling Protocol for User Plane，GTP-U）来传输 S-GW 和 eNode B 之间的用户平面 PDU。

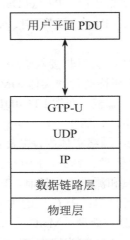

图 6-11　S1 接口用户平面（eNB－S-GW）

2. S1 接口控制平面

S1 控制平面接口（S1-MME）是指连接在 eNodeB 和 MME 之间的接口。S1 控制平面接口如图 6-12 所示。与用户平面类似，传输网络层建立在 IP 传输基础上；不同之处在于 IP 层之上采用 SCTP 层来实现信令消息的可靠传输。应用层协议栈可参考 S1-AP（S1 应用协议）。

在 IP 传输层，PDU 的传输采用点对点方式。每个 S1-MME 接口实例都关联一个单独的 SCTP，与一对流指示标记作用于 S1-MME 公共处理流程中；只有很少的流指示标记作用于 S1-MME 专用处理流程中。

MME 分配的针对 S1-MME 专用处理流程的 MME 通信上下文指示标记，以及 eNodeB 分配的针对 S1-MME 专用处理流程的 eNodeB 通信上下文指示标记，都应当对特定 UE 的 S1-MME 信令传输承载进行区分。通信上下文指示标记在各自的 S1-AP 消息中单独传送。

3. 主要功能

S1 接口主要具备以下功能：

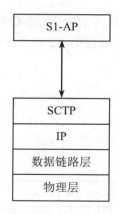

图 6-12　S1 接口控制平面（eNB-MME）

（1）EPS 承载服务管理功能，包括 EPS 承载的建立、修改和释放。

（2）S1 接口 UE 上下文管理功能。

（3）EMM-CONNECTED 状态下针对 UE 的移动性管理功能。包括 Intra-LTE 切换、Inter-3GPP-RAT 切换。

（4）S1 接口寻呼功能。寻呼功能支持向 UE 注册的所有跟踪区域内的小区中发送寻呼请求。基于服务 MME 中 UE 的移动性管理内容中所包含的移动信息，寻呼请求将被发送到相关 eNodeB。

（5）NAS 信令传输功能。提供 UE 与核心网之间非接入层的信令的透明传输。

（6）S1 接口管理功能。如错误指示、S1 接口建立等。

（7）网络共享功能。

（8）漫游与区域限制支持功能。

（9）NAS 节点选择功能。

（10）初始上下文建立功能。

6.3.3　X2 接口协议栈

1. X2 接口用户平面

X2 接口用户平面提供 eNodeB 之间的用户数据传输功能。X2 的用户平面协议栈如图 6-13 所示，与 S1-UP 协议栈类似，X2-UP 的传输网络层基于 IP 传输，UDP/IP 之上采用 GTP-U 来传输 eNodeB 之间的用户面 PDU。

2. X2 接口控制平面

X2 控制面接口（X2-CP）定义为连接 eNodeB 之间接口的控制面。X2 接口控制面的协议栈如图 6-14 所示，传输网络层是建立在 SCTP 上，SCTP 是在 IP 上。应用层的信令协议表示为 X2-AP（X2 应用协议）。

每个 X2-CP 接口含一个单一的 SCTP 并具有双流标识的应用场景应用 X2-C 的一般流程。具有多对流标识仅应用于 X2-C 的特定流程。源 eNB 为 X2-C 的特定

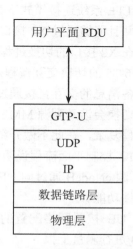

图 6-13　X2 接口用户平面（eNB－eNB）

流程分配源 eNB 通信的上下文标识，目标 eNB 为 X2-C 的特定流程分配目标 eNB 通信的上下文标识。这些上下文标识用来区别 UE 特定的 X2-C 信令传输承载。通信上下文标识通过各自的 X2-AP 消息传输。

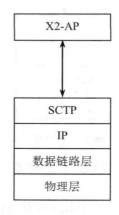

图 6-14　X2 接口控制面

3. 主要功能

X2-AP 协议主要支持以下功能：

（1）支持 UE 在 EMM-CONNECTED 状态时的 LTE 接入系统内的移动性管理功能。如在切换过程中由源 eNB 到目标 eNB 的上下文传输；源 eNB 与目标 eNB 之间用户平面隧道的控制、切换取消等。

（2）上行负载管理功能。

（3）一般性的 X2 管理和错误处理功能，如错误指示等。

6.3.4　LTE 终端切换过程概述

1. LTE 系统切换流程介绍

在 LTE 系统连接模式下存在两种类型的切换，一种为切换时在两个 eNodeB 之间存在 X2 接口，并且能够通过 X2 接口执行切换的过程，被称为 X2 切换；另一种涉及到 MME 改变或者不存在 X2 接口的切换过程，被称为 S1 切换。

图 6-15 的切换交互流程是基于 X2 接口发生的切换，不涉及到 MME 和服务网关的改变，切换准备消息的交互直接通过 X2 接口在源 eNodeB 和目的 eNodeB 之间进行。但进行 MME 改变的切换会涉及到源 MME 和目的 MME 间的信令交互来交换 UE 的上下文信息，由于这种切换过程复杂，在此不做介绍。

（1）控制平面流程说明：

1）源 eNodeB 通过向 UE 配置测量控制信息，使 UE 进行测量来协助 eNodeB 控制连接下的移动性功能。

2）UE 按照网络配置的频点信息进行测量，并按照配置的测量报告准则进行评估后向 eNodeB 进行测量上报。

3）源 eNodeB 根据 UE 测量上报的结果和自身维护的一些信息作出切换判决。

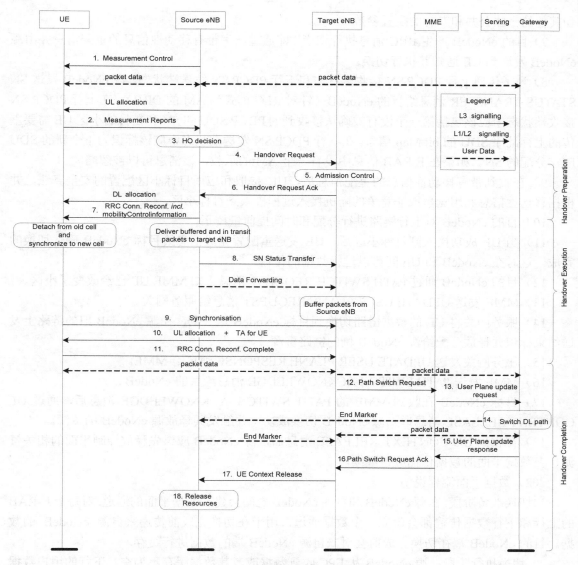

图 6-15　LTE 系统切换流程图

4）源 eNodeB 通过 Handover Request 消息传递必要的信息给目的 eNodeB，用于目的 eNodeB 侧的切换准备，该消息中包含的信息有：在源 eNode 端 UE-X2 接口信令上下文参数、UE-S1 接口信令上下文参数、目标小区 Id、在源 eNodeB 端的 RRC 上下文、AS 配置、E-RAB 上下文、源小区的物理 Id、Kenb*和无线链路失败恢复的 MAC-I。

5）在目的 eNodeB 端，为了增加切换成功的概率会依靠 E-RAB 上下文中的 QoS 信息进行接入允许判决，判决是否可以进行资源分配；判决成功的话源 eNodeB 会按照 QoS 中的信息为该 UE 分配在该 eNodeB 中的资源，并为该 UE 保留切换前使用的 C_RNTI 和一个可选的 RACH 前导。在目的 eNodeB 端也应该给出具体的 AS 配置。

6）目的 eNodeB 回复一个 Handover Ack 消息给源 eNodeB，在该消息中包含一个对源 eNodeB 透明的用于执行切换的数据包，该数据包被包含在源 eNodeB 的 RRC 消息中发送给 UE。那个数据包含有：一个新的 C-RNTI、目标 eNodeB 的安全算法标识、专有的 RACH 前导和其他的一些公共和专有的配置参数。

7）目的 eNodeB 产生 RRC 消息执行切换，即通过产生带有移动性信息的重配消息并由源 eNodeB 发送到 UE 通知其执行切换。

8）为了传递上行 PDCP SN 接收端状态和下行 PDCP SN 发送端状态，源 eNodeB 发送 SN STATUS TRANSFER 消息给目的 eNodeB（针对 RLC 模式为 AM 的 DRB）。在上行 PDCP SN 接收端状态中应该包括第一个没有被确认接收到的 PDCP SDU 的 SN 和在目的小区 UE 需要重传的上行乱序 SDU 的 bit Map 信息。在下行 PDCP SN 发送端状态中应该标识为下个新的 SDU 应该分配的 SN。如果在 E-RAB 信息中没有一个 AM 的承载，该消息可以被忽略。

9）在收到带有移动性信息的重配消息后，UE 提取和应用目标小区配置的安全算法，并根据移动性信息利用竞争或非竞争的随机接入过程接入到目标小区。

10）目的 eNodeB 对上行链路进行分配和时间提前量校正。

11）当 UE 成功接入到目标小区后，UE 发送重配置完成消息给目标 eNodeB 确认切换的完成。这时在 eNodeB 和 UE 间可以进行数据的传输。

12）目的 eNodeB 通过 PATH SWITCH REQUEST 消息告知 MME UE 已经改变了小区。

13）MME 发送 UPDATE USER PLANE REQUEST 消息给服务网关。

14）服务网关将 UE 的数据链路切换到目标 eNodeB 这一侧，在源 eNodeB 旧的链路上发送结束标识并释放分配给源 eNodeB 侧的链路资源。

15）服务网关发送 UPDATE USER PLANE RESPONSE 消息给 MME。

16）MME 发送 PATH SWITCH ACKNOWLEDGE 消息给目的 eNodeB。

17）目标 eNodeB 在收到 MME 的 PATH SWITCH ACKNOWLEDGE 消息后，通过 UE CONTEXT RELEASE 消息通知源 eNodeB 切换成功，并触发其释放源 eNodeB 的资源。

18）在收到 UE CONTEXT RELEASE 消息后，源 eNodeB 应该先释放控制平面的相关资源，在数据平面的数据传输应该继续。

（2）数据平面流程说明

1）切换准备阶段：在源 eNodeB 和目的 eNodeB 之间会建立数据平面的通道。对每个 E-RAB 的上行和下行数据传输都会建立一个数据通道，用于在切换完成前传递来自源 eNodeB 的数据。目的 eNodeB 端在切换完成前会对来自源 eNodeB 端的数据进行缓存。

2）切换执行阶段：源 eNodeB 从 EPC 收到数据或者其数据缓存不为空，下行的用户数据就需要通过源 eNodeB 和目的 eNodeB 之间的数据通道传递给目标 eNodeB。

3）切换完成阶段：目的 eNodeB 通过 PATH SWITCH REQUEST 消息通知 MME UE 已经获得了接入，MME 通过消息 UPDATE USER PLANE REQUEST 通知服务网关将 UE 的数据链路从源 eNodeB 切换到目的 eNodeB；服务网关向源 eNodeB 发送数据结束标识后，将数据链路进行改变。

2. 终端切换处理流程介绍

UE 端发生切换的前提条件：

1）接入网的安全性保护功能已被激活；

2）SRB2 和至少一个 DRB 已被建立。

UE 端的 RRC 模块收到带有 mobilityControlInfo 元素的重配消息时，认为接收到网络的切换指示，UE 做如下流程处理：

1）如果 T310 定时器开启，将该定时器关闭。T310 定时器为评定无线链路失败的定时器，切换时对服务小区无线链路不需要进行评估。

2）开启 T304 定时器。T304 定时器为限制切换时间的定时器，该定时器超时认为切换失败。

3）如果移动性信息中包括了载频信息，则认为目标小区为移动性信息中标识的小区；否则目标小区为服务频点上被 targetPhysCellId 标识的小区。UE 同步到目标小区的下行链路。

4）复位 MAC 层，该操作将 MAC 层的相关状态变量和定时器进行复位。

5）重建所有 RB 的 PDCP 和 RLC 实体，该操作用于处理切换执行时在层 2 的数据，保证数据要求的特性。

6）应用在移动性信息中携带的新的 C-RNTI 的值，将无线资源公共配置中的信息对底层进行配置。

7）如果重配置消息中包含 radioResourceConfigDedicated 信息，将该元素中无线资源专有配置对底层进行配置。

8）根据目前 UE 的安全上下文和重配置消息中携带的安全性参数，对 AS 的密钥进行提取和更新。

9）执行测量相关行为，调整和处理测量列表及测量报告项。

10）如果在重配置消息中包含 measConfig 元素，对测量进行配置。

11）将重配置完成消息发送到底层进行传输。

12）MAC 随机接入完成后，UE 端的切换完成。

6.3.5　LTE 安全性架构和配置

1. LTE 安全构架介绍

LTE 的安全性架构主要功能是在 UE 和网络间建立一个安全的场景（EPS security context），包括 UE 和网络间在安全方面所需要的密钥产生和维护更新。并且在该安全场景下投入使用，建立一个 NAS 和 AS 消息安全交互的场景，保护 UE 和网络间的数据及信令交互的安全性和可靠性。

安全场景主要是通过 AKA 鉴权、NAS SMC 和 AS SMC 过程来建立。其中 AKA 过程通过网络传递的信息和 UE 端 USIM 卡中的安全参数来提取公共的密钥。NAS SMC 通过配置相应的加密和完整性算法启用 NAS 安全性保护。AS SMC 过程通过配置接入层安全性算法提取接入层密钥，启用接入层的安全保护[11]。

2. LTE 接入网密钥产生

在所有的 3GPP 无线接入技术中，安全性一直是一个重要的特性。在 LTE 系统中采用了与 3G 和 GSM 相类似的框架。对无线接入网安全性主要提供两个功能：对 SRB 与 DRB 的数据进行加密和解密，对 SRB 的数据进行完整性保护和完整性检验。加密主要为了防止数据信息被第三方获得，完整性保护主要防止数据被篡改和被伪造。RRC 总是在连接建立后通过 SMC 过程对接入层的安全性进行激活。

图 6-16 为 LTE 系统中接入网密钥产生的过程图，在整个密钥的提取过程中是基于一个公共的密钥 K_{ASME}，该密钥在 HSS 和 UE 端的 USIM 中提取。在网络 HSS 的鉴权模块中会使用 K_{ASME} 和一个随机数产生 K_{eNB} 和健全验证码。密钥 K_{eNB}、验证码以及随机数都会发送到 MME，MME 在和 NAS 层的 AKA 过程中将随机数和健全验证码发送到 UE，并将 K_{eNB} 发送到 eNodeB 进行接入层密钥的提取。

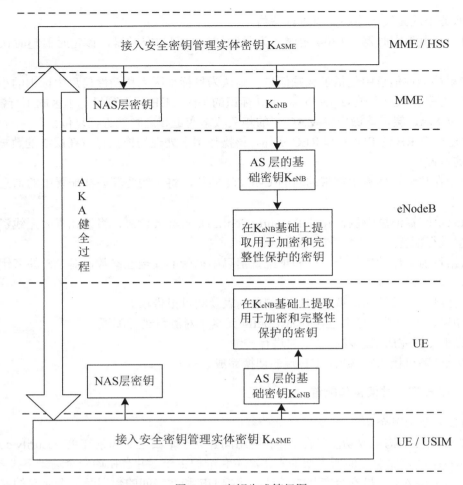

图 6-16　密钥生成等级图

　　UE 从 USIM 中读取信息后产生 K_{aSME} 并通过鉴权过程中的随机数和验证码进行鉴权过程的验证。在鉴权过程成功后，UE 通过 K_{aSME} 产生 K_{eNB}，并在接入层的 SMC 过程中利用 K_{eNB} 和网络配置的算法提取接入层的安全性密钥。

　　在连接模式下 UE 发生切换时，会改变接入层的算法，并通过相关参数提取新的 K_{eNB}，使得 K_{eNB} 和网络侧同步。利用新的算法和 K_{eNB} 提取接入层新的密钥。

任务 6.4　了解 4G 的关键技术

　　TE 标准体系中最基础、最复杂、最有个性的地方是物理层。物理层技术中受芯片技术制约较大、实现较为困难的有两个：OFDM 和 MIMO。

　　根据香农公式，$C=Blog_2(1+S/N)$，信道容量与信道带宽成正比，同时还取决于系统信噪比以及编码技术。也可以理解为信息的最大传送速率与信道带宽及频谱利用率成正比。

　　所以提高网络的速度有两个方法，一个是增加带宽，一个是增加频带利用率。

　　LTE 选择了含正交子载波技术的 OFDM 技术来实现增加带宽。

　　高效的编码和高阶的调制可以增加频谱利用率，LTE 和 3G 一样，最高速率用的是 Turbo

编码和 64QAM 调制技术。但是 LTE 支持 MIMO 也是一种增加频谱利用率的方式。所以，LTE 速率的提升关键就在于 OFDM 和 MIMO 这两个技术，下面先重点讲解这两个技术。

6.4.1　OFDM 技术

OFDM（Orthogonal Frequency Division Multiplexing）是一种正交频分复用技术，是由多载波技术 MCM（Multi-Carrier Modulation，多载波调制）发展而来的，是一种无线环境下的特殊的多载波传输方案，它可以被看作一种调制技术，也可以被当作一种复用技术。

采用快速傅里叶变换（Fast Fourier Transform，FFT）可以很好地实现 OFDM 技术。随着 DSP（Digital Signal Processing，数字信号处理）芯片技术的发展，FFT 技术的实现设备向低成本、小型化的方向发展，使得 OFDM 技术走进了高速数字移动通信领域。

OFDM 结合了多载波调制（MCM）和频移键控（FSK），通过串并变换将高速的数据流分解为 N 个并行的低速数据流，把低速的数据流分到 N 个子载波上同时进行传输，在每个子载波上进行 FSK。这些在 N 子载波上同时传输的数据符号，构成一个 OFDM 符号。OFDM 是通过大量窄带子载波来实现多载波传输。子载波直接相互正交。信号带宽小于信道的相应带宽。

如图 6-17 所示，传统的多载波之间要有保护间隔，而 OFDM 则是重叠在一起的，节省了带宽；传统的 FDM 是子载波分别调度，而 OFDM 是统一调度，效率更高。另外，不同于传统的载波，OFDM 的子载波非常小，小于信道相干带宽，这样可以克服频率选择性衰落。比如，1Hz 和 1.1Hz 之间的无线特性几乎一样，而 1Hz 和 101Hz 之间的无线特性差别很大，带宽越小，衰落越一致；同理，一个 OFDM 符号的时间也是很小的，小于相干时间可以克服时间选择性衰落，等效为一个线性时不变系统。

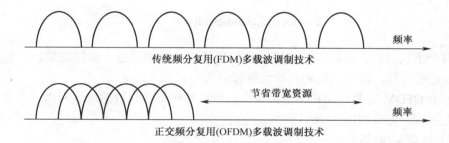

图 6-17　FDM 和 OFDM 带宽利用率的比较

1. 正交子载波

几乎所有的无线制式都采用频分多址的技术。传统的频分多址方式用不相重叠的两个频带及频带之间有一定的保护带宽来区分不同的信息通道。

人类的聪明在于发现了频带有所重叠的载波，也可以区分不同的信道，即引入了正交子载波的概念。

正弦波和余弦波就是正交的，因为它们满足以下两个条件：

正弦波和余弦波的乘积在一个周期 T 内的积分等于 0，即

$$\int_{-\frac{T}{2}}^{\frac{T}{2}} \cos\omega_0 t \sin\omega_0 t dt = 0 \tag{6-1}$$

正弦波或余弦波的平方在一个周期 T 内的积分大于 0，即

$$\int_{-\frac{T}{2}}^{\frac{T}{2}} \cos \omega_0 t \cos \omega_0 t dt > 0 \tag{6-2}$$

$$\int_{-\frac{T}{2}}^{\frac{T}{2}} \sin \omega_0 t \sin \omega_0 t dt > 0 \tag{6-3}$$

这样在发送端用一定频率的正弦波调制的无线信号，把要调制的数据（设为 α，取值为 0 或 1）作为正弦波的系数。

在接收端如用余弦波解调，得到的数据永远是 0，即

$$\int_{-\frac{T}{2}}^{\frac{T}{2}} a \sin m\omega_0 t \cos n\omega_0 t dt = 0 \tag{6-4}$$

而用正弦波调解，就能够把真实的数据 α 解出来。

$$\int_{-\frac{T}{2}}^{\frac{T}{2}} a \sin m\omega_0 t \sin m\omega_0 t dt = ka \quad (k > 0) \tag{6-5}$$

同样地，任两个不同的正弦波（频率为 ω_0 的整数倍），任意两个不同的余弦波（频率为 ω_0 的整数倍），任一个正弦波和任一个余弦波都是正交的，即

$$\int_{-\frac{T}{2}}^{\frac{T}{2}} \sin n\omega_0 t \sin m\omega_0 t dt = \begin{cases} > 0 & (n = m) \\ = 0 & (n \neq m) \end{cases} \tag{6-6}$$

$$\int_{-\frac{T}{2}}^{\frac{T}{2}} \cos n\omega_0 t \cos m\omega_0 t dt = \begin{cases} > 0 & (n = m) \\ = 0 & (n \neq m) \end{cases} \tag{6-7}$$

$$\int_{-\frac{T}{2}}^{\frac{T}{2}} \cos n\omega_0 t \sin m\omega_0 t dt = 0 \tag{6-8}$$

只要两个子载波是正交的，就可以用它们来携带一定的信息。在接收端，只要分别用同样的子载波进行运算，就可以把相应的数据解出来。

由于一个 OFDM 符号时间和频率都很小，所以对频偏比较敏感，还有由于信号重叠厉害就会需要克服较大的峰均比 PARA。

2. OFDM 调制/解调过程

OFDM 就是利用相互正交的子载波来实现多载波通信的技术。在基带相互正交的子载波就是类似 $\{\sin(\omega t)，\sin(2\omega t)，\sin(3\omega t)\}$ 和 $\{\cos(\omega t)，\cos(2\omega t)，\cos(3\omega t)\}$ 的正弦波和余弦波，属于基带调制部分。基带相互正交的子载波再调制在射频载波 ω_C 上，成为可以发射出去的射频信号。

在接收端，将信号从射频载波上解调下来，在基带用相应的子载波通过码元周期内的积分把原始信号解调出来。基带内其他子载波信号与信号解调所用的子载波由于在一个码元周期内积分结果为 0，相互正交，所以不会对信息的提取产生影响，如图 6-18 所示。

3. OFDM 相关的主要功能模块

OFDM 系统包含很多功能模块，实现 OFDM 相关的主要功能模块有三个：①串/并、并/串转换模块；②FFT、逆 FFT 转换模块；③加 CP、去 CP 模块，如图 6-19 所示。

4. CP（cyclic prefix）循环前缀

信号在空间的传递存在多径干扰，如图 6-20 所示，由于第 2 径的第一个信号延迟，一部

分落到第 1 径的第二个符号上，导致第二个符号正交性破坏从而失去正交性无法解调出来。为了避免这种状况，就设计了保护间隔，在每个信号之前增加一个间隔，只要时延小于间隔就不会互相影响，如图 6-21 所示。

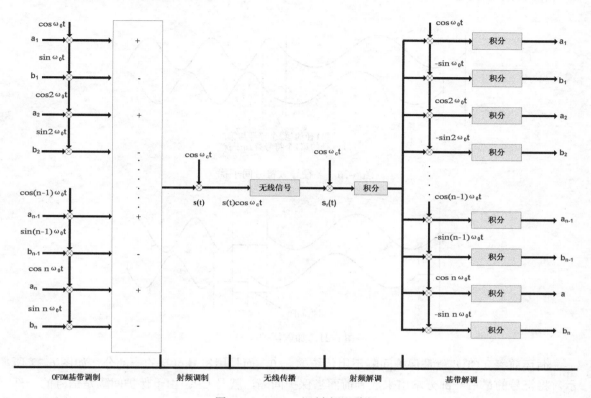

图 6-18　OFDM 调制/解调过程

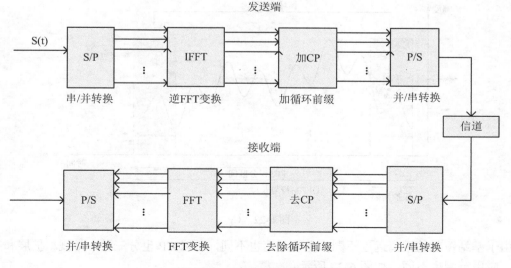

图 6-19　OFDM 系统实现模型

加入了保护间隔后，虽然第 2 径第一个信号延迟了，但是刚好落入第 1 径的第二个符号的保护间隔内，在解调时会随着 CP 一起抛弃，不会干扰到第二个符号，但是第 2 径的第二个符号的保护间隔落入了第 1 径的第二个符号内，产生干扰，因为保护间隔本身也不是正交的，那么解决的办法就是采用 CP——循环前缀。

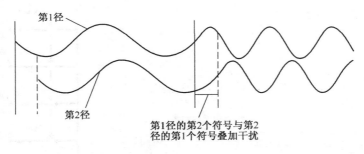

图 6-20　多径导致符号间干扰

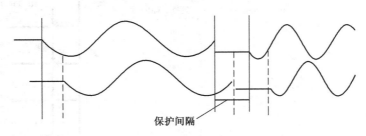

图 6-21　加入保护间隔

循环前缀（CP）就是保护间隔不用传统的全 0，而是用符号自身的一部分，如图 6-22 所示，将符号的最后一部分拿出来放到前面当保护间隔，就是 CP。由于保护间隔是信号的一部分，所以不会破坏符号本身的正交性。

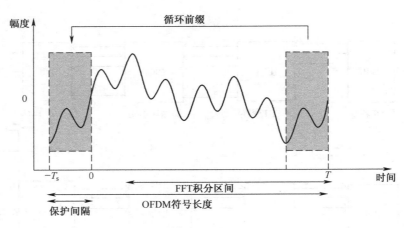

图 6-22　CP

由于基站覆盖的距离远近不同，多径延迟也不同，所以 CP 也分三种：常规、扩展和超长扩展，应用范围也不同，如图 6-23 所示。

一般来说超长扩展除非在海边等特殊场景其他地方是用不到的，所以常见的就是常规和扩展两种，CP 的长度也会影响物理层资源块的大小，间接影响速率。

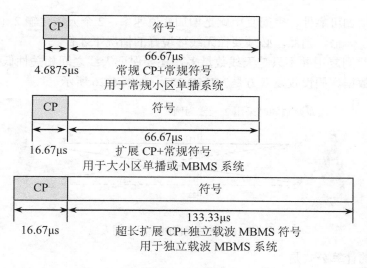

图 6-23　cp 长度

6.4.2　MIMO 技术

MIMO（Multiple-Input Multiple-Output）技术，就是通过收发端的多天线技术来实现多路数据的传输，从而增加速率。

MIMO 大致可以分为三类：空间分集、空间复用和波束赋形。

1. 空间分集（发射分集、传输分集）

利用较大间距的天线阵元之间或赋形波束之间的不相关性，发射或接收一个数据流，避免单个信道衰落对整个链路的影响，如图 6-24 所示。

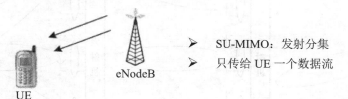

➢　SU-MIMO：发射分集

➢　只传给 UE 一个数据流

图 6-24　空间分集

简单的也就是 2 个天线传输同一个数据，但是 2 个天线上的数据互为共轭，一个数据传 2 遍，有分集增益，保证数据能够准确传输。

2. 空间复用（空分复用）

利用较大间距的天线阵元之间或赋形波束之间的不相关性，向一个终端/基站并行发射多个数据流，以提高链路容量（峰值速率），如图 6-25 所示。

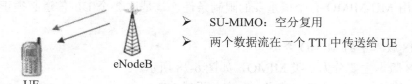

➢　SU-MIMO：空分复用

➢　两个数据流在一个 TTI 中传送给 UE

图 6-25　空间复用

　　空间分集是增加可靠性，空间复用就是增加峰值速率，2 个天线传输 2 个不同的数据流，相当于速率增加了一倍，当然，必须要在无线环境好的情况下才行。

　　另外，采用空间复用并不只是天线数量多，还要保证天线之间相关性低才行，否则会导致无法解出 2 路数据。假设收发双方是 MIMO 2*2，如图 6-26 所示。

收发两端同时采用 2 天线为例

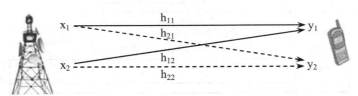

图 6-26　首发两端同时采用 2 副天线

那么 UE 侧的计算公式是

$$y_1 = h_{11}x_1 + h_{12}x_2 + n_1$$
$$y_2 = h_{21}x_1 + h_{22}x_2 + n_2$$

　　由于是 UE 接收，y_1 和 y_2 是已知，h 和 n 是天线的相关特性，求 x。假如天线的相关性较高，h_{11} 和 h_{21} 相等，h_{12} 和 h_{22} 相等，或者等比例，则这个公式就无解。

3.　波束赋形

利用较小间距的天线阵元之间的相关性，通过阵元发射的波之间形成干涉，集中能量于某个（或某些）特定方向上，形成波束，从而实现更大的覆盖和干扰抑制效果，如图 6-27 所示。

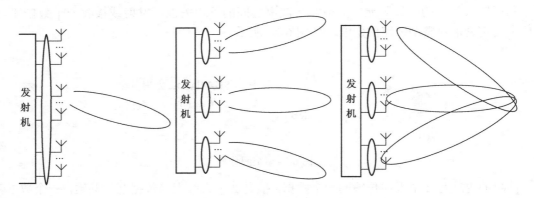

图 6-27　各种波束赋形

　　上面是单播波束赋形、波束赋形多址和多播波束赋形，通过判断 UE 位置进行定向发射，提高传输可靠性。这个在 TD-SCDMA 上已经得到了很好的应用。

　　多用户 MU-MIMO，实际上是将两个 UE 看作一个逻辑终端的不同天线，其原理和单用户相似，但是采用 MU-MIMO 有个很重要的限制条件，就是这 2 个 UE 信道必须正交，否则解不出来。

4.　LTE R8 版本中的 MIMO 分类

目前的 R8 版本主要分为 7 类 MIMO，如图 6-28 所示。

（1）单天线传输，也是基础模式，兼容单天线 UE。

（2）不同模式在不同天线上传输同一个数据，适用于覆盖边缘。

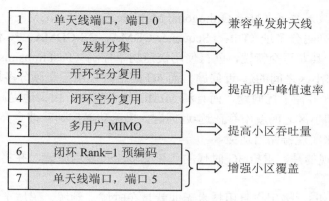

图 6-28　MIMO 分类

（3）开环空分复用，无需用户反馈，不同天线传输不同的数据，相当于速率增加一倍，适用于覆盖较好区域。

（4）同上，只不过增加了用户反馈，对无线环境的变化更敏感。

（5）多个天线传输给多个用户，如果用户较多且每个用户数据量不大的话可以采用，能增加小区吞吐量。

（6）闭环波束赋形一种，基于码本的（预先设置好），预编码矩阵是在接收端终端获得，并反馈 PMI，由于有反馈所以可以形成闭环。

（7）无需码本的波束赋形，适用于 TDD，由于 TDD 上下行是在同一频点，所以可以根据上行推断出下行，无需码本和反馈，FDD 由于上下行频点不同所以不能使用。

任务 6.5　值得关注的 5G 技术

5G，即第五代移动通信技术，也是 4G 之后的延伸。目前业界还未从技术上对 5G 下定义，5G 技术还处于早期阶段。行业对 5G 的研究重在关键性技术和相关标准的制定和统一。

5G 与 4G、3G、2G 不同，5G 并不是一个单一的无线接入技术，也不是几个全新的无线接入技术，而是多种新型无线接入技术和现有无线接入技术（4G 后向演进技术）集成后的解决方案总称。从某种程度上讲，5G 是一个真正意义上的融合网络，是传输速率可以达到 10Gbps 的移动通信技术。

全球已经有 140 亿终端连接起来，但当今世界还有 90%的东西未被连接，物联网将是未来真正的杀手级应用，而不是现在大家讨论的音乐、视频等，这就需要更高速的无线网络支撑。因此，未来对大流量数据传递和高速率的需求会变大，届时需要 5G 技术来支撑这一诉求。

高速率是 5G 的最大特点。与 4G 网络相比，5G 网络不仅传输速率更高，而且在传输中呈现出低时延、高可靠、低功耗的特点，低功耗能更好地支持物联网应用。

2013 年 4 月 19 日，IMT-2020（5G）推进组第一次会议在北京召开，这是由工信部、发改委、科技部为支持和推动 5G 共同成立的组织。科技部投入了约 3 亿元，先期启动了国家 863 计划第五代移动通信系统重大研发项目，除了国内的企业和研究机构，华为等国际知名公司也参与其中。

虽然 5G 最终将采用何种技术，目前还没有定论。不过，综合各大高端论坛讨论的焦点，收集了 8 大关键技术。当然，应该远不止这些。

1. 非正交多址接入技术（Non-Orthogonal Multiple Access，NOMA）

3G 采用直接序列码分多址（Direct Sequence CDMA，DS-CDMA）技术，手机接收端使用 RAKE 接收器，由于其非正交特性，就得使用快速功率控制（Fast transmission Power Control，TPC）来解决手机和小区之间的远-近问题。而 4G 网络则采用正交频分多址（OFDM）技术，OFDM 不但可以克服多径干扰问题，而且和 MIMO 技术配合，极大地提高了数据速率。由于多用户正交，手机和小区之间就不存在远-近问题，快速功率控制就被舍弃，而采用 AMC（自适应编码）的方法来实现链路自适应。

NOMA 希望实现的是，重拾 3G 时代的非正交多用户复用原理，并将之融合于现在的 4G OFDM 技术之中。

从 2G，3G 到 4G，多用户复用技术无非就是在时域、频域、码域上做文章，而 NOMA 在 OFDM 的基础上增加了一个维度——功率域。新增这个功率域的目的是，利用每个用户不同的路径损耗来实现多用户复用。实现多用户在功率域的复用，需要在接收端加装一个 SIC（持续干扰消除），通过这个干扰消除器，加上信道编码（如 Turbo 码或低密度奇偶校验码（LDPC）等），就可以在接收端区分出不同用户的信号。NOMA 可以利用不同的路径损耗的差异来对多路发射信号进行叠加，从而提高信号增益。它能够让同一小区覆盖范围的所有移动设备都获得最大的可接入带宽，可以解决由于大规模连接带来的网络挑战。NOMA 的另一优点是，无需知道每个信道的 CSI（信道状态信息），从而有望在高速移动场景下获得更好的性能，并能组建更好的移动节点回程链路。

2. FBMC（滤波组多载波技术）

在 OFDM 系统中，各个子载波在时域相互正交，它们的频谱相互重叠，因而具有较高的频谱利用率。OFDM 技术一般应用在无线系统的数据传输中，在 OFDM 系统中，由于无线信道的多径效应，从而使符号间产生干扰。为了消除符号间干扰（ISI），在符号间插入保护间隔。插入保护间隔的一般方法是符号间置零，即发送第一个符号后停留一段时间（不发送任何信息），接下来再发送第二个符号。这样虽然减弱或消除了符号间干扰，但由于破坏了子载波间的正交性，从而导致了子载波之间的干扰（ICI）。因此，这种方法在 OFDM 系统中不能采用。在 OFDM 系统中，为了既可以消除 ISI，又可以消除 ICI，通常保护间隔是由 CP（Cycle Prefix，循环前缀）来充当。CP 是系统开销，不传输有效数据，从而降低了频谱效率。而 FBMC 利用一组不交叠的带限子载波实现多载波传输，FMC 对于频偏引起的载波间干扰非常小，不需要 CP（循环前缀），较大地提高了频率效率。

3. 毫米波（millimetre waves，mmWaves）

什么叫毫米波？频率 30GHz 到 300GHz，波长范围 1 到 10mm。由于有足够量的可用带宽，较高的天线增益，毫米波技术可以支持超高速的传输率，且波束窄，灵活可控，可以连接大量设备。当终端处于 4G 小区覆盖边缘，信号较差，且有建筑物（房子）阻挡时，就可以通过毫米波传输，绕过建筑物阻挡，实现高速传输。

4. 大规模 MIMO 技术（3D/Massive MIMO）

MIMO 技术已经广泛应用于 WiFi、LTE 等。理论上，天线越多，频谱效率和传输可靠性就越高。

大规模 MIMO 技术可以由一些并不昂贵的低功耗的天线组件来实现，为实现在高频段上进行移动通信提供了广阔的前景，它可以成倍提升无线频谱效率，增强网络覆盖和系统容量，帮助运营商最大限度利用已有站址和频谱资源。

我们以一个 20cm^2 的天线物理平面为例，如果这些天线以半波长的间距排列在一个个方格中，则：如果工作频段为 3.5GHz，就可部署 16 副天线；如工作频段为 10GHz，就可部署 169 根天线。

3D-MIMO 技术在原有的 MIMO 基础上增加了垂直维度，使得波束在空间上三维赋形，可避免相互之间的干扰。配合大规模 MIMO，可实现多方向波束赋形。

5. 认知无线电技术（Cognitive radio spectrum sensing techniques）

认知无线电技术最大的特点就是能够动态地选择无线信道。在不产生干扰的前提下，手机通过不断感知频率，选择并使用可用的无线频谱。

6. 超宽带频谱

信道容量与带宽和 SNR 成正比，为了满足 5G 网络 Gbps 级的数据速率，需要更大的带宽。频率越高，带宽就越大，信道容量也越高。因此，高频段连续带宽成为 5G 的必然选择。得益于一些有效提升频谱效率的技术（比如：大规模 MIMO），即使是采用相对简单的调制技术（比如 QPSK），也可以在 1GHz 的超带宽上实现 10Gbps 的传输速率。

7. ultra-dense Hetnets（超密度异构网络）

立体分层网络（HetNet）是指，在宏蜂窝网络层中布放大量微蜂窝（Microcell）、微微蜂窝（Picocell）、毫微微蜂窝（Femtocell）等接入点，来满足数据容量增长要求。到了 5G 时代，更多的物-物连接接入网络，HetNet 的密度将会大大增加。

8. 多技术载波聚合（multi-technology carrier aggregation）

3GPP R12 已经提到这一技术标准。未来的网络是一个融合的网络，载波聚合技术不但要实现 LTE 内载波间的聚合，还要扩展到与 3G、WiFi 等网络的融合。多技术载波聚合技术与 HetNet 一起，终将实现万物之间的无缝连接。

项目小结

1. 4G 网络结构遵循业务平面与控制平面完全分离化、核心网趋同化、交换功能路由化、网元数目最小化、协议层次最优化、网络扁平化和全 IP 化原则，可分为三层：物理网络层、中间环境层、应用网络层。

2. LTE 分为频分双工（FDD）和时分双工（TDD）两种双工方式，LTE 分别为 FDD 和 TDD 设计了各自的帧结构。

3. LTE 下行主要采用 OPSK、16QAM、64QAM 三种调制方式。

4. LTE 的最小 TTI 长度仅为 0.5ms，但系统可以动态地调整 TTI。

5. LTI 的 RRC 协议实体位于 UE 和 eNodeB 网络实体内，主要负责接入层的管理和控制。

6. OFDM 就是利用相互正交的子载波来实现多载波通信的技术。

7. MIMO 大致可以分为三类：空间分集、空间复用和波束赋形。

习题与思考题

1. 什么是 4G 和 LTE？与以往的技术有什么区别？

2. 什么是 OFDM？基本原理是什么？

3．请画出 LTE 系统结构。

4．LTE 空中接口的分层结构是什么？

5．LTE 物理层的无线接口协议结构是什么？

6．LTE 设计了几种帧结构？它们有什么区别？

7．什么是 MIMO？有哪些技术分类？

8．LTE 与 CDMA 有什么相同点和不同点？

下篇　实践篇

项目七　识别手机的整机电路

 本章导读

随着手机的不断更新换代，不同品牌或者相同品牌不同型号手机之间，存在着软硬件的差异，不同厂家手机的电路结构和使用的芯片组有所不同，其生产工艺和外形结构也不一样，但是其基本的电路功能都是类似的，都符合标准的规范，不同的手机产品都可以在所属的网络中使用。为了有针对性地维修，维修人员应该熟练掌握对手机电路图的读图技能。只有具备了良好的读图能力，维修人员才能够迅速掌握各种手机的软硬件特点，找到故障的维修方法。手机的读图需要以电子技术知识为支撑，学习者应该具有一定的模拟电路、数字电路等相关的基础知识，或者学习过程中参考相应的资料。

本章要点

- 手机电路的整机框图及各部分作用
- 射频电路构成
- 逻辑控制电路及供电充电电路的构成
- 手机开关机过程

任务 7.1　认识手机电路的整机框图

7.1.1　手机的结构框图

对整机电路的分析，遵循先进行模块化学习，再把各部分综合在一起进行整机分析的方法。首先通过对手机整机框图的学习，了解手机的组成结构，如图 7-1 所示。无论是品牌不同还是制式不同，手机的框图是相似的。手机的结构分为射频部分、逻辑部分、供电部分。

7.1.2　各部分的作用

下面按照手机的结构介绍各个部分的功能和作用。

1. 射频部分

手机的射频部分由接收通路和发射通路两部分组成。

（1）接收通路

接收通路是指从天线到听筒的信号通路，作用是将高频信号最终解调出声音信号。手机

的接收电路采用的是超外差式接收方式，所以在接收电路中需要本振电路和混频电路。

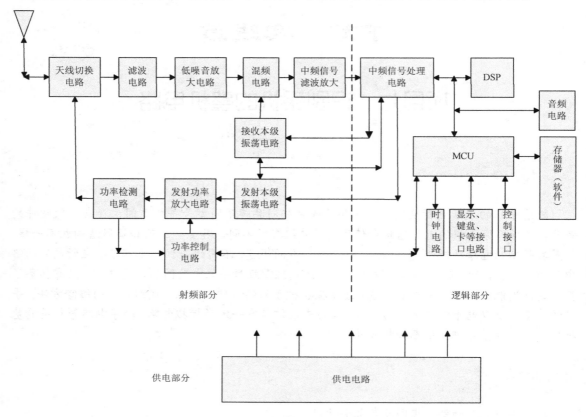

图 7-1   手机的整机框图

- 天线开关：主要作用是进行接收与发射的切换。如是多频段手机，还起到频段的分离与合路的作用。
- 滤波电路：采用的是带通滤波器，只允许接收范围内有用的信号通过，把干扰信号等没有用的信号衰减掉。
- 低噪音放大器：采用高频小信号放大电路，对接收到的非常微弱的高频信号进行放大。
- 接收本级振荡电路：采用三极管自激振荡电路，具有频率的可调功能，产生一个比接收信号高或低一个中频的等幅度的振荡信号。根据信道的不同，产生相应的频率。
- 混频电路：把接收到的信号与接收本机振荡信号进行差频，得到中频信号。
- 中频信号放大滤波：把混频出来的中频信号进行放大，再通过滤波器进行滤波后送往中频处理电路。
- 在 MCU 的控制下，中频信号进入中频处理电路、DSP 电路进行处理得到音频信号，送入音频处理电路进行放大，驱动相应的发声器件。

（2）发射通路

发射通路是指从送话器到天线的信号通路，作用是把音频信号进行调制最终放到载波上发射出去。

- 送话器的音频信号经过音频电路的放大进入中频信号处理电路，MCU 控制中频处理电路、DSP 电路把音频信号处理成需要发送的基带信号。

- 发射本机振荡电路：根据所使用的信道产生相应的高频载波，基带信号直接调制发射本机振荡信号，得到要发送的已调信号。
- 发射功率放大电路：把需要发送的信号放大到足够大的幅度，经过天线开关的切换发送出去。
- 功率检测电路：把发送的信号耦合下来，把其量化成电平信号，送往 MCU。
- 功率控制电路：MCU 根据接收信号强度，调整功率放大元件的放大能力。

2．逻辑电路

- 中央处理器：手机的主控器件，主要作用是运算、控制。
- 手机的存储器：分为程序存储器和数据存储器。程序存储器中，EPROM 存主程序监控程序；EEPROM 存 IMEI、射频参数等；数据存储器的作用是存储工作中随机数据。
- 显示电路：把显示数据信号送往显示屏。显示屏可分为单色、彩色，按照数据的传输方式有串行、并行传输两种方式。
- 键盘电路：一般采用矩阵形式的行列扫描。
- 射频接口：接收、发射基带的传输。
- 射频控制：接收发射使能、频段切换。
- 音频接口：A/D、D/A 音频放大。
- 控制接口：震动、背光灯。

任务 7.2　了解射频电路的构成

射频电路指的是电路工作在高频条件下，不同于普通的低频电路。手机的射频电路由接收电路和发射电路两部分组成。下面将以摩托罗拉 V998（机板故障维修及信号流程图参见附图 1、整机电路图参见附图 2）和诺基亚 N3310 两款双频手机为例，介绍详细的电路结构。

7.2.1　接收电路

手机的接收电路主要由天线切换电路、滤波电路、低噪音放大电路、混频电路、接收本振电路、中频滤波放大电路、中频处理电路、音频处理电路、音频放大电路等组成。

1．天线切换电路

天线切换电路的主要作用是进行接收与发射的切换，一般采用双工滤波器或者电子开关。如是多频段手机，还起到频段的分离与合路的作用。

V998 天线切换电路如图 7-2 所示，U101 为电子开关。10 脚接天线，接收信号从 5（900M 频段接收信号）、6（1800M 频段接收信号）脚输出，送往后级电路，发射信号从 1 脚输入。2、9 脚受 MIX-275 和 PAC-275 信号的控制，使手机处于接收状态还是发射状态，4、7 脚为接收频段控制，只允许 5 脚或 6 脚一个频段输出信号。

N3310 天线切换电路如图 7-3 所示，Z502 为天线切换开关，4 脚为接天线端，12、14 脚为接收信号的输出端，8、10 脚为发射信号的送入端，2、16 脚为控制脚。当工作在接收状态时，由天线接收得到的 GSM 与 DCS 接收高频信号经 C593 耦合，送给 Z502 的 4 管脚输入，在内部经接收双频切换，Z502 的 14 管脚与 12 管脚分别输出 GSM 与 DCS 接收高频信号，送入后级电路。8 管脚、10 管脚分别为发射高频信号输入端，16 管脚、2 管脚为接收发射控制和双频切换控制端。

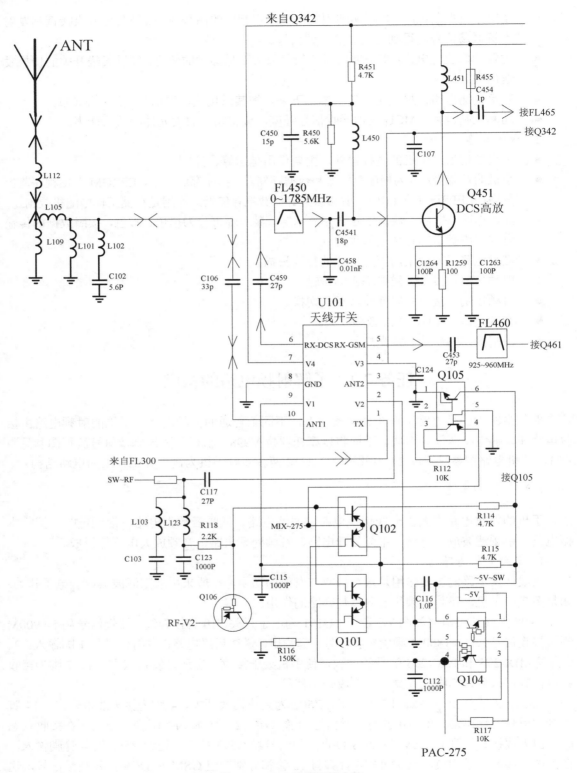

图 7-2　V998 天线切换电路

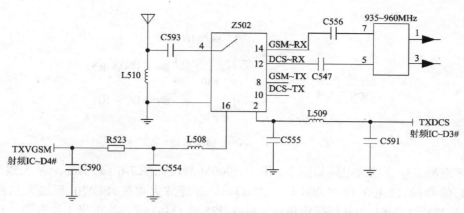

图 7-3　N3310 天线切换电路

2. 接收滤波电路

采用带通滤波器，只允许该频段内的信号通过。

图 7-4 为 V998 接收滤波电路。900M 通路如图 7-4（a）所示，FL460、FL470 为 900M 频段的带通滤波器，只允许 925～960MHz 范围内的信号通过；1800M 通路如图 7-4（b）所示，FL450、FL465 为 1800M 频段的单通滤波器，只允许 1710～1785MHz 范围内的信号通过。

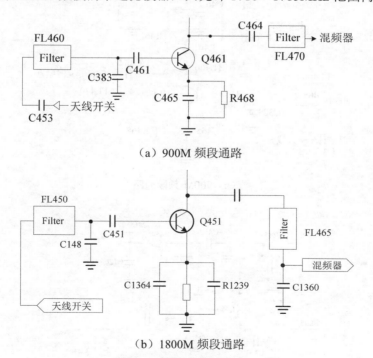

（a）900M 频段通路

（b）1800M 频段通路

图 7-4　V998 接收滤波电路

图 7-5 为 N3310 滤波电路，双频信号由 C556、C547 耦合，送给 Z501 的 7 管脚、5 管脚进行 GSM900M 与 DCS1800M 两个频段滤波接收；接收高频信号由 Z501 的 1 管脚与 3 管脚输出。

3. 低噪音放大电路

两款手机都采用的是三极管组成的高频小信号放大电路，对接收到的非常微弱的高频信号进行放大。

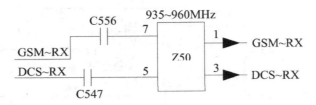

图 7-5　N3310 滤波电路

V998 双频低噪音放大电路如图 7-6 所示。900M 频段如图 7-6（a）所示，从天线开关出来的 900M 信号经 FL460 带通滤波后，由 Q461 进行放大再经 FL470 后送入后级电路，GSM-LNA-275 给 Q461 的基极提供偏压，MIX-275 给 Q461 提供集电极工作电源。1800M 频段如图 7-6（b）所示，1800M 信号经 FL450 带通滤波后，由 Q451 进行放大再经 FL465 后送入后级电路，DCS-LNA-275 给 Q451 的基极提供偏压，MIX-275 给 Q411 提供集电极工作电源。Q461 和 Q451 是交替工作的，900M 时 Q461 工作，1800M 时 Q451 工作。

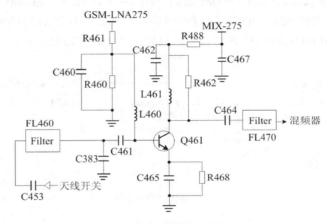

（a）900M 频段通路

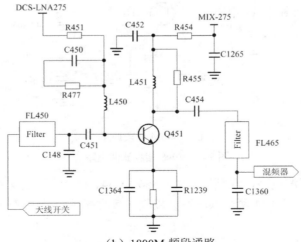

（b）1800M 频段通路

图 7-6　V998 低噪音放大电路

　　N3310 低噪音放大电路如图 7-7 所示。900M 通路如图 7-7（a）所示，从天线开关出来的 900M 信号送入 V501 的第 2 脚。经过 V501 的放大后，经 C537、C534 耦合后送入 Z500 进行滤波，再经过 T501 变压器耦合到后级电路。V501 组成的是共发射极放大电路，R514 提供基极供电，R508 提供集电极供电，使得三极管处于放大状态。1800M 通路如图 7-7（b）所示，从天线开关出来的 1800M 信号送入 V500 的第 1 脚。经过 V500 的放大后，经 C519 耦合后送入 Z500 进行滤波，再经过 T500 变压器耦合到后级电路。V500 是一个小型的集成电路，内部是带偏置电路的三极管放大电路。

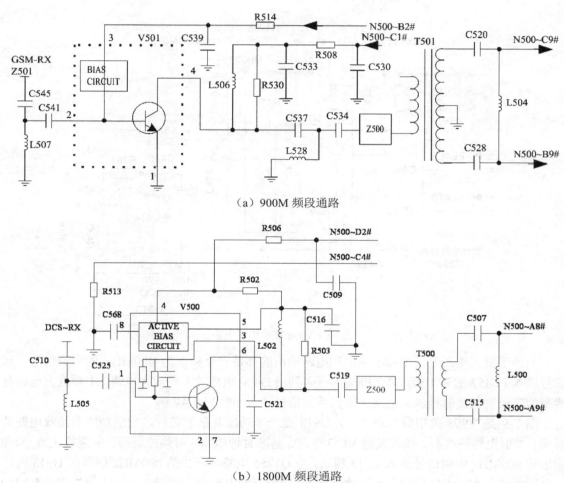

（a）900M 频段通路

（b）1800M 频段通路

图 7-7　N3310 低噪音放大电路

4. 混频与解调电路

　　混频电路把接收到的信号与接收本机振荡信号进行差频，得到中频信号，经中频滤波器滤波进行放大后，送往中频处理电路。在 MCU 的控制下，中频信号由中频处理电路处理后得到 RXI RXQ 信号。

　　混频器是利用半导体器件的非线性特性，将接收射频信号与本振信号混合，取其差频，以得到所需的信号。V998 混频中放电路如图 7-8 所示，混频电路的核心元件是由一个双三极管 Q1254 构成。1、2、6 脚的三极管为 1800M 的混频三极管，3、4、5 脚的三极管为 900M 的混频三极管，GSM-DCS275 经电阻分压给混频器下方三极管 0 提供偏压，GSM-LNA275 经电阻分压给混频器上方三极管提供偏压，这两个三极管是交替工作的，哪一个工作，取决于工作频段。当工作在 900M 频段时，来自于低噪音放大器的信号送入 Q1254 的第 5 脚，与第 4 脚来自于本振电路的信号进行差频，从第 3 脚输出中频信号。当工作在 1800M 频段时，来自于低噪音放大器的信号送入 Q1254 的第 6 脚，与第 2 脚来自于本振电路的信号进行差频，从第 1 脚输出中频信号。

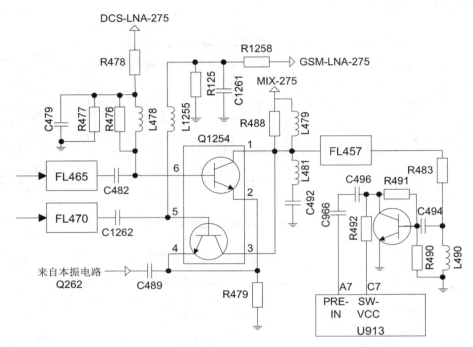

图 7-8　V998 混频中放电路

　　无论手机工作在哪一个频段从混频电路输出的都是一个频率为 400MHz 的中频信号，该信号送入 FL457 的第 1 脚，第 2 脚输出送入到由 Q490 组成的中频放大电路。中频放大电路是典型的三极管共发射极放大电路，放大后的信号送入 U913 的 A7 脚。

　　图 7-9 是 V998 的中频处理单元，U913 是一个功能复杂的芯片，它的功能有接收电路的解调、发射电路的调制、接收发射 VCO 电路、基准时钟电路、射频控制等。中频放大器 Q490 输出的 400MHz 中频信号进入 U913 模块，与 Q1255 电路所产生的 800MHz 信号在 U913 内被二分频得到的 400MHz 信号进行二次混频,解调得到的 RXI/Q 信号再在 U913 模块中的 RXI/Q SPI 模块中进行 GMSK 解调，还原出数字信号，从 U913 的 BDR、BFSR 和 BCLKR 端口输出，送往逻辑电路和音频电路。

　　图 7-10 是 N3310 混频解调电路，该手机为一次变频。当手机工作在 900M 频段时，一本振模块 G500 产生 3700.8MHz～3839.2MHz 的本振信号，从射频 IC-N500 的 J5、J4 管脚输入，经内部放大及四分频处理，获得 925MHz～960MHz 的本振信号。本振信号转成内部的 GSM（925MHz～960MHz）接收混频与来自 N500 的 C9、B9 管脚输入的 925MHz～960MHz 的接收高频信号进行混频，再放大解调出接收 I/Q 信号，从射频 IC 输出。当手机工作在 1800M 频段时，一本振模块 G500 产生的本振信号，进入射频 IC-N500 二分频后与来自 N500 的 A8、

A9 管脚输入的 DCS（1805MHz～1880MHz）接收高频信号混频，再放大解调出接收 I/Q 信号，从射频 IC-N500 的 H8、F5 管脚输出。

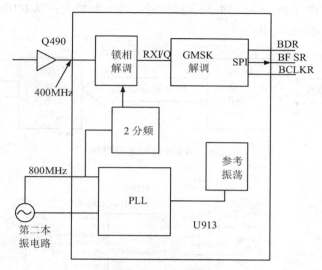

图 7-9　V998 中频处理

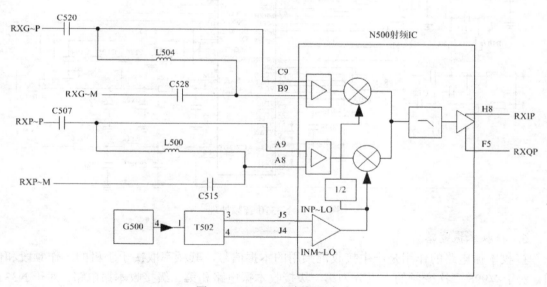

图 7-10　N3310 混频解调电路

5. 音频处理电路

V998 的音频处理流程如图 7-11 所示，从 U913 输出的信号送入到中央处理器 U700，U700 内部包含有 DSP 处理单元。在 U700 内部进行信道解码，去交织、提取控制信号等，U700 输出数字语音信号送往电源及音频放大 IC-U900，在其内进行 PCM 解码，将数字语音信号还原成模拟的语音信号，然后对其放大，在逻辑电路的控制下，输送到受话器。

N3310 音频处理如图 7-12 所示。音频处理 IC-N100，主要完成音频处理的功能，其中包括 GMSK 调制与解调、数/模转换，模/数转换，音频放大等功能。另外作为接口完成 AFC、APC、AGC 等控制功能。由射频 IC-N500 解调输出的接收 I/Q 信号，从音频处理 IC-N100 的

G8、F8 管脚输入，在 N100 内部进行放大与 GMSK 解调，得到数据流信号，然后在中央处理器 D300 内进行信道解码、去交织、语音解码（RPE-LTP），还原为 64kb/s 的数字话音信号，再由 CPU 送回 N100 进行 PCM 解码得到音频信号，经音频放大，从 N100 的 D1、D2 管脚输出音频信号推动听筒 B100 发出声音。

图 7-11　V998 音频处理框图

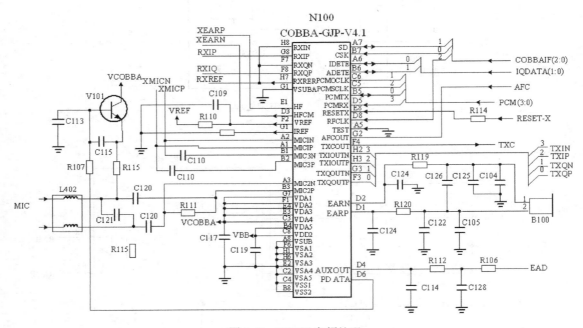

图 7-12　N3310 音频处理

6．接收本振电路

接收本振电路的作用是产生接收混频用的本振信号，其频率取决于手机的工作频段和信道。对于 V998 二次变频的手机分为第一级接收本振电路和第二级接收本振电路，对于 N3310 一次变频只有一级本振电路，而且 N3310 的接收和发射共用一个 VCO 电路。下面只介绍 V998 的两级振荡电路，N3310 本振电路在发射部分介绍。

V998 接收一本振电路如图 7-13 所示，其核心元件是 Q253，其电路结构是电容三点式自激振荡电路，可以产生 900M（1325～1360MHz）、1800M（1310～1345MHz）两个频段的振荡频率。本振电路产生的频率跟随信道的不同而不同，U913 控制 CR251 来改变本振电路的频率，同时还起到稳定工作频率的作用。本振电路的频段控制是由 DCS-VCO 信号控制 CR250，通过 CR250 的导通截止，C257 是否参与振荡电路，从而使本振电路产生不同频段的本振信号。

V998 接收二本振电路如图 7-14 所示，主要由 Q1255 及外围元件组成。

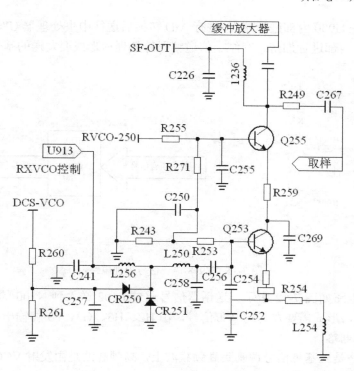

图 7-13 V998 接收一本振电路

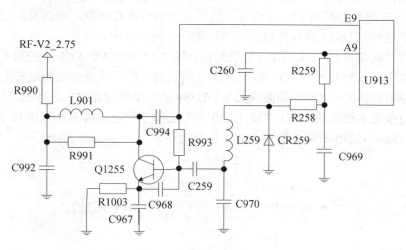

图 7-14 V998 接收二本振电路

7.2.2 发射电路

手机的发射电路主要由语音信号处理电路、发射本振电路、调制电路、预放电路、功率放大电路、功率控制电路等组成。

1. 语音放大电路

V998 语音信号处理电路如图 7-15 所示。J910 为送话器，是声电转换器件，把声音信号转换成电信号。手机上采用的送话器一般为驻极体话筒，所以送话器工作时，需要一定的供电。

模拟的话音信号在 U900 内部进行放大,进行 A/D 转换后送往中央处理器 U700 进一步的处理。数字信号在 U700 内部进行加密、交织、信道编码等处理后形成要发送的基带信号。

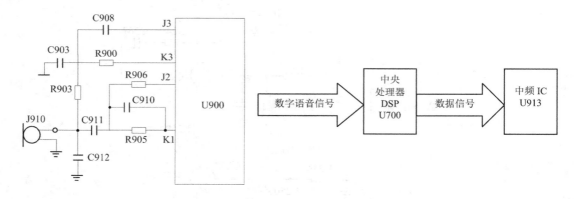

图 7-15   V998 语音信号处理电路

N3310 语音电路如图 7-12 所示。送话器信号通过 L402 送入到 N100 的 A3 和 B3 脚,在 N100 内进行处理,形成需要发送的基带信号,由 H2、H3、G3、F3 脚输出。

2. 发射调制电路

发射调制电路是把基带信号调制到高频载波上,高频载波是由发射 VCO 产生的,载波的频率取决于手机的工作频段和工作信道。

V998 发射中频处理如图 7-16 所示,U700 处理得到信号输出到 U913,信号在 SPI 功能模块中进行 GMSK 调制,得到 TXI/Q 信号,然后对该信号进行调制,得到发射已调中频信号。发射已调中频信号在 U913 内与发射参考信号在一个鉴相器中进行比较,得到一个包含发送数据的脉动直流控制信号 CP-TX。CP-TX 信号接到图 7-17 发射 VCO U250 的第 8 脚,它有两个作用,一个作用是调制发射 VCO,把发射信号调制到与使用信道相应的载波上,另一个作用是根据信道控制 U250 产生频率和微调频率。U250 是一个集成器件,对外表现出来的是管脚,但内部结构与接收本振电路 VCO 类似。U250 工作在哪个频段取决于 6 脚和 10 脚的控制信号,要发射的已调波从 U250 的第 2 脚输出送往预放电路。

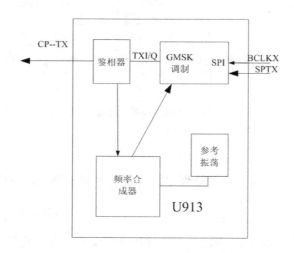

图 7-16   V998 发射中频处理

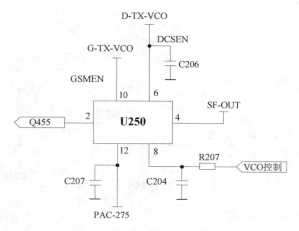

图 7-17 V998 发射调制电路

N3310 发射调制电路如图 7-18 所示。由音频处理 IC-N100 输入 TXI/Q 信号经 R541、R548，从射频 IC-N500-H3、J3、G3、H4 管脚输入，滤波合成后在 N500 内部进行发射调制。

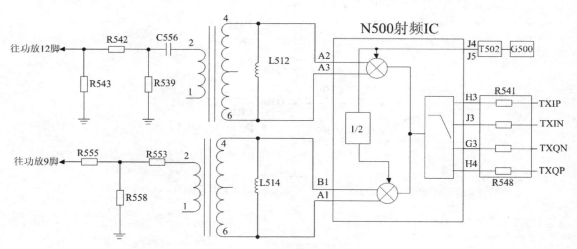

图 7-18 N3310 发射调制电路

GSM 频段时，本振模块 G500 产生的本振信号送入射频 IC，经放大后分频，得到 890MHz～915MHz 信号，与发射 I/Q 信号进行调制，射频信号从 N500-B1、A1 管脚输出，经 T504 平衡变换、阻抗匹配后，输出给前置功放。

DSC 频段时，本振模块 G500 产生的本振信号从 N500-J4、J5 管脚输入射频 IC 直接与发射 I/Q 信号调制得到射频信号，从 N500-A2、A3 管脚输出，经 T503 平衡变换，阻抗匹配输出给功放。

3. 发射预放电路

手机后级发射电路采用多级放大电路，一般采用预放推动功放的电路结构。

来自于 U250 的第 2 脚要发射的信号送到图 7-19 所示的 Q455 组成的缓冲隔离级。Q455 电路是一个典型的共发射极电路，工作电源来自 PAC-275，当发射电路开始工作时其为高电平。信号由 Q455 输出后分两路：900M 送往图 7-20 电路进行预放，1800M 送往图 7-21 所示电路进行预放。

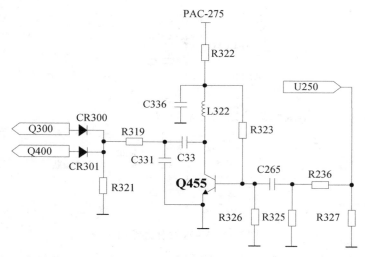

图 7-19　V998 发射缓冲

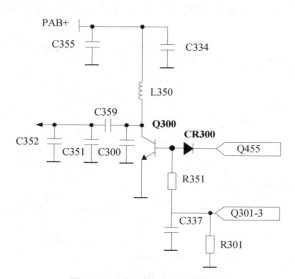

图 7-20　V998 900M 发射预放

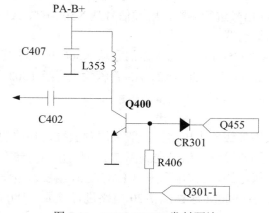

图 7-21　V998 1800M 发射预放

N3310 预放电路如图 7-22 所示。来自射频 IC-N500 的射频信号送进 Z503 进行 GSM 频段发射滤波后，经 R601、C602 耦合，由 V601 进行前置放大后经集电极输出，再经 C605、C600 耦合，R552、R550、R551 阻抗匹配给 N502 进行功率放大。

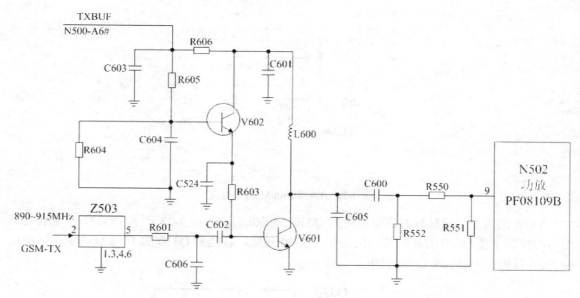

图 7-22　N3310 预放电路

4. 功率放大及功率控制电路

V998 的功放电路每个频段采用一个功放电路，它们相互独立交替工作，如图 7-23、图 7-24 所示。当手机工作在 900M 时，U400 工作，Q400 送来的信号进入 U400 的第 7 脚，在 U400 内放大成规定的功率等级，从第 10～15 脚输出送往天线开关，在发射时刻发送出去。当手机工作在 1800M 时，U300 工作，Q300 送来的信号进入 U300 的第 2 脚，在 U300 内放大成规定的功率等级，从第 10～15 脚输出送往天线开关，在发射时刻发送出去。

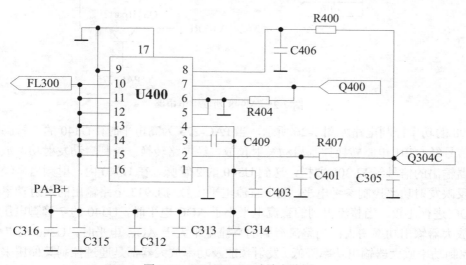

图 7-23　V998 900M 功放电路图

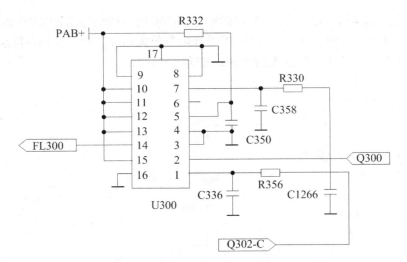

图 7-24   V998 1800M 功放电路

V998 的两个频段功放的供电都是由 Q330 来提供的,如图 7-25 所示。Q331 在 PAC-275 信号的控制下使 Q330 的 4 管脚电位变低,Q330 导通,将送到 Q330 的 1~3 管脚的电池电压经 5~8 管脚给 U300 或 U400 供电。

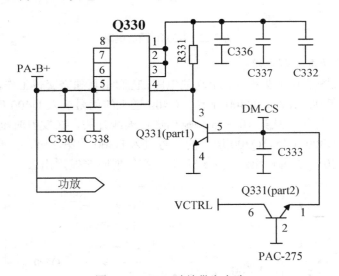

图 7-25   V998 功放供电电路

V998 的功率控制电路如图 7-26 所示,当 PAC-275 为高电平时,U340 的 7 管脚输出高电平。该信号经 Q301 电路转换控制启动发射预放,经电路转换,控制启动发射功率放大器。功率放大器输出的信号经 FL300 取样,送到 U340 的 2 管脚。在 U340 内,射频信号经整流,得到一个反映发射功率控制参考电平,这个直流电平信号与 U913 电路输出的发射功率控制参考电平 AOC 进行比较。当整流得到的直流电平小于 AOC 电平时,U340 的 7 管脚电压上升,控制功率放大器输出功率增大;当整流得到的直流电平大于 AOC 电平时,U340 的 7 管脚电压下降,控制功率放大器输出功率降低。发射预放及功率放大器都是通过控制其偏压来完成功率控制的。

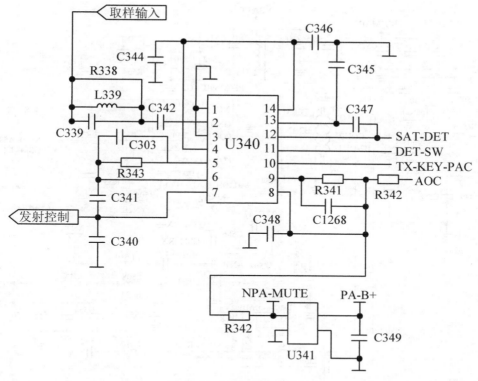

图 7-26 V998 功率控制电路

N3310 功率放大电路如图 7-27 所示。发射时，DCS-TX 信号或 GSM-TX 信号分别进入 N502，经过内部 DCS 或 GSM 功率放大，分别由 N502-3 管脚、6 管脚输出，再经耦合器 L515 送给天线开关 Z502，Z502-4 管脚输出天线发射信号。耦合器 L515 通过耦合作用进行发射信号的取样，得到取样信号经 V503 功率检测后，送给射频 IC-N500 输入，在射频 IC-N500 内部通过与基准功率信号比较，得到功率控制信号，经内部开关控制分成两路由 N500-C5、A5 管脚输出，分别控制 N502 的 GSM 与 DCS 功率放大器，通过控制功率放大器的增益以达到控制发射信号功率大小的目的。N502 是功率放大 IC 的 4、5 管脚为供电管脚，VBATT 供电。经过内部 DCS 或 GSM 功率放大，分别由 N502-3、6 管脚输出，再经耦合器 L515 送给天线开关 Z502 的 10 管脚、8 管脚输入，Z502-4 管脚输出天线发射信号。

5. 发射本振电路

V998 的发射本振电路前面已经讲解过，在此不再复述。

N3310 接收和发射的本振电路采用的是一个电路，由 G500 和集成电路 N500 构成，如图 7-28 所示。G500 管脚作用：第 1 脚为锁相控制信号，第 4 脚为振荡器的供电脚，第 3 脚为本振信号的输出，第 2、5、6、7、8 脚为接地脚。本振信号经阻抗匹配，T502 平衡变换后，送射频 IC-N500 的 J4、J5 管脚输入。在内部通过放大后，本振信号送射频 IC 内部 PLL 电路进行分频鉴相，与 G502 产生的 N500-H1 管脚输入得到的 13MHz 主时钟信号进行相位比较，得到锁相电压。由中央处理器 D300 送来的 SDATA（数据）、SCLK（时钟）、SENA（使能）信号控制 PLL（锁相环）电路，达到使本振电路产生的本振信号跟踪信道的目的。

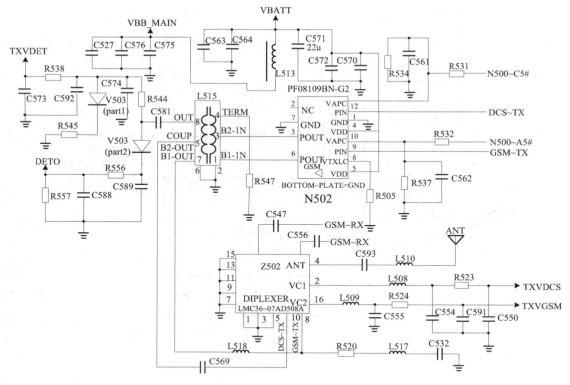

图 7-27   N3310 功率放大电路

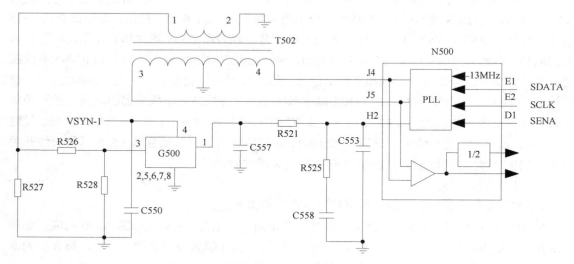

图 7-28   N3310 本振电路

7.2.3   时钟电路

手机的时钟电路主要有主时钟电路和实时时钟电路。主时钟的作用有两个，一个作用是给射频部分提供基准频率，另一个作用是给逻辑电路提供工作时钟。

V998 主时钟电路如图 7-29 所示，其由两部分组成，一部分是由 Y230 及 C236 C238 组成的 26MHz 晶体振荡电路，另一部分是由 CR230 及其外围电路组成的 13MHz 频率调整电路。Y230 晶体振荡电路产生的 26MHz 信号，经 U913 内部二分频送给频率调整电路。U913 的 J9 脚输出的是 CPU 解调出来的控制信号 AFC，调整 13MHz 频率使其和基站保持一致。

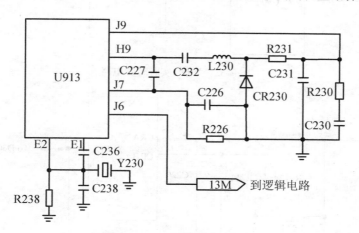

图 7-29 V998 主时钟电路

N3310 主时钟电路如图 7-30 所示。主时钟振荡电路由 G502 晶体振荡器和 N505 构成。G502 的第 2 脚为供电脚，当得到供电产生 26MHz 的时钟信号，第 1 脚为 AFC 控制信号，来自于 CPU，作用是保持手机的基准频率和基站一致。G502 产生的 26MHz 的时钟信号，送入到 N505 芯片的 H1 脚，在芯片内部进行放大和二分频，得到 13MHz 主时钟信号，经由 V502 共发射级放大电路的放大，送至 CPU 等需要时钟信号的芯片和电路。

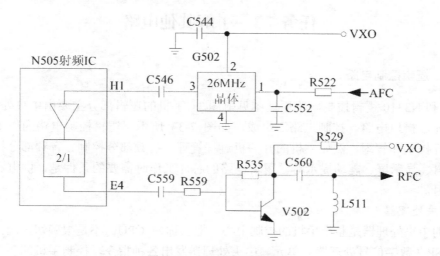

图 7-30 N3310 主时钟电路

手机都有时间显示功能，实时时钟电路的主要作用是提供走时间用的工作时钟，同时在手机处于睡眠状态的时候也给 CPU 提供工作时钟。V998 实时时钟电路如图 7-31 所示，N3310 实时时钟电路如图 7-32 所示。

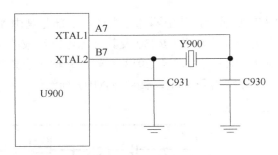

图 7-31　V998 实时时钟电路

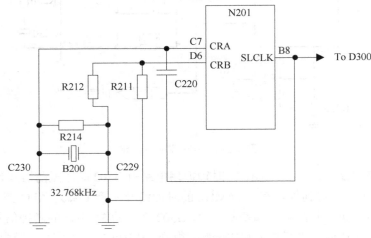

图 7-32　N3310 实时时钟电路

任务 7.3　了解其他电路

7.3.1　逻辑控制电路

V998 和 N3310 逻辑控制电路原理图见附图 3。手机的逻辑部分主要由中央处理器单元、存储器单元、接口电路、控制电路等组成，如图 7-33 所示。逻辑控制电路的作用是对手机的运行进行控制和管理，例如手机的开关机过程管理、射频部分控制、音频部分控制、各种接口、键盘、显示屏、震动提示等。逻辑电路的芯片工作时需要的条件是，供电、时钟信号和复位信号。

1. 中央处理器

手机的中央处理器是整个手机的控制中心，把它称为 CPU，不是很确切，因为其内部还包含有 DSP（数字信号处理器）单元。中央处理器发出各种指令，控制手机的各个单元协调地工作。DSP 单元对数字信号进行处理。

2. 存储器

存储器可以分为很多种类，其中根据掉电数据是否丢失可以分为 RAM（随机存取存储器）和 ROM（只读存储器），其中 RAM 的访问速度比较快，但掉电后数据会丢失，而 ROM 掉电后数据不会丢失。ROM 和 RAM 指的都是半导体存储器，ROM 是 Read Only Memory 的缩写，

RAM 是 Random Access Memory 的缩写。ROM 在系统停止供电的时候仍然可以保持数据，而 RAM 通常都是在掉电之后就丢失数据，典型的 RAM 就是计算机的内存。

图 7-33 手机逻辑电路框图

FLASH 存储器又称闪存，是一种非易失性存储器，它擦写方便，访问速度快。它结合了 ROM 和 RAM 的长处，不仅具备电子可擦除可编程（EEPROM）的性能，还不会断电丢失数据，同时可以快速读取数据。

手机中用到的存储器是 FLASH 存储器和静态随机存储器。FLASH 存储器已经取代了 EPROM 和 EEPROM，用于存储手机的主程序、IMEI、射频参数等，还有用户的存储空间。它以代码的形式存放手机的各种主程序和各种功能程序，即手机的整机系统软件和各种指令程序，如开关机程序、显示程序、通信控制程序、监控程序等。

数据存储器存放手机在运行中的一些临时数据，中央处理器在运行各种程序或进行处理数据时提供一个临时存放的空间，关机后数据存储器中的所有内容全部丢失。

手机工作要求硬件和存储器中的软件必须匹配，中央处理器从存储器中调用指令和读取数据控制手机工作，即使同一款手机，不同的生产批次和出厂日期，硬件上也存在差异，所以对手机进行软件维修时，所写的软件必须同手机的 CPU 型号、存储器型号、主板等一致，否则达不到修复手机的目的。

3. 接口电路

V998 的显示电路如图 7-34 所示，此手机为翻盖手机，J700 为显示接口，通过排线连到显示屏。U700 把显示数据通过总线送往显示屏电路的液晶驱动器，驱动显示屏显示。N3310 显示接口电路如图 7-35 所示。

手机的键盘电路采用行列矩阵键盘扫描方式，如图 7-36、图 7-37 所示。在键盘中按键数量较多时，为了减少端口的占用，通常将按键排列成矩阵形式。在矩阵式键盘中，每条水平线和垂直线在交叉处不直接连通，而是通过一个按键加以连接。这样，8 端口就可以构成 4*4=16 个按键，比直接将端口线用于键盘多出了一倍，而且线数越多，区别越明显，比如再多加一条线就可以构成 20 键的键盘，而直接用端口线则只能多出一键（9 键）。由此可见，在需要的键数比较多时，采用矩阵法来做键盘是合理的。

N3310 的 SIM 卡电路由卡座及 V203、N201、D300 组成，如图 7-38 所示。V203 是保护电路，N201 是接口电路和卡供电电路，V202 和 C218 组成升压电路，D300 是中央处理器，通过 N201 读取和写入 SIM 数据。

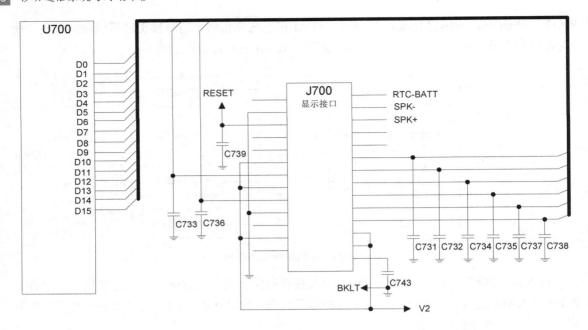

图 7-34 V998 显示电路

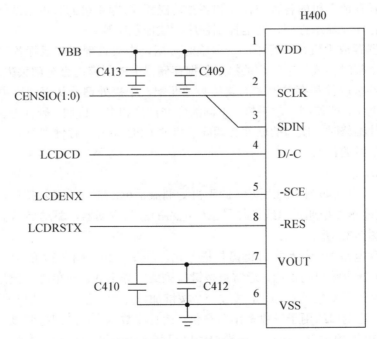

图 7-35 N3310 显示电路

N3310 震动提示电路如图 7-39 所示，来自中央处理器 D300 的振子控制信号，控制 N400 的第 19 脚，从而控制 N400 的 16 脚高低电平。16 脚为低电平时，震子震动，高电平时停止。V998 震动提示电路原理同 N3310 类似，如图 7-40 所示。

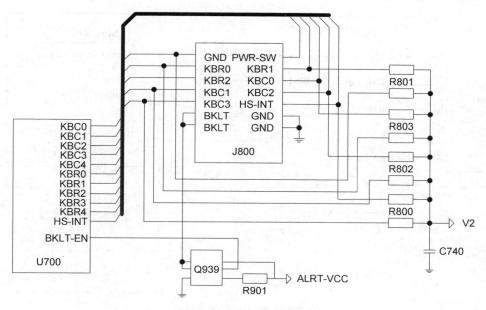

图 7-36　V998 键盘电路

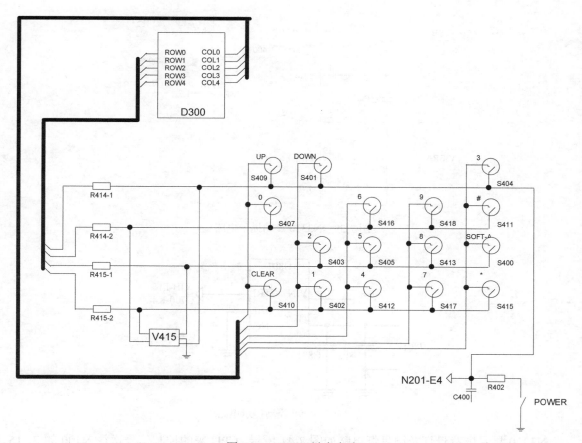

图 7-37　N3310 键盘电路

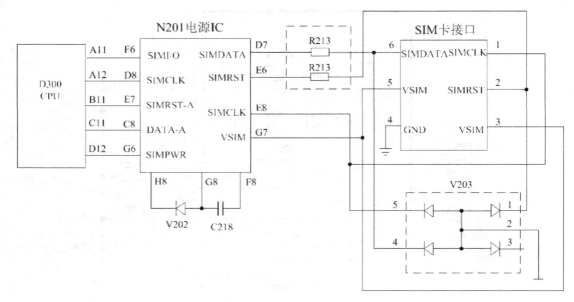

图 7-38　N3310 SIM 卡电路

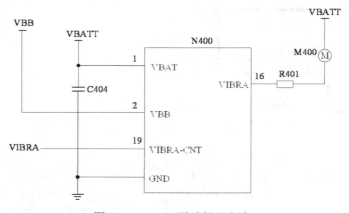

图 7-39　N3310 震动提示电路

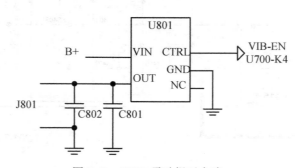

图 7-40　V998 震动提示电路

　　N3310 显示屏背景灯及键盘灯电路如图 7-41 所示，CPU 来的控制信号送往 N400 的 7、15 脚，控制 9、13 脚所接的显示屏背景灯及键盘灯电路的 LED，控制其亮的时间。

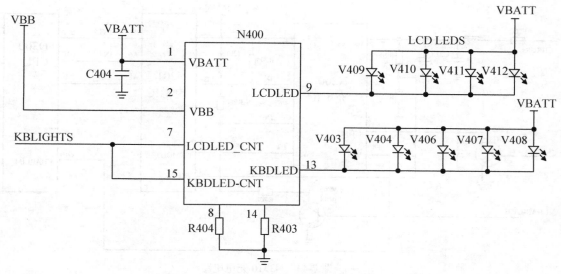

图 7-41　N3310 显示屏背景灯及键盘灯电路

N3310 振铃驱动电路如图 7-42 所示，振铃信号送入 N400 的第 3 脚，放大后由第 6 脚输出驱动振铃发出声音。

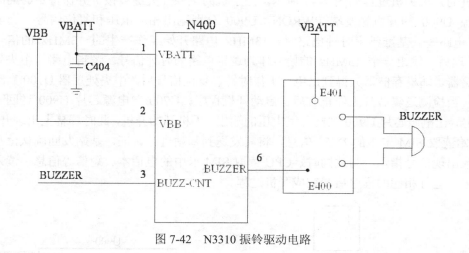

图 7-42　N3310 振铃驱动电路

7.3.2　供电充电电路

供电电路是一个 DC/DC 转换器，作用是把电池电压转换成各个单元电路所需的各种电压。

N3310 充电电路如图 7-43 所示。充电电路由 N200、N201、D300、V205 组成。当插入充电器时，电源 IC-N201 送给中央处理器 D300。中央处理器就得到已接入充电电源的信息，启动运行充电程序。充电电压 CHRGR+ 从 N200 的 A2～A5 管脚输入，经内部开关，N200 的 C6、D6 管脚输出给主电池充电。当 N201 的 B5 脚 PWM 信号为高电平时，充电开关将闭合导通。

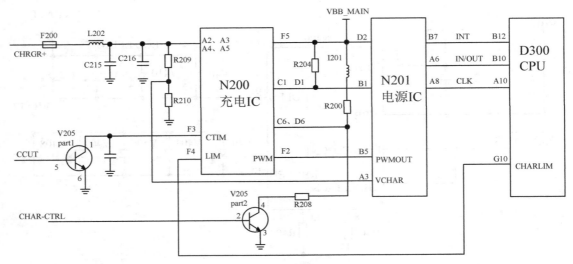

图 7-43　N3310 充电电路

7.3.3　手机的开关机过程

1. 手机的开机过程

手机的开机关机过程如图 7-44 所示。当手机的电源开关键被按下并保持足够的时间时，触发电源 U900 的开机触发端 PWRON，U900 分别输出相应电压和复位信号。当电源供给 13MHz 电路——基准频率时钟电路时，13MHz 电路开始工作产生的 13MHz 的信号经中频 U913 处理后，输出一个 13MHz 的信号作为逻辑电路的时钟信号。逻辑电路（中央处理器、程序存储器、随机存储器）得到供电、工作时钟、复位信号后，中央处理器 U700 启动开机自检程序，当检测逻辑芯片工作正常后，启动开机程序。U700 向电源芯片 U900 送回一个开机维持信号，让电源芯片 U900 维持各组电压的输出，手机开始开机，此时屏幕上出现开机画面，CPU 开始读取 SIM 卡中的 IMSI 信息，将其发送到基站进行认证，基站发回确认信息，手机开始登录出现信号指示。与此同时，CPU 读取 SIM 卡中的电话本、短信等信息，读入到手机的内存中。运行相应的程序后，完成开机过程。

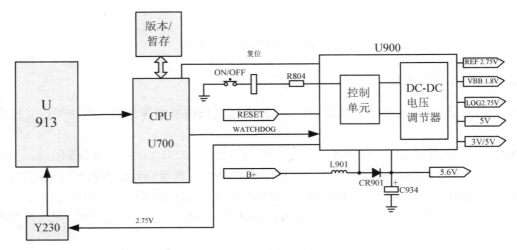

图 7-44　V998 手机开关机过程

2. 手机的关机过程

关机程序是开机流程的相反过程。当按下电源开关键，一个关机触发脉冲触发 U900 的开关机触发端。逻辑电路检测到这个关机信号，CPU 启动关机程序。手机发送关机指令，发往基站通知基站我要关机，等待基站发回确认信息后，手机从网络中注销。CPU 将随机存储器中的信息写入到存储器中，进行保留。完成上述工作后，CPU 开始控制电源芯片 U900 关闭电压调节器，停止输出电源完成关机。

项目小结

1．手机的结构分为射频部分、逻辑部分、供电部分。

2．手机的射频部分由接收通路和发射通路两部分组成；手机的逻辑部分主要由中央处理器单元、存储器单元、接口电路、控制电路等组成；手机的射频电路由接收电路和发射电路两部分组成。

3．手机的接收电路主要由天线切换电路、滤波电路、低噪音放大电路、混频电路、接收本振电路、中频滤波放大电路、中频处理电路、音频处理电路、音频放大电路等组成。

4．手机的发射电路主要由语音信号处理电路、发射本振电路、调制电路、预放电路、功率放大电路、功率控制电路等组成。

5．手机的时钟电路主要有主时钟电路和实时时钟电路。主时钟的作用有两个，一个作用是给射频部分提供基准频率，另一个作用是给逻辑电路提供工作时钟。

习题与思考题

1．试画出手机的射频框图并说明各个部分的作用。

2．试画出手机的逻辑和供电电路的框图并说明各个部分的作用。

3．手机采用超外差式接收电路，试说明超外差接收机的原理。

4．手机的发射电路是否采用多级放大电路？简述多级放大电路的特点。

5．简述锁相环路 PLL 的工作原理。

6．简述手机的开机过程。

7．简述手机的关机过程。

项目八　手机元器件焊接方法及信号测量

本章导读

在对有故障的手机进行维修时，需要维修人员有良好的焊接技能。由于手机上所用的元器件不同于其他家电产品，在对元器件进行更换或重新焊接时，需要用到专用的维修工具。同时，在维修手机中，我们需要对某些信号进行测量，通过将实测波形与图样上的标准波形做比较才能圈定故障。

本章主要介绍手机维修用的焊接工具的使用方法，以及不同封装芯片的拆卸、安装、重焊的方法；用万用表、数字频率计、示波器或频谱分析仪等仪器，主要测量手机中的脉冲供电信号、时钟信号、数据信号、系统控制信号、RXI/Q信号、TXI/Q信号以及部分射频电路的信号等。

本章要点

- 电阻、电容、三极管等小元件的焊接
- QFP、SOP等集成电路的拆卸焊接
- BGA集成电路的拆卸焊接
- 常见手机信号测量
- 射频性能测试

任务 8.1　认识手机维修用焊接工具

拆装电阻、电容、三极管等小元件时，一般使用调温烙铁或热风枪，下面简单介绍下恒温烙铁和热风枪的使用方法及注意事项。

8.1.1　恒温烙铁

恒温烙铁（936型）有防静电的（一般为黑色）的，也有不防静电（一般为白色）的，一般选用防静电恒温电烙铁，如图8-1所示。这种烙铁采用断续加热，比一般烙铁省电，且升温速度快，烙铁头温度恒定，在焊接过程中焊锡不易氧化，可提高焊接质量。烙铁头也不会产生过热现象，使用寿命较长。

1. 使用方法

（1）将电烙铁电源插头插入电源插座，打开电烙铁电源开关。

（2）将电烙铁的温度开关分别调节在200度、250度、300度、350度、400度、450度，加热指示灯闪烁。待加热指示灯不闪烁时即达到设定温度，用烙铁去触及松香和焊锡，观察电烙铁的温度情况。

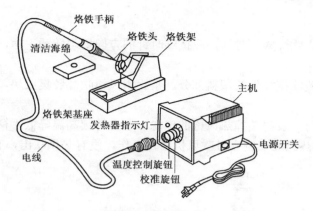

图 8-1　恒温电烙铁

（3）使用完毕，关上电烙铁的电源开关，并拔下电源插头。

2. 注意事项

（1）应使防静电恒温烙铁可靠接地，防止工具上的静电损坏手机上的精密元器件。

（2）根据焊接工作的不同，应及时调整适合温度，温度不能过高也不宜过低。一般在设定烙铁头的温度时，要求在焊锡熔点温度的基础上增加 100℃左右。恒温烙铁前面板的温度开关有两组刻度，一组为摄氏度，一组为华氏温度。

（3）应准备一块浸水海绵，及时清理烙铁头，并定时给烙铁上锡，防止损坏烙铁头。

（4）长时间不用烙铁时应当关闭电源或将温度旋钮调至最低，防止长时间空烧损坏烙铁头。

8.1.2　热风枪

热风枪是用来拆卸集成芯片和贴片元件的专用工具，热风枪的热风筒内装有电热丝，软管连接热风筒和热风台内置的吹风电动机。按下热风台前面板上的电源开关，电热丝和吹风机同时工作，电热丝被加热，吹风机压缩空气，通过软管从热风筒前端吹出来。

1. 使用方法

（1）打开热风枪电源开关。

（2）在热风枪喷头前 10cm 处放置一纸条，调节热风枪的风速开关（AIR），当热风枪的风速在 1 至 8 挡变化时，观察热风枪的风力情况。

（3）在热风枪喷头前 10cm 处放置一纸条，调节热风枪的温度开关（HEATER），当热风枪的温度在 1 至 8 挡变化时，观察热风枪的温度情况。

（4）使用完毕后，将热风枪电源开关关闭，此时热风枪将向外继续喷气，当喷气结束后再将热风枪的电源插头拔下。

2. 注意事项

（1）应使热风枪可靠接地。尤其有些金属氧化物互补型半导体（CMOS）对静电或高压特别敏感而易受损，在拆卸这类元件时，必须放在防静电的台子上。抑制静电最有效的办法是维修人员戴上防静电手环和手套，不要穿尼龙衣服等易带静电的服装。

（2）根据具体情况，选择温度开关和风量开关的位置，避免温度过高损坏元件或风量过大吹丢小元件。

（3）使用热风枪吹焊 SOP、QFP 和 BOG 封装的片状元件时，初学者可以在被焊元件四周贴上条形纸带。

（4）不要对一点吹焊太长时间，应按顺时针的方向均匀转动手柄，防止加热不均导致元件鼓裂。

（5）禁止用风枪吹接插件的塑料部分。禁止用风枪吹灌胶集成块，应当先除胶，以免损坏集成块或板线。

（6）吹焊完毕时，及时关掉热风枪的电源，避免持续高温降低手柄使用寿命。有种热风枪如图 8-2 所示，其热风筒在倒立时吹风机停止工作，没有热风吹出，有利于延长使用寿命。

图 8-2　热风枪

任务 8.2　电阻、电容、三极管等小元件的焊接

8.2.1　焊接前的准备

拆卸小元件前要准备好以下工具：

热风枪：用于拆卸和焊接小元件。

电烙铁：用以焊接或补焊小元件。

镊子：拆卸时将小元件夹住，焊锡熔化后将小元件取下，焊接时用于固定小元件。

带灯放大镜：便于观察小元件的位置。

手机维修平台：用以固定线路板，维修平台应可靠接地。

防静电手腕：戴在手上，用以防止人身上的静电损坏手机元器件。

小刷子、吹气球：用以将小元件周围的杂质吹跑。

助焊剂：将助焊剂加入小元件周围便于拆卸和焊接。可选用焊油或松香水（酒精和松香的混合液），要求腐蚀性小、无残渣、免清洗。

无水酒精或天那水：用以清洁线路板。

焊锡：焊接时使用，可选用直径 0.5～0.8mm 的活性焊锡丝，也可以使用焊锡浆。

8.2.2　小元件的拆卸

（1）在用热风枪拆卸小元件之前，一定要将手机线路板上的备用电池拆下（特别是备用电池离所拆元件较近时），否则，备用电池很容易受热爆炸，造成危险。

（2）将线路板固定在手机维修平台上，打开带灯放大镜，仔细观察欲拆卸的小元件的位置。

（3）用小刷子将小元件周围的杂质清理干净，往小元件上加注少许松香水或松香。

（4）安装好热风枪的细嘴喷头，打开热风枪电源开关，调节热风枪温度开关在 2 至 3 挡（280℃～300℃，对于无铅焊锡温度调到 310℃～320℃），风速开关在 1 至 2 挡。右手用镊子夹住小元件，左手拿稳热风枪手柄，使喷头与欲拆卸的小元件保持垂直，距离为 2～3cm，沿小元件上均匀加热，喷头不可触小元件。

（5）待小元件周围焊锡熔化后将小元件取下。

8.2.3　小元件的焊接

1. 用风枪进行焊接

（1）用镊子夹住欲焊接的小元件放置到焊接的位置，注意要放正，不可偏离焊点。若焊点上焊锡不足，可用电烙铁在焊点上加注少许焊锡。

（2）打开热风枪电源开关，调节热风枪温度开关在 2 至 3 挡，风速开关在 1 至 2 挡。使热风枪的喷头与欲焊接的小元件保持垂直，距离为 2～3cm，沿小元件上均匀加热。待小元件周围焊锡熔化后移走热风枪喷头。

（3）焊锡冷却后移走镊子，用无水酒精将小元件周围的松香清理干净。

2. 用烙铁进行焊接

（1）将恒温烙铁与手机维修平台可靠接地，将手机固定在手机维修平台上，打开带灯放大镜，仔细观察欲安装或补焊的小元件的位置。

（2）打开恒温烙铁开关，将温度调到 350℃～370℃。

（3）在焊盘上涂敷助焊剂，可在基板上点一滴不干胶，用镊子将元件粘放在预定的位置上。若焊点上焊锡不足，应先镀锡，先将烙铁尖接触待镀锡处 1s，然后再放焊料，焊锡融化后立即撤回烙铁。

（4）擦拭烙铁尖，保持烙铁头清洁。先焊接元件的一脚，焊接时间要短，一般不超过 2s，看到焊锡开始融化就立即抬起烙铁头，焊接过程中烙铁头不要碰到其他元件。然后再去焊接其他引脚。安装钽电解电容时，要先焊接正极，后焊接负极，以免电容器损坏，如图 8-3 所示。

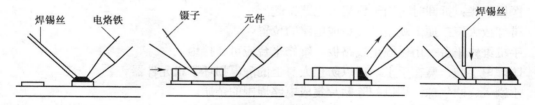

图 8-3　焊接两端贴片元件

（5）焊接完成后，用无水酒精将小元件周围的松香清理干净。用带灯放大镜仔细检查焊点是否牢固、有无虚焊现象。

用烙铁也可以对只有两个引脚的贴片元件进行拆卸，常采用轮流加热法，或用两把烙铁直接将元件抬下，如图 8-4 所示。

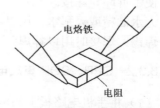

图 8-4　用两把烙铁拆焊两端元件

任务 8.3　QFP、SOP 等集成电路的拆卸焊接方法

SOP 封装的集成电路一般是些小规模集成电路，引脚数目比较少，在 8～40 之间，引脚间距一般有 1.27mm、1.0mm、0.8mm、0.5mm 几种，在手机中码片、版本、字库、频率合成器、功放等集成电路常采用这种封装，如图 8-5（a）所示。

QFP 封装的集成电路四边都有引脚，一般是些大规模的集成电路，引脚数最少 28 脚，最多可达到 300 脚以上，引脚间距最小是 0.4mm，手机中的中频模块、数据处理器、音频模块、电源模块等都采用这种封装形式，如图 8-5（b）所示。

（a）SOP 封装集成电路　　　　　　　（b）QFP 封装集成电路

图 8-5　SOP、QFP 封装集成电路

QFP、SOP 封装集成电路的拆卸一般用热风枪，焊接可以用热风枪也可以用恒温烙铁。和手机中的一些小元件相比，这些贴片集成电路由于相对较大，拆卸和焊接时可将热风枪的风速和温度调得高一些。

8.3.1　焊接前的准备

热风枪：用于拆卸和焊接贴片集成电路。

电烙铁：用以补焊贴片集成电路虚焊的管脚和清理余锡。

镊子：焊接时便于将贴片集成电路固定。

医用针头：拆卸时可用于将集成电路掀起。

带灯放大镜：便于观察贴片集成电路的位置。

手机维修平台：用以固定线路板。维修平台应可靠接地。

防静电手腕：戴在手上，用以防止人身上的静电损坏手机元件器。

小刷子、吹气球：用以扫除贴片集成电路周围的杂质。

助焊剂：可用焊油或松香水（酒精和松香的混合液）将助焊剂加入贴片集成电路管脚周围，便于拆卸和焊接。

无水酒精或天那水：用以清洁线路板。

焊锡：焊接时用以补焊。

8.3.2　QFP、SOP 集成电路的拆卸

（1）将手机电路板上的电池拆下。

（2）将线路板固定在手机维修平台上，用带灯放大镜，仔细观察欲拆卸集成电路的位置和方位，并做好记录，以便焊接时恢复。

（3）用刷子将贴片集成电路周围的杂质清理干净，在贴片集成电路管脚周围加注少许松香水。

（4）调好热风枪的温度和风速。温度开关一般调至 3 到 5 挡，风速开关调至 2 到 3 挡。用单喷头拆卸时，应注意使喷头和所拆集成电路保持垂直，距离 1～2mm，并沿集成电路周围管脚慢速旋转，均匀加热，喷头不可触及集成电路及周围的外围元件，吹焊的位置要准确，且不可吹跑集成电路周围的外围小件。一次不要连续吹热风超过 20s，同一位置使用热风不要超过 3 次。

（5）待集成电路的管脚焊锡全部熔化后，用医用针头或手指钳将集成电路掀起或镊走，且不可用力，否则，极易损坏集成电路焊盘的锡箔。

8.3.3 QFP、SOP 集成电路的焊接

（1）将焊接点用烙铁整理平整，必要时，对焊锡较少焊点应进行补锡，然后，用酒精清洁干净焊点周围的杂质。

（2）将更换的集成电路和电路板上的焊接位置对好，用带灯放大镜进行反复调整，使之完全对正。

（3）先用电烙铁焊好集成电路的三脚，如图 8-6（a）所示，将集成电路准确固定，用热风枪吹焊四周或用恒温烙铁逐脚焊牢，如图 8-6（b）所示。焊接时如果引脚之间发生焊锡粘连现象，如图 8-6（c）所示，可用烙铁尖轻轻沿引脚向外刮抹除去粘连，如图 8-6（d）所示。焊好后应注意冷却，不可立即去动集成电路，以免其发生位移。

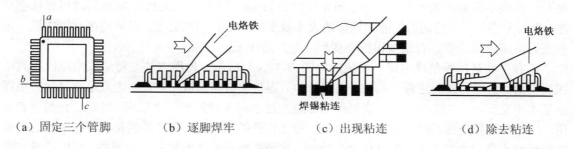

（a）固定三个管脚   （b）逐脚焊牢   （c）出现粘连   （d）除去粘连

图 8-6 QFP 芯片的焊接

（4）冷却后，用带灯放大镜检查集成电路的管脚有无虚焊，若有，应用恒温烙铁进行补焊，直至全部正常为止。

（5）用无水酒精将集成电路周围的助焊剂清理干净。

任务 8.4 BGA 集成电路的拆卸焊接

BGA 封装的集成电路在手机中一般起到核心元器件的作用，手机大多数故障与它们有关。但集成电路真正损坏的极少，绝大多数是集成电路与电路板的连接被损坏，如虚焊或开焊。BGA 封装的芯片均采用精密的光学贴片仪器进行安装，误差只有 0.01mm，而在实际的维修工作中，大部分维修者并没有贴片机之类的设备，只能使用热风枪和烙铁进行焊接安装，因此除具备熟练使用热风枪、BGA 置锡工具之外，还必须掌握一定的技巧和正确的拆焊方法。

8.4.1　焊接前的准备

热风枪：用于拆卸和焊接 BGA 芯片。

电烙铁：用以清理 BGA 芯片及线路板上的余锡。

镊子：用于夹持 BGA 芯片。

医用针头：拆卸时用于将 BGA 芯片掀起。

带灯放大镜：便于观察 BGA 芯片的位置。

手机维修平台：用以固定线路板。维修平台应可靠接地。

防静电手腕：戴在手上，用以防止人身上的静电损坏手机元器件。

小刷子、吹气球：用以扫除 BGA 芯片周围的杂质。

助焊剂：建议选用盒装膏状的助焊剂，如图 8-7（a）所示，不仅助焊效果极好，对集成电路和 PCB 没有腐蚀性，而且由于其沸点仅稍高于焊锡的熔点，在焊接时焊锡熔化不久便开始吸热汽化，可使集成电路和 PCB 的温度保持在这个温度。也可选用松香水之类的助焊剂。

无水酒精或天那水：用以清洁线路板。用天那水（又名香蕉水）最好，天那水对松香助焊剂等有极好的溶解性，使用时要保持良好通风。

焊锡：焊接时用以补焊。

植锡板：用于 BGA 芯片植锡。有的植锡板把所有型号的 BGA 集成电路都集中在一块大的连体植锡板上，如图 8-7（b）所示。使用时将锡浆涂抹到集成电路上后，就把植锡板压好，然后再用热风枪吹成球。这种方法的优点是操作简单、成球快，缺点：一是锡浆不能太稀；二是对于有些不容易上锡的集成电路，例如软封的 Flash 或去胶后的 CPU，吹球的时候锡球会乱滚，极难上锡，一次植锡后不能对锡球的大小及空缺点进行二次处理；三是植锡时植锡板一定要压好再用热风枪吹，否则植锡板会变形隆起，造成无法植锡。

还有一种是每种集成电路一块板，如图 8-7（c）所示，使用方法是将集成电路固定到植锡板下面，刮好锡浆后连板一起吹，成球冷却后再将集成电路取下。它的优点是热风吹时植锡板基本不变形，一次植锡后若有缺脚或锡球过大过小现象可进行二次处理，特别适合初学者使用。注意在选择植锡板时，应选用喇叭型、激光打孔的植锡板，要注意的是，现在市售的很多植锡板都不是激光加工的，而是化学腐蚀的，这种植锡板除孔壁粗糙不规则外，其网孔没有喇叭型或出现双面喇叭型，在植锡时十分困难，成功率很低。

锡浆：用于植锡，要求锡浆颗粒细腻均匀，稍干较好。锡浆也可自制，把熔点较低的普通焊锡丝用热风枪熔化成块，再用细砂轮磨成粉末状，然后用适量助焊剂搅拌均匀即可。

锡浆刮刀：如图 8-7（d）所示，用于刮除锡浆。一般的植锡套装工具都配有钢片刮刀或胶条。

（a）助焊剂　　　　（b）连体植锡板　　　　（c）独立植锡板　　　　（d）刮刀

图 8-7　拆装工具

8.4.2　BGA 芯片的拆卸

（1）对 BGA 芯片进行定位。在拆卸 BGA 芯片之前，一定要搞清 BGA 芯片的具体位置，以方便焊接安装。在一些手机的线路板上，一般事先印有 BGA 芯片的定位框。如果没有，我们可以采用画线定位法：拆下集成电路之前用笔或针头在 BGA 集成电路的周围画好线，记住方向，做好记号，为重焊做准备。这种方法的优点是准确方便，缺点是用笔画线容易被清洗掉，用针头画线如果力度掌握不好，容易伤及线路板。

还可以使用贴纸定位法：拆下 BGA 芯片之前，先沿着集成电路的四边用标签纸在电路板上贴好，纸的边缘与 BGA 芯片的边缘对齐，用镊子压实粘牢。这样，拆下 BGA 芯片后，电路板上就留有标签纸贴好的定位框。重装 BGA 芯片时，只要对着几张标签纸中的空位将 BGA 芯片放回即可，要注意选用质量较好粘性较强的标签纸来贴，这样在吹焊过程中不易脱落。

（2）在芯片四周放适量助焊剂，既可防止干吹，又可帮助芯片底下的焊点均匀熔化，不会伤害旁边的元器件。

（3）使用大嘴喷头，将热量开关一般调至 3 到 4 挡，风速开关调至 2 到 3 挡，在芯片上方约 2.5cm 处做螺旋状吹，直到芯片底下的锡珠完全熔解，可用镊子轻轻托起整个芯片。

注意：一是在拆卸 BGA 集成电路时，要注意观察是否会影响到周边的元件，如摩托罗拉 L2000 手机，在拆卸字库时，必须将 SIM 卡座连接器拆下，否则，很容易将其吹坏。二是摩托罗拉 T2688、三星 A188、爱立信 T28 的功放及很多软封装的字库，这些 BGA 芯片耐高温能力差，吹焊时温度不易过高（应控制在 200 度以下），否则，很容易将它们吹坏。

8.4.3　BGA 芯片的安装

（1）使用烙铁将电路板上多余的焊锡去除，并且可适当上锡使线路板的每个焊脚都光滑圆润（不能用吸锡线将焊点吸平）。然后再用天那水将芯片和主板上的助焊剂洗干净。注意不要刮掉焊盘上面的绿漆和焊盘。

（2）植锡操作。用电烙铁将芯片上的过大焊锡去除（注意最好不要使用吸锡线去吸，因为对于那些软封装的集成电路例如摩托罗拉的字库，如果用吸锡线去吸的话，会造成集成电路的焊脚缩进褐色的软皮里面，造成上锡困难），然后用天那水洗净。

将 BGA 芯片可靠固定。将集成电路对准植锡板的孔后（如果使用的是一边孔大一边孔小的植锡板，大孔一边应该与集成电路紧贴），用标签贴纸将芯片与植锡板贴牢。

往芯片上刮锡浆。如果锡浆太稀，吹焊时就容易沸腾导致成球困难，因此锡浆越干越好，只要不是干得发硬成块即可。如果太稀，可用餐巾纸压一压吸干一点。可挑一些锡浆放在锡浆瓶的内盖上，让它自然晾干。用刮刀挑适量锡浆到植锡板上，用力往下刮，边刮边压，使锡浆均匀地填充于植锡板的小孔中。注意一下芯片四角的小孔。上锡浆时的关键在于要压紧植锡板，如果不压紧使植锡板与集成电路之间存在空隙的话，空隙中的锡浆将会影响锡球的生成。

吹焊成球。使用大嘴喷头，将风量调至最小，将温度调至 330～340 度，即 3 至 4 挡位。摇摆风嘴对着植锡板缓缓均匀加热，使锡浆慢慢熔化。当看见植锡板的个别小孔中已有锡球生成时，说明温度已经到位，这时应当抬高热风枪的风嘴，避免温度继续上升。过高的温度会使锡浆剧烈沸腾，造成植锡失败；严重的还会使集成电路过热损坏。如果吹焊成球后，发现有些锡球大小不均匀，甚至有个别脚没植上锡，可先用裁纸刀沿着植锡板的表面将过大锡球的露出部分削平，再用刮刀将锡球过小和缺脚的小孔中上满锡浆，然后用热风枪再吹一次即可。如果锡球大小还不均匀的话，可重复上述操作直至理想状态。重植时，必须将置锡板清洗干净、擦干。

将 BGA 芯片有焊脚的那一面涂上适量助焊剂，用热风枪轻轻吹一吹，使助焊剂均匀分布于集成电路的表面，为焊接作准备。

（3）定位 BGA 芯片。将植好锡球的 BGA 芯片按拆卸前的定位位置放到线路板上，同时，用手或镊子将集成电路前后左右移动并轻轻加压。因焊盘和芯片两边的焊脚都是圆的，移动芯片时有种起伏的感觉，当移动到最高点时就对准了。对准后，涂在芯片的脚上的一点助焊剂有粘性，芯片不会移动。

（4）对 BGA 芯片进行焊接。和植锡球时一样，使用大嘴喷头，调节至合适的风量和温度，让风嘴的中央对准集成电路的中央位置，缓慢加热。当看到集成电路往下一沉且四周有助焊剂溢出时，说明锡球已和线路板上的焊点熔合在一起。这时可以轻轻晃动热风枪使加热均匀充分，由于表面张力的作用，BGA 芯片与线路板的焊点之间会自动对准定位。在加热过程中切勿用力按 BGA 芯片，否则会使焊锡外溢，极易造成脱脚和短路。焊接完成后用天那水将板洗干净即可。

任务 8.5　常见手机信号测量

8.5.1　控制信号的测量

1. 常见射频控制信号的测量

（1）接收使能 RXON、发射使能 TXON 信号

RXON 是接收机启动信号，TXON 是发射机启动信号，如果这两个信号测不出来，说明手机的软件或 CPU 有问题；如果可以测出这两个信号，则说明手机的收/发信机有问题。

测量 RXON、TXON 信号需要使用数字存储示波器，测试时要拨打"112"以启动接收和发射电路。测得 TXON 波形如图 8-8 所示。

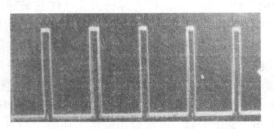

图 8-8　TXON 信号波形

（2）发射压控振荡器（TXVCO）控制信号

如果手机出现不入网、无发射故障时，经常测量发射 VCO 的控制信号，以圈定故障范围。TXVCO 控制信号为一脉冲信号，在发射变频电路中，TXVCO 输出的信号一路到功率放大电路，另一路与 RXVCO 信号进行混频，得到发射参考中频信号；发射已调中频信号与发射参考中频信号在发射变换模块的鉴相器中进行比较，再经一个泵电路（一个双端输入、单端输出的转换电路），输出一个包含发送数据的脉动直流控制电压信号，去控制 TXVCO 电路，形成一个闭环回路，这样，由 TXVCO 电路输出的最终发射信号就十分稳定，如图 8-9 所示。

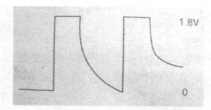

图 8-9　TXVCO 控制信号

（3）频率合成器数据 SYNDAT、时钟 SYNCLK 和使能 SYNEN 信号

CPU 通过"三总线"（即 CPU 输出的频率合成器数据 SYNDAT、时钟 SYNCLK 和使能 SYNEN 信号）对锁相环发出改变频率的指令，在这三条线的控制下，锁相环输出的控制电压就会改变，用这个已变大或变小了的电压去控制压控振荡器的变容二极管，就可以改变压控振荡器输出的频率。正常的波形如图 8-10 所示。

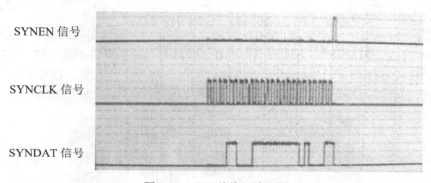

图 8-10　"三总线"波形图

2. 常用逻辑控制信号的测量

在逻辑电路中，与 CPU 联系最密切的是各种存储器，CPU 与各存储器之间通过数据总线、地址总线和控制总线相连接。CPU 在存储器的支持下，完成系统控制和数据处理，对存储器的主要控制信号有：CE 或 CS（片选）、OE 或 DE（读允许）、WE（写允许）、RST 复位等。

（1）复位信号

复位信号在手机中常用 RESET、RST、PURX 等来表示，它是手机开机的必要条件之一，是一个电平信号，如图 8-11 所示。

图 8-11　电源复位信号

（2）写允许信号、读允许信号

CPU 对存储器的读/写控制信号如图 8-12 所示。

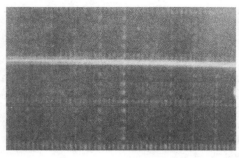 

（a）写允许信号　　　　　　　　　　　　　（b）读允许信号

图 8-12　读写控制信号

8.5.2　时钟信号的测量

1. 13MHz 时钟信号

手机基准时钟振荡电路产生的 13MHz 时钟，一方面为手机逻辑电路提供了必要条件，另一方面为频率合成电路提供基准时钟。无 13MHz 基准时钟，手机将不能开机，13MHz 基准时钟偏离正常值，手机将不能入网，因此，维修时测试该信号十分重要。13MHz 基准时钟信号在手机开机后或者开机触发时瞬间就能测到，波形为正弦波，如图 8-13 所示。

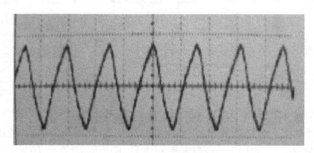

图 8-13　13MHz 信号波形

2. 32.768kHz 时钟信号波形

32.768kHz 时钟信号作为系统的实时时钟信号，提供给时钟、蓝牙、红外传输、摄像头等电路使用。如果无此时钟信号则手机出现无时间显示、入网难、不开机和待机不正常等故障。此信号可用示波器或频率计来测量，波形也为正弦波。

8.5.3　低频信号的测量

1. I/Q 信号的测量

维修不入网故障时，通过测量接收机解调电路输出的接收 RXIQ 信号，可快速判断出是射频接电路故障还是基带单元有故障。信号用示波器可方便地测量，所需的接收信号是在脉冲波的顶部。若能看到该信号，则解调电路之前的电路基本没问题。

发射调制信号一般有 4 个，也就是常说的 TXI/Q 信号，它是发射电路基带部分对信号进行处理后，需要发射的信号。

使用普通的摸拟示波器测量 TXI/Q 信号时，将示波器的时基开关旋转到最长时间/格，拨打"112"，如果能打通"112"，这时候就可以看到一个光点从左到右移动，如果不能打通"112"，瞬间会看到波形一闪。波形如图 8-14 所示。

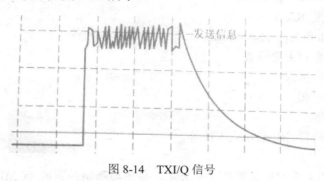

图 8-14   TXI/Q 信号

2. 语音信号的测量

（1）受话器两端的信号

手机在受话时，用示波器可以方便地在受话器两端测到音频波形，如图 8-15 所示。

图 8-15   受话器两端信号波形

（2）脉宽调制信号（PWM）

手机中脉宽调制信号不多，脉宽调制信号的特点是，波形一般为矩形波，脉宽占空比不同，经外电路滤波的电压也不同，此信号也能方便地用示波器测量，如图 8-16 所示。

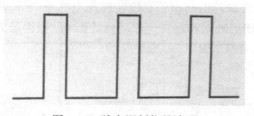

图 8-16   脉宽调制信号波形

任务 8.6   射频性能测试

8.6.1   射频性能参数

1. 手机的射频性能参数

（1）发射功率等级 TX power level

（2）频率误差 Frequency FER

（3）相位误差 Phase PER

（4）射频频谱 RF Spectrum

（5）开关谱 Switch Spectrum

（6）接收灵敏度 RX Sensitivity

（7）调制谱 Modulation Spectrum

2．测试系统需要的主要设备

（1）手机综合测试仪

（2）通信专用电源

（3）手机夹具等

（4）测试开发软件 labview 或 VB 等

3．测试过程

实际测量系统的工作过程是首先手机开机，寻找与基站控制器（CMU）之间的频率同步；然后对 PS（电源）与 CMU 进行初始化；初始化正确完成后在移动业务交换中心（MSC）上注册手机串号（IMSI）；建立移动台（MS）对基站（BS）的呼叫；当呼叫成功时，开始测量手机 GSM900 参数；首先测量信道 1 三个功率等级（Lv5，Lv10，Lv15）的发射功率；若符合标准，进入信道 1 的频率误差（FER）与相位误差（PER）测量；按同样的步骤测量信道 62、123 的发射功率、FER 与 PER；测量 GSM900 的 Modulation Spectrum（调制谱）、Switch Spectrum（开关谱）；从 GSM900 切换到 DCS1800；测量信道 512、698、885 的发射功率、FER、PER、Modulation Spectrum 和 Switch Spectrum；在测量过程中如果任何参数不符合标准，立即显示错误 FAIL 并生成报告退出，全部测试完毕显示 PASS 并生成报告退出。

程序处理的主要部分包括"获取测试设备""初始化 CMU""建立呼叫""取得信令状态，直到 CMU 与手机同步""执行测试项""结束呼叫"。获取测试设备时对 GSM900 和 DCS1800 分别分配设备句柄（设定 GPIB 地址），以便完成两种标准下的测试。CMU 在完成初始化之后，呼叫移动台并建立连接后即可执行测试。

在执行测试部分以发射功率为例说明其处理过程。发射功率（发射机载频峰值功率）是发射机载频功率在一个突发脉冲的有用信息比特时间上的平均值，其大小直接关系到手机信号传输距离的远近、电源的使用时间和对其他移动台的影响。根据最大功率将移动台分为若干功率级别，相邻功率级之间相差 2dB。

8.6.2　射频综合测试

1．频率误差和相位误差的测量

（1）测试条件

①将综测仪设置为 GSM 工作模式；

②手机中插入 GSM 测试卡。

（2）测试步骤

①手机和综测仪建立一个分组通信（TCH 设置为 1，功率控制等级设置为 5）；

②综合测试仪指示手机以最多的时隙发射，测量发射信号的频率误差和相位误差；

③将功率等级分别设置为 10、15、19，重复步骤②的测试；

④将 TCH 分别设置为 62、124，重复步骤②、③的测试；

⑤将手机切换到 DCS 频段，TCH 设置为 513，功率控制等级设置为 0；

⑥综合测试仪指示手机以最多的时隙发射，测量发射信号的频率误差和相位误差。

⑦将功率等级分别设置为 5、10、15，重复步骤⑥的测试；

⑧将 TCH 分别设置为 698、885，重复步骤⑥、⑦的测试。

（3）测试说明

需根据手机支持的 Class 等级，配置相应的工作时隙。

2．发射功率和脉冲包络定时测量

（1）初始测试条件

①将综合测试仪设置为 GSM 工作模式；

②手机中插入 GSM 测试卡。

（2）测试步骤

①手机和综合测试仪建立一个分组通信（TCH 设置为 1，功率控制等级设置为 5）；

②综合测试仪指示手机以最多的时隙发射，测量发射信号功率和脉冲包络定时；

③将功率等级分别设置为 10、15、19，重复步骤②的测试；

④将 TCH 分别设置为 62、124，重复步骤②、③的测试；

⑤将手机切换到 DCS 频段，TCH 设置为 513，功率控制等级设置为 0；

⑥综测仪指示手机以最多的时隙发射，测量发射信号的发射功率和脉冲包络定时。

⑦将功率等级分别设置为 5、10、15，重复步骤⑥的测试；

⑧将 TCH 分别设置为 698、885，重复步骤⑥、⑦的测试。

（3）测试说明

需根据手机支持的 Class 等级，配置相应的工作时隙。

3．发射输出频谱测试

（1）初始测试条件

①将综合测试仪设置为 GSM 工作模式；

②手机中插入 GSM 测试卡。

（2）测试步骤

①手机和综测仪建立一个分组通信（TCH 设置为 1，功率控制等级设置为 5）；

②综合测试仪指示手机以最多的时隙发射，测量发射信号的调制谱和开关谱；

③将功率等级分别设置为 10、15、19，重复步骤②的测试；

④将 TCH 分别设置为 62、124，重复步骤②、③的测试；

⑤将手机切换到 DCS 频段，TCH 设置为 512，功率控制等级设置为 0；

⑥综合测试仪指示手机以最多的时隙发射，测量发射信号的调制谱和开关谱；

⑦将功率等级分别设置为 5、10、15，重复步骤⑥的测试；

⑧将 TCH 分别设置为 698、885，重复步骤⑥、⑦的测试。

（3）测试说明

需根据手机支持的 Class 等级，配置相应的工作时隙。

4．多隙接收能力测试

（1）初始测试条件

①将综合测试仪设置为 GSM 工作模式；

②手机中插入 GSM 测试卡。

（2）测试步骤

①TE 在静态传播条件下发送分组数据包，在所有分配时隙上使用 MS 支持的最高速率的编码方式编码（CS-4/3/2/1），电平设置为所需的电平。在没有分配给 MS 的时隙上，电平设置

为所需电平加 20dB;

　　②手机和综测仪建立一个分组通信,功率控制等级设置为最大;

　　③综合测试仪指示手机进行 BLER 测试;

　　④将手机切换达到 DCS 频段,重复上述测试。

　　⑤将编码方式分别设置为 CS1~CS4,重复上述测试。

　　(3)测试说明

　　测试需在屏蔽房中进行。

项目小结

　　1. 拆装电阻、电容、三极管等小元件时,一般使用调温烙铁或热风枪,恒温烙铁(936型)有防静电的(一般为黑色)的,也有不防静电(一般为白色)的,一般选用防静电恒温电烙铁,这种烙铁采用断续加热,比一般烙铁省电,且升温速度快,烙铁头温度恒定,在焊接过程中焊锡不易氧化,提高焊接质量。烙铁头也不会产生过热现象,使用寿命较长。

　　2. 热风枪是用来拆卸集成芯片和贴片元件的专用工具,热风枪的热风筒内装有电热丝,软管连接热风筒和热风台内置的吹风电动机。按下热风台前面板上的电源开关,电热丝和吹风机同时工作,电热丝被加热,吹风机压缩空气,通过软管从热风筒前端吹出来。

　　3. 拆卸小元件前要准备好以下工具:热风枪、电烙铁、镊子、带灯放大镜、手机维修平台、防静电手环、小刷子、吹气球、助焊剂、无水酒精或天那水、焊锡。

　　4. 在逻辑电路中,与 CPU 联系最密切的是各种存储器,CPU 与各存储器之间通过数据总线、地址总线和控制总线相连接。CPU 在存储器的支持下,完成系统控制和数据处理,对存储器的主要控制信号有:CE 或 CS(片选)、OE 或 DE(读允许)、WE(写允许)、RST 复位等。

　　5. 手机基准时钟振荡电路产生的 13MHz 时钟,一方面为手机逻辑电路提供了必要条件,另一方面为频率合成电路提供基准时钟。无 13MHz 基准时钟,手机将不能开机,13MHz 基准时钟偏离正常值,手机将不能入网,因此,维修时测试该信号十分重要。

　　6. 维修不入网故障时,通过测量接收机解调电路输出的接收 RXIQ 信号,可快速判断出是射频接电路故障还是基带单元有故障。信号用示波器可方便地测量,所需要的接收信号是在脉冲波的顶部。若能看到该信号,则解调电路之前的电路基本没问题。

习题与思考题

　　1. 选择题

　　(1)检测射频信号的最佳测试仪器是( )

　　　A. 频率计　　　　B. 示波器　　　　C. 频谱分析仪　　　D. 万用表

　　(2)有关频率计的描述正确的是( )

　　　A. 频率计可以检测到微弱的射频信号

　　　B. 当存在多个射频信号时,频率计显示的信号频率包括所有的信号

　　　C. 一般的频率计适用于检测 1GHz 以下的不连续波无线射频信号

　　　D. 以上都不对

（3）有关示波器的描述正确的是（　　）

　　A．示波器可以检测 GSM、CDMA、WCDMA、TD-SCDMA 等手机的射频信号

　　B．示波器可以测试信号的频率、幅度

　　C．示波器测试信号频率的精度很高

　　D．以上都不对

（4）关于信号的描述，正确的是（　　）

　　A．两个信号的频率相同，则它们的幅度也相同

　　B．两个信号的频率相同且幅度也相同，则它们的相位相同

　　C．两个信号的频率相同、幅度也相同且相位相同，则它们为同一信号

　　D．以上都不对

（5）描述无线射频信号通常可以采用以下参数（　　）

　　A．频率　　　　　　B．幅度　　　　　　C．相位　　　　　　D．功率

（6）描述无线射频信号的三个基本参数为（　　）

　　A．频率　　　　　　B．幅度　　　　　　C．相位　　　　　　D．功率

（7）关于信号频谱，正确的是（　　）

　　A．信号所含各谐波的振幅、相位随频率的变化关系图称为信号的频谱图，简称频谱

　　B．分析射频信号通常需要进行信号频谱分析

　　C．信号频谱的检测只有频谱分析仪可以完成

　　D．以上都不对

（8）关于射频信号，正确的是（　　）

　　A．射频信号的基本单位是 MHz

　　B．射频信号通常指频率范围为 30MHz～1GHz 的信号

　　C．1GHz～30GHz 的信号称为微波

　　D．频率 30GHz 以上的信号称为毫米波

2．简答题

（1）恒温烙铁由哪几部分组成？一般调节到多少度？

（2）热风枪如何使用？

（3）电阻、电容等两脚小元件如何焊接？

（4）SOP 元件如何焊接？

（5）BGA 芯片植锡有哪几步？

（6）在用热风枪大面积吹焊元件时有哪些注意事项？

项目九　手机故障的检测及维修

本章导读

　　手机是由硬件和软件组成的，就像计算机一样，只有硬件是不行的，必须要在操作系统、应用软件等的支持下才能工作。本章所提到的手机软件是指手机的系统软件，也有称之为手机的操作系统，就像 Windows 是计算机的操作系统一样，本章以典型的手机软件平台讲解手机出现软件故障时的解决方法。

本章要点

- 手机软件故障的处理方法
- 手机硬件故障的检测
- 手机硬件故障维修

任务 9.1　手机软件故障的处理方法

9.1.1　手机的软件及故障现象

　　一提"手机软件"这个词，大都想到的是诸如手机炒股软件、手机 QQ 软件等，这些软件属于应用软件，是可以安装在手机上的软件，并不是手机出厂的时候所带的，主要起到增加应用功能和满足手机个性化。

　　手机的软件有两个层面，一个是系统软件，另一个是应用软件。手机系统软件的作用是管理手机的硬件让它们协调工作，控制程序的运行。智能手机和非智能手机的操作系统不同，关于智能手机的操作系统，目前使用 Linux 操作系统的人越来越多，摩托罗拉是支持该系统的手机厂商。Blackberry（黑莓）也是手机的一种操作系统，PALM 系统操作稳定性好，但近年来被更加智能化的 Windows Mobile 超过。Symbian 系统是诺基亚主打的系统。Android 是 Google 开发的基于 Linux 平台的开源手机操作系统。而 iPhone OS 是由苹果公司为 iPhone 开发的操作系统，主要供 iPhone 使用。

　　软件是相对于硬件来说的，手机软件就是手机运行的系统，比如手机的开机程序、操作指令、各种检测程序等。这些程序是以二进制形式存储于手机的存储器中。一旦这些数据出现问题，就会引起手机出现软件故障。

　　手机的软件出现故障，表现出来的现象是多种多样的，手机开机显示"联系服务商""CONTACT SERVICE""SIM 卡未被接受"等都是典型的软件故障。再如手机的开机程序出现问题，就会引起手机不开机；手机的电话簿、短信打不开，某些功能不能用，某些程序不能运行等软件故障，需要进行软件的维护维修，来排除故障。

9.1.2　免拆机软件维修

手机出现的软件故障分为存储器芯片硬件损坏和存储器中软件损坏。如果是硬件损坏，需要更换新的芯片，同时需要用通用编程器对新的芯片进行编程。如果是软件损坏，可以采用免拆机对软件升级进行修复，也可以把存储芯片从手机中取下用通用编程器对其进行重新编程两种方法解决。下面介绍手机出现软件故障后的两种维修方法。

手机出现软件故障，先不要急着对手机进行拆机维修，为避免故障扩大化，先采用免拆机的方法进行维修，看能否排除故障。要采用免拆机方法维修，需要两个前提条件：一个是手机能正常开机或不开机进入升级模式（工程模式），另一个是手机插到电脑上，能被电脑找到，否则要采用拆机的方法维修。下面介绍几种免拆机的升级平台的使用方法。

1. 摩托罗拉系列升级平台

（1）P2K Product Support Tools PST 升级平台

①运行 P2K Product Support Tools PST 升级平台，如图 9-1 所示。

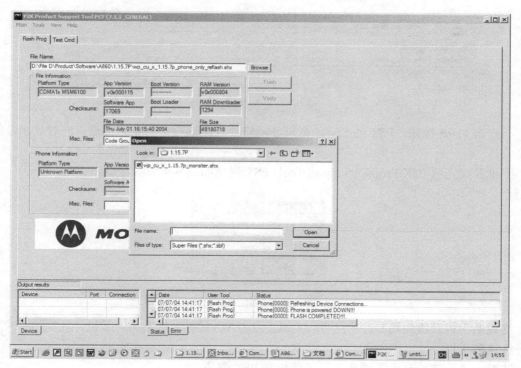

图 9-1　运行 PST

②点击 Browse 按钮，在弹出的窗口中找到需要的升级文件，点击 Open 按钮，P2K Product Support Tools PST 加载完 Flash 软件后，可以看到 Browse 框里的软件信息更改为手机软件名及路径，如图 9-2 所示。

③手机连接到 USB 数据线上，将电量充足的电池安装到手机里（确保电池接触牢固），按手机开机键打开手机，P2K Product Support Tools PST 会自动识别到手机，并在 Device 框里显示出手机连接信息（如果是第一次连接手机，PST 需要安装相应的手机驱动）。用户只需将驱动的安装路径指到 C:\Program Files\Motorola\PST，P2K Product Support Tools PST 会自动将相

应的驱动安装到系统里。注意：驱动的安装会有 3～4 次，分别是 USB 驱动、手机驱动、Modem 驱动等。驱动安装完后 PST 的 Device 框里才会显示手机连接信息。

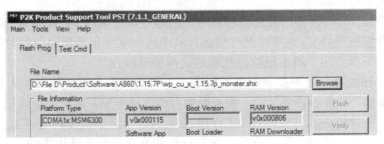

图 9-2　调入升级文件

④点击 Device 框里的 ，这样手机会自动进入 Flash 模式，P2K Product Support Tools PST 界面上的 Flash 按钮会由虚字变为可以点击的实字，如图 9-3 所示。

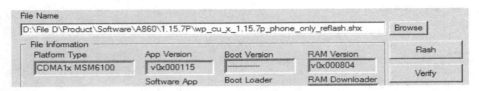

图 9-3　进入升级状态

⑤点击 Flash 按钮，PST 的 Status 框里显示软件升级过程中的状态信息。同时显示升级的进度条。

手机升级完后 P2K Product Support Tools PST 弹出如图 9-4 所示窗口。

图 9-4　升级结束提示

这说明手机升级成功！且手机自动关机。点击 Yes 按钮，接上另一手机，重复③～⑤步即可升级这部手机。

注意： 在升级工程中不能断电、不能中断 PST 程序。

（2）RSD 升级平台

①打开摩托罗拉 RSD 升级平台，如图 9-5 所示。

②点击 "…" 按钮，选择需要升级的文件，在右侧 File 窗口显示调入文件的信息。

③把手机开机，用数据线把手机与电脑连接。

④连接成功后，在 Device 窗口显示手机的信息，如 IMEI、手机内的软件版本等。

⑤点击 Start 按钮，等待升级完成。升级过程不要断电。

2. 三星升级平台——OptiFlash

①运行升级平台，如图 9-6 所示。

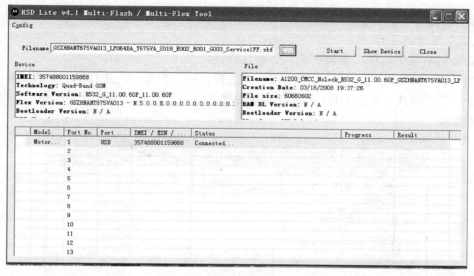

图 9-5 摩托罗拉 RSD 平台

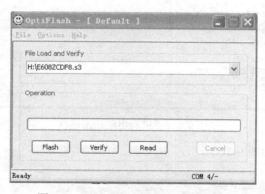

图 9-6 三星 OptiFlash 升级平台界面

②选择通信端口和速率，如图 9-7 所示。

③选择需要升级文件，如图 9-8 所示。

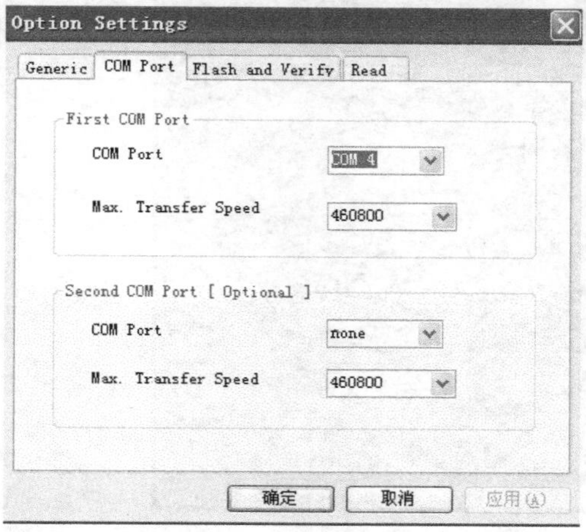

图 9-7 通信设置

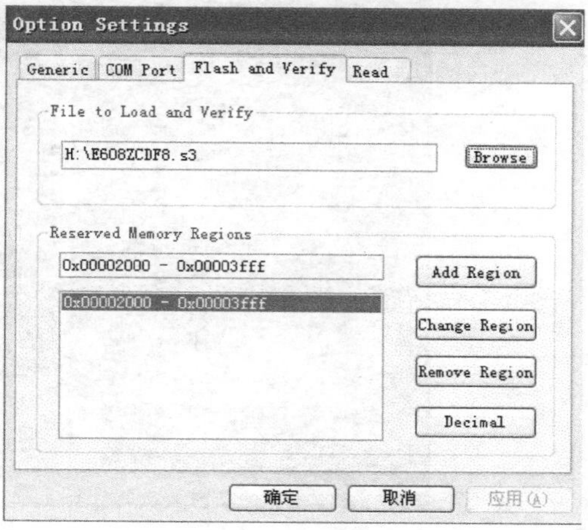

图 9-8 调入升级文件

④点击 Flash，等待升级完成。

3．诺基亚升级平台

①安装凤凰刷机软件，安装刷机包到默认路径。

②把手机与电脑相连，这时手机出现一个选择连接方式窗口，选择第一个模式连接手机，应该是 PC 套件模式（PC SUITE）或者诺基亚模式，可以看到设备管理器里驱动加载正常，如图 9-9 所示。

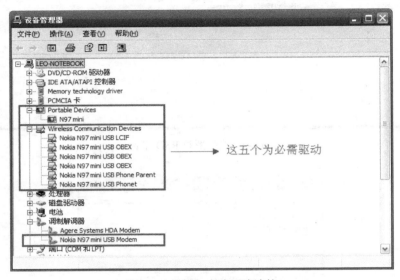

图 9-9　手机与电脑正确连接

③打开升级平台，如图 9-10 所示。

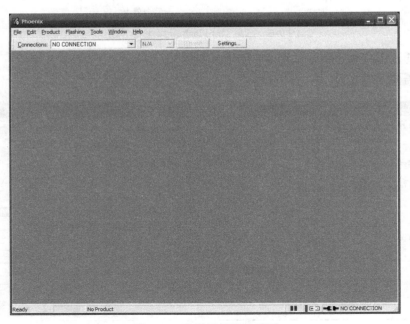

图 9-10　凤凰刷机软件界面

④下拉选择当前机型的工厂代码，如图 9-11 所示。

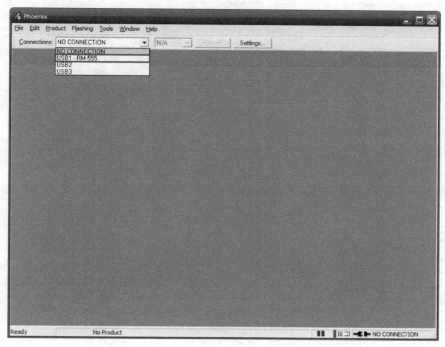

图 9-11　选择机型

⑤点击 File→Scan Product，电脑搜寻手机，如图 9-12 所示，连接到手机后如图 9-13 所示。

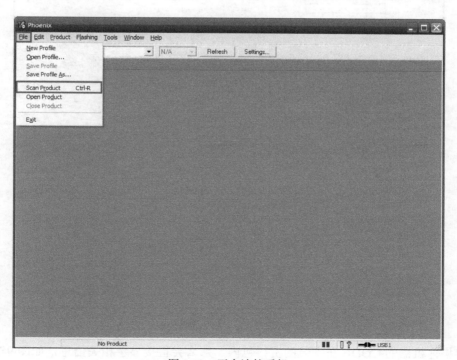

图 9-12　平台连接手机

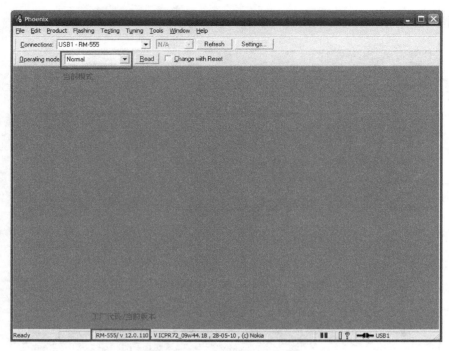

图 9-13　平台与手机正确连接

⑥点击 Flashing→Firmware Update，如图 9-14 所示。

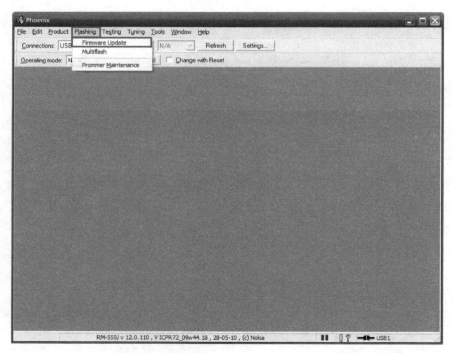

图 9-14　点击升级

⑦如果你机器的 CODE 在安装的资料包内，那么会直接显示相关信息，如图 9-15 所示，如果你机器的 CODE 不在安装的资料包内，那么会显示空白，如图 9-16 所示。

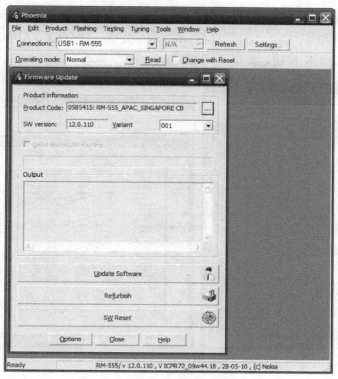

图 9-15　已安装升级资料

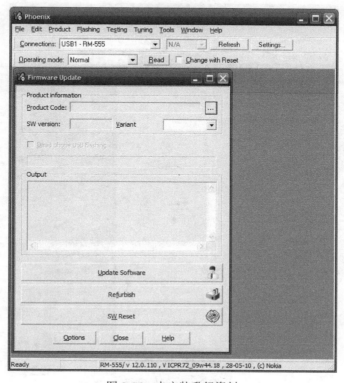

图 9-16　未安装升级资料

⑧如果是未安装升级资料，请点击旁边的"..."进行 CODE 的选择，选择有中文的 CODE，一般（S60 机型：APAC1、Singapore、Malaysia，S40 机型：APAC-X、APAC-R）地区的 CODE 都有中文，选好点击 OK 按钮，如图 9-17 所示。

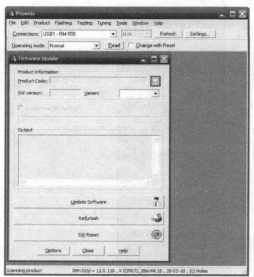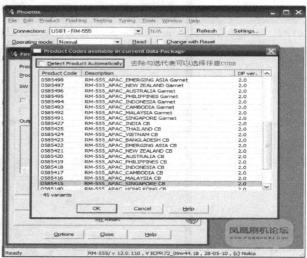

图 9-17   调入升级资料

⑨点击 SW Reset 按钮开始刷机后等待刷机完成，如图 9-18 所示。

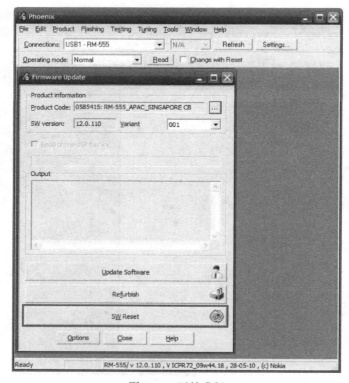

图 9-18   开始升级

9.1.3　拆机软件维修

对于手机的软件故障如果用免拆机方式进行维修后不起作用，或者手机不满足免拆机维修的条件，那么需要采用拆机的方式进行维修。拆机维修方法：需要把芯片从手机中拆下放到配有专用的适配座（见图 9-19）的通用编程器上，进行软件编程。这种维修方法较免拆机的方法难度高、风险性大，现在手机的芯片通常采用 BGA 封装形式，这需要维修员有很高的维修技能。下面介绍通用编程器的使用。

图 9-19　通用编程器适配座

（1）将编程器与电脑连接，运行编程器软件，连接成功在串口中显示"Use USB2.0(480MHz) mode connected with UP-128"，如图 9-20 所示。

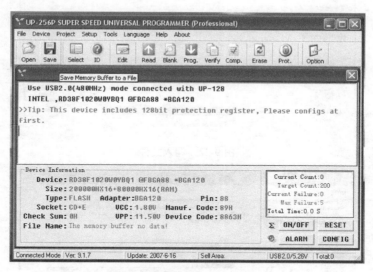

图 9-20　通用编程器软件界面

（2）把芯片放到专用的适配座上，点击 Select 按钮，选择芯片的型号，点击 OK 按钮。选择的同时在 Package 中会显示芯片的管脚排列，如图 9-21 所示。

（3）在主界面上点击 Open 找到需要写入的文件，如图 9-22 所示。

（4）点击图中" "按钮开始对芯片进行编程。

（5）如有芯片损坏或管脚接触不良，会有如图 9-23 所示提示。

（6）通用编程器的使用过程中，有些参数需要根据芯片的类型设置，如工作电压（VCC）、编程电压（VPP）等，可以在图 9-24 中设置。

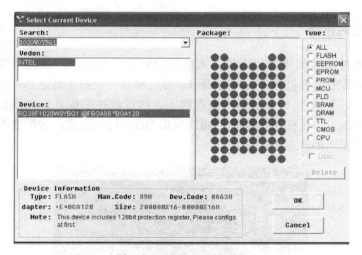

图 9-21　选择芯片的型号

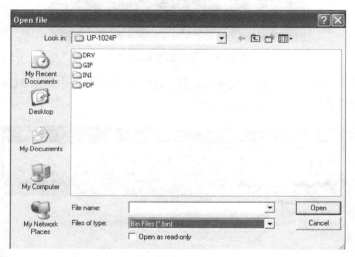

图 9-22　调入文件

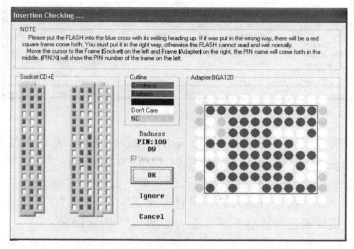

图 9-23　芯片损坏或管脚接触不良提示

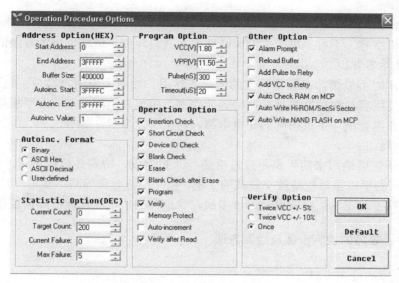

图 9-24　通用编程器设置

　　不管手机采用免拆机方式还是通用编程器方式进行了软件维修，除了确定故障排除了以外，都要对手机进行整体测试，主要检查的项目有：检查手机开机是否正常；检查手机的菜单选项是否全；检查手机的显示是否正常；检查手机是否有信号，检查手机通话是否正常；检查手机的稳定性如何等。

任务 9.2　手机硬件故障的检测

9.2.1　故障产生的原因

1. 手机的表面焊接技术的特殊性

由于手机元件的安装形式全部采用了表面贴装技术（SMT），手机线路板采用高密度合成板，正反两面都有元件，元器件全部贴装在线路板两面，且贴装元件集成芯片管脚众多，非常密集，焊锡又少，如果手机摔碰或手机受潮都容易使元件造成虚焊或元件与线路板接触不良，造成手机各种各样的故障。

2. 手机的移动性

手机随使用者位置的变换而移动，这就要求手机要适应不同的环境。手机使用的场所不同或因环境温度变化，容易造成手机各种故障。其主要表现，一是进水受潮，使元器件受腐蚀；二是受外力作用，表现为元器件脱焊、脱落、接触不良等。

3. 用户操作不当

由于用户操作不当而造成手机锁机及功能错乱现象。对手机菜单进行乱操作，使某些功能处于关闭状态，手机就不能正常使用。如来电无反应，可能是设置了呼叫转移功能；打不出电话，可能是设置了呼出限制功能。这要求维修人员必须熟悉手机的各种功能和操作使用方法。

4. 维修者维修不当

相当一部分手机故障是由维修者操作不当、胡乱拆卸、乱吹乱焊而造成的。手机在拆卸过程中，不按照正规的流程，容易造成手机主板的损伤或元器件的脱落等。有些手机维修者，拆开手机不管什么故障，先乱吹乱焊，造成故障的扩大化。一些手机维修者在维修手机软件故障时，只看手机型号，不看手机的主板和硬件版本就写软件，造成了更为复杂的故障。

5. 使用保养不当

手机在使用时不爱惜，在环境恶劣的情况下使用。如雨天使用容易使手机进水，在粉尘较多的环境下使用容易使得铁屑吸在振铃等元件上，用非专用清洗剂清洗手机造成手机腐蚀，用劣质充电器充电会损坏手机内部的充电电路，甚至引发事故，等等。

6. 质量问题

有些不是正规渠道而来的手机是经过拼装、改装而成，特别是机板质量，技术低下极易出现故障。还有的手机虽然也是数字制式的手机，但并不符合我国网络规范，因此不能正常的使用，还有一些手机在出厂前就已经维修多次，像这样的手机在出现故障后就很难再修好。

9.2.2　手机故障的检测步骤及检测方法

1. 手机故障的检测步骤

（1）先了解后动手

了解手机的功能和性能，学习操作使用和功能设置的方法。有许多手机的故障，并不是硬件或软件故障，而是用户设置有问题，所以维修者应该熟悉手机的功能，不要盲目地拆机去维修，这样容易把手机的故障扩大化。

（2）先清洁后维修

手机的很多故障，都是由于使用环境或进水进潮气而引起的，所表现出的故障现象也往往比较复杂，因此，在检修时，首先应把线路板清洁干净，排除了由灰尘或进水引起的故障后，再动手检测其他部位。

（3）先机外后机内

手机检修时要从机外开始，应首先检查菜单设置是否正确；电池是否正常，卡座、电源触片、天线等有无问题。经调试无效后，猜测可能是某部分电路存在故障的情况下，再拆机对有可能存在故障的部位进行检测。避免盲目维修性，减少不必要的损失，可大大提高检修的效率。

（4）先测量后维修

对于故障机，拆机后，要先进行必要的测量，把故障点缩小，再对故障点进行维修。

（5）先静态后动态

就是先让机器处于不通电的状态进行检查。是否接触良好，有无断线及焊接不良，元件有无烧坏等。然后处于通电的工作状态进行检查。动态检查必须经过静态时的必要检查及测量后才能进行，绝对不能盲目通电，以免短路烧坏其他电路而扩大故障。

（6）先电源后负载

电源系统是整机的供电中心，负载的绝大多数故障往往是供电源所致。在检修故障时，应首先检查电源电路，确认供电无异常后，再进行各功能电路的检查。很大一部分故障都是由于电源供电不正常造成的。

（7）先简单后复杂

单一原因或简单原因引起故障的情况占绝大多数，而同时由几个原因或复杂原因引起故障的情况要少得多。首先要检测可能引发故障中那些最直接、最简单的故障原因。不要将简单故障复杂化，不但排除不了故障，还会损坏主板扩大故障。

（8）先通病后特殊

对某一类芯片组的手机，要掌握其常出现的故障的原因。可以采用经验加简单的测试来确定故障点。不用进行复杂的测试判断，节省时间，提高维修速度。

（9）先末级后前级

先对末级电路进行检测维修。经常用于射频电路的维修，例如发射电路故障的维修，可以先测量末级功放，再往前级测量，逐级可以找到故障点。对于接收电路的检测维修，也可用类似的方法。

2．手机故障检测方法

对于手机的故障，可以利用一定的工具设备进行测量，常用的例如数字万用表、示波器、频谱分析仪等维修设备。借助于这些设备可以快速准确地查找故障点。

（1）电阻法

测量电阻的方法就是通过用数字万用表的电阻挡来检测元件的对地电阻值，判断元件或者电路是否有故障的一个常用方法。从相应的资料上找出元件对地正向电阻值和反向电阻值的标准阻值（维修资料给定）。将数字万用表黑笔接地，红笔接各点，测得各点的正向电阻；将数字万用表红笔接地，黑笔接各点，测得各点的反向电阻。通过与资料上的阻值进行比较，确定是芯片损坏还是所接外围电路故障。

（2）电压法

测量电压的方法是在手机维修中必不可少的方法。常用的方法有：打开手机，手机加电，触发手机的开机端，测电源芯片的各组输出电压的管脚是否有供电信号输出；每一路供电按供电电路的负载，逐级往下测，主要的两个部分是逻辑供电，RF射频供电；测试相关部位电路的供电，从而判断电路的故障点。

（3）电流法

测量电流的方法在维修不开机、耗电故障中占有相当重要的地位，一般不是将数字万用表串在电路中，而是采用数字显示的直流稳压电源。数字直流稳压电源可以实时地显示手机的工作电流，方便电流的观测。在维修手机不开机故障时，主要就是利用电流法。例如在按开机键时，观察开机电流变化，没电流、小电流、大电流，分别代表故障点不同。

（4）频率检测法

频率检测的方法在手机维修中也至关重要，但是需要借助像示波器、频谱分析仪等设备。手机电路中任何一个信号的频率偏移超过正常范围，都会导致手机出现故障。一般采用示波器测量一些频率较低的信号，如手机的实时时钟32.768kHz、13MHz等，用频谱分析仪对手机射频电路频率比较高的电路故障进行检修是很好的方法。通过频谱分析仪对射频信号的测试，可以很快地对手机射频故障部位进行判断。频谱检测法主要用于查找射频电路的故障，示波器可用于查找音频电路的故障。

（5）波形检测法

手机中除了电压信号以外，比较多的是控制信号，如脉冲信号等，用万用表是无法测量的，需要借助示波器。通过示波器测量信号的有无，波形是否失真，参数是否准确等。

（6）图解法

图解法就是利用流程图的方式或方框图的形式进行电路故障分析，如图9-25所示。

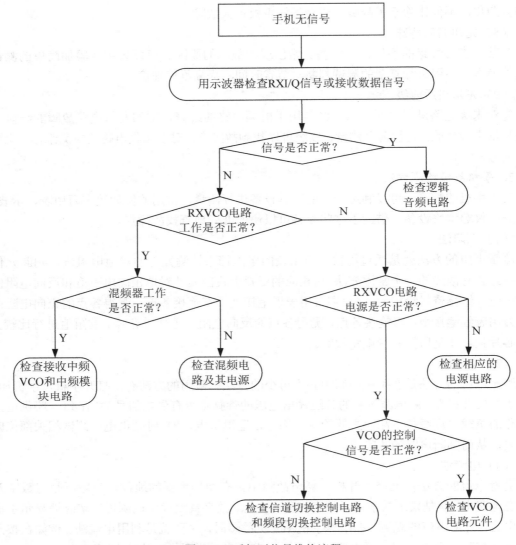

图 9-25　手机无信号维修流程

3. 移动通信终端维修的方法

（1）询问用户

首先询问故障现象、发生时间、频率，机器平时的使用情况，是否摔过或进液，是否修过等。观察手机的外观，有无明显的裂痕、缺损。例如手机自动关机，要问明是放在那里不动自己就关机了还是移动手机的时候关机，故障再现的方式不同代表了故障点的不同。

（2）掌握正确的拆装技巧

手机的外壳一般采用 PC-ABS 工程塑料，它的强度有限。手机外壳的机械结构各不相同，有采用螺钉紧固、内卡扣、外卡扣的结构，所以对于手机的安装和拆卸，要在明白机械结构的基础上，再进行拆卸，否则极易损坏外壳以及手机的主板显示屏，手机的拆卸和安装是手机维修的一项基本功。

（3）观察故障现象

打开手机之前要先观测手机的故障现象，确定不是设置引起的故障或软件故障之后再确定是否打开手机机壳。打开机盖之后，应首先对线路板作外观检查。检查排线有无断裂，元件有无虚焊和断线，有无损伤和腐蚀等，检查无误后方可进行通电观察。

（4）确定故障范围

根据故障现象，判断出引起故障的各种可能原因，大致圈定一个故障范围，以缩小故障。在维修时加焊和检测时应重点检修这些部位，对和故障毫无关系的电路不要去维修，避免故障扩大。例如手机不显示，故障跟射频电路没有关系，所以就不要去动这一部分电路。

（5）测量测试点

判断出大致的故障范围之后，可以通过测试关键点的电压、波形、频率，结合工作原理来进一步缩小故障范围，这一点至关重要。综合利用分析、测量、判断等方法最终确定引起故障的元器件。

（6）排除故障

找出故障原因后，就可以针对不同的故障进行加焊、更换故障元件等。在更换元件时，应注意所更换的元件应和原来的元件的型号和规格保持一致，因手机的元器件没有太多的可代换性，切不可对故障元件随便加以替换，以免损坏其他电路。

（7）整机测试

故障排除后，还应对机器的各项功能进行测试，使之完全符合要求，对于一些软故障，应作较长时间的通电试机，看故障是不是还会出现，等故障彻底排除了，再交予用户。

（8）记录维修日志

每修一台机器，都要作好记录。这些维修日志，是一种自我学习和提高的好办法，也为以后维修类似手机或类似故障提供了可靠的依据。

任务 9.3 手机硬件故障维修

不同品牌以及同品牌不同型号的手机，在软硬件上都有一定的差异，但是对于同一类故障，故障的分析与检修方法具有相同点。手机的故障分析与检修方法并不是固定不变的，根据手机设计的不同、电路实现的不同、故障的特点不同、维修设备的差异、维修员不同的维修思路等因素，维修的流程可以是多种多样的。

在对故障手机进行维修时，需要一些必备的维修工具和设备，焊接设备如恒温电烙铁、热风枪、数显直流稳压电源等，测量工具如数字万用表、示波器等，像频谱分析仪、手机综合测试仪等价格比较高的设备可以作为选配。所以根据手机维修所配备的工具仪器情况，检测维修的方法也不尽相同，下面根据摩托罗拉 V998 手机的故障为例，分别介绍常见故障的通用维修方法。

9.3.1 不开机

在手机的各种故障中，不开机是经常遇见的故障，同时也是手机中比较难修复的故障之一。在维修手机不开机的故障时，应该根据前面讲过的手机开机过程中需要的信号，作为主线来进行检测与维修。手机开机需要的信号有：开机触发信号、电源供电、工作时钟、复位信号、开机软件支持、开机维持信号等。对于不开机故障的检测，是以观察手机的开机电流来作为主要依据，同时测量手机开机信号，分析判断故障点。手机的开机过程已经在前面介绍，现在介绍正常手机的开机电流，如表 9-1 所示。

表 9-1 手机的开机电流

手机当前状态	参考工作电流(mA)
手机加电，未开机状态	0
按手机开机按键，手机自检运行开机软件	30～50
手机出现开机画面	150
手机进入搜索网络界面	120
手机入网	240
进入待机画面	130
背景灯熄灭	30
手机进入睡眠待机状态	6

在维修之前应询问用户手机在什么情况下出现不开机，是在正常使用情况下还是人为损坏造成，不同原因维修方法不同。

1．正常使用过程中出现不开机

对使用中出现不开机，用带有电流显示的手机维修专用直流稳压电源给手机供电，按手机开机键观察电流。

（1）按开机键，无电流显示

不论是哪一款手机，按下手机的开机键，就是给手机的开机触发端一个触发信号，让手机开机。触发信号分为两种，一种是由高电平变为低电平触发，另一种是由低电平变为高电平触发，一般采用前一种触发的较多。V998采用由高电平变为低电平触发，可以测量手机的开机键的触发端有无>3V 的高电平，由原理图和板图可知，从 J800 的第 1 脚可以测到开机触发信号，如图 9-26 所示。若测不到高电平，故障分为两种情况，一种是电池的电压没有加到电源芯片上，另一种情况是开机触发电路有问题。可以先测量电池接口到电源芯片的电路，判断是否电池电压加到供电芯片上，再测量电源的开机触发端到达开机键的通路有无问题。若都没有问题，则可能是电源芯片有问题。

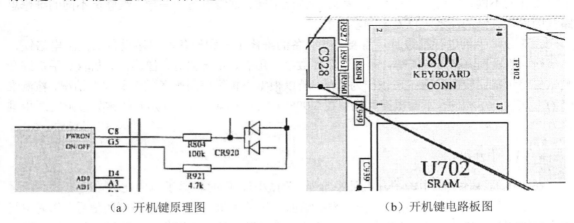

（a）开机键原理图　　　　　　　　（b）开机键电路板图

图 9-26 V998 开机触发信号测试点

（2）按开机键有电流显示，10mA 左右

这种电流重点测量的是主时钟信号和复位信号，测量主时钟信号、复位信号是否送到逻

辑电路，V998 的主时钟信号和复位信号测试点如图 9-27 和图 9-28 所示。主时钟信号用示波器可以在 C704 处测到一个 13MHz 的正弦波信号，复位信号可以用万用表在 R700 处测到一个高电平。如没有主时钟信号则测量时钟晶体和主时钟电路的供电。

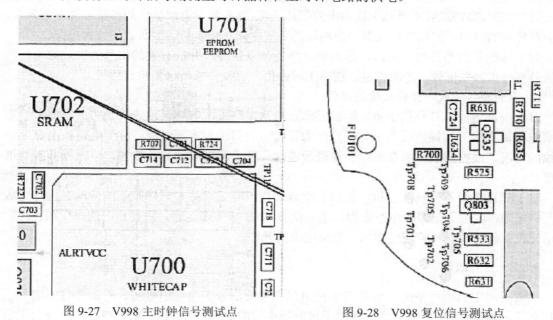

图 9-27　V998 主时钟信号测试点　　　　　　图 9-28　V998 复位信号测试点

（3）按开机键有电流显示，30～50mA 左右停顿一下归零

此种电流基本上是开机软件部分故障，分为软件损坏和硬件损坏，V998 逻辑电路中存储软件程序的芯片是 U701，如图 9-29 所示。大部分手机都有进入强制升级模式（又叫工程模式）的指令或方法，将手机进入升级模式，看手机能否与电脑联机，采用免拆机软件升级的方法试一下，写过去后看能否正常开机。如果手机和电脑不联机、写入过程中报错、写入后不开机，则说明程序存储芯片有问题，可以采用把存储芯片拆下，放到通用编程器上进行重写，不能写入则说明字库损坏需要更换。软件升级和芯片重写的方法参见本项目任务 1。

图 9-29　V998 程序存储芯片

（4）大电流不开机

对于此类故障手机，用直流稳压电源加电几秒钟后，用手去摸一下主板上的元器件，看有无发热现象。如有除电源外的元器件发热，可以先对此元件进行代换，看一下故障是否排除。如果只有电源芯片发热，不要马上认为电源芯片损坏，要先测量电源输出的各组电源有无异常。对于有异常的输出，应该先查此组输出电压的负载电路，检查是否因负载导致大电流。

对于其他类型不开机的故障，维修的思路还是以检测与开机有关的信号为主。通常检测的信号有开机触发信号、逻辑供电、逻辑主时钟信号、复位信号、手机软件等。

2．人为损坏造成不开机故障的维修

对于进液造成不开机的手机，拆机后重点检测电路板上有腐蚀痕迹的地方。在放大镜下观察电路板上有无腐蚀短线的地方，元件的管脚有无腐蚀脱落等情况。对于电路板上有腐蚀断线的情况，根据图纸，用细的漆包线进行连线；对于管脚腐蚀的元器件，可根据其参数进行更换。

对于摔过造成不开机的手机，拆机后重点要检查有无虚焊和元件脱落的情况。虚焊造成不开机故障，大部分是逻辑电路虚焊，重点检查 CPU 字库等电路，进行相应的重焊和补焊。对于元件脱落的情况，应通过图纸，更换相应的元件。

9.3.2　信号故障

手机故障中的信号故障一般是指手机出现无接收信号、接收信号弱、有信号打不出去、拨打电话困难等射频电路的故障，根据手机射频电路的原理，把手机的射频电路故障分为无信号和无发射两大类。在维修射频故障时，根据维修仪器设备等条件的不同可以分为两种维修方法，有测试设备可以根据原理图，一级一级地测量信号，去确定故障点；如设备不全可以根据原理图结合手机的特点来维修。射频部分故障的维修一般需要信号发生器和频谱分析仪。

信号的故障主要出现在射频部分，接收电路和发射电路都会引起信号的故障，在维修前需要先确定是接收电路还是发射电路引起的故障。具体方法有：

（1）手动搜网。进入手机主菜单，在手机设置中有网络设置功能。先将网络搜索方式设置为"手动搜索"，再看可用网络。手机若能够搜索到网络，屏幕出现"中国移动"或"中国联通"等，说明手机的接收电路是正常的，应去发射电路查找故障。若搜索不到网络，应先检测手机的接收通路，发射电路是否有故障还不能确定。维修无信号的思路是，先维修接收电路，再维修发射电路。

（2）看手机有无信号指示。有些手机在不插 SIM 卡的情况下，也有信号指示，如三星系列，在手机开机后，有信号指示，说明接收电路是好的，应检查发射电路；无信号指示，应先维修接收电路。

1．无信号

对于接收电路故障造成的无信号，一般维修方法是把信号发生器设置在某一信道，把信号输入到手机天线，把手机设置为接收状态，信道设置和信号发生器一致，用频谱分析仪从前级往后级测量，查找故障点。

测量信号前，需要先测量接收电路的供电电压是否正常，接收使能等信号是否正常。先测量 RXIQ 信号，如能测到，说明前级接收电路正常，故障出现在逻辑电路的基带处理部分；如测量不到，说明故障出现在接收通路。对于接收电路，依次检查天线开关电路的输入输出、高放电路的输入输出、本振电路信号、混频电路的输出等。对于逻辑电路故障，重点测一下

CPU 输出的控制信号和手机软件。

以 V998 为例，射频电路的部分板图如图 9-30 所示。手机插入测试卡长按 "#" 使手机进入测试状态，输入 "110062#" 将手机设置于 62 信道，输入 "08#" 将手机开接收。用信号发生器产生一个 947.4MHz、-70dBm 左右的信号从手机的天线注入，测一下 C1262 上有无 947.4MHz 的信号，如能测到说明前面的电路工作正常；如测不到，则检查高放电路 Q460 更换相应器件。测一下电容 C489 上有无本振信号 1347.4MHz，有说明本振正常，无则检查本振电路。测一下 C496 输出有无一中频 400MHz，如果没有说明 Q490、FL457 损坏，如果没有说明射频部分工作基本正常。

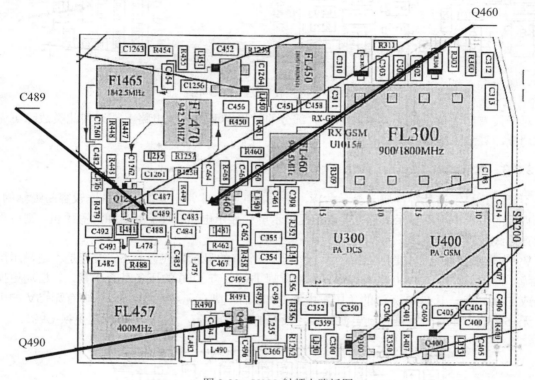

图 9-30　V998 射频电路板图

如果没有测试设备，可以根据原理图先测量接收电路元件的工作点是否正常，再采用代换的方法，重点检查一下接收电路上的各个滤波器元件。

2.　无发射

维修无发射的故障，只需要用到频谱分析仪。把手机设置于某一信道，手机开发射，用频谱分析仪逐级查找故障点。同维修接收电路一样，在测量信号前，需要先测量发射电路的供电电压是否正常，发射使能等信号是否正常。先测量 TXIQ 信号，如能测到，说明逻辑电路的基带处理部分正常，故障出现在后级的发射电路；如测量不到，说明故障出现在逻辑电路的基带处理部分。

以 V998 为例，发射 VCO 电路板图如图 9-31 所示。用测试卡进入测试状态，将手机设置于 62 信道，输入 "310#" 将手机开发射。测一下 Q455 输入上有无 902.4MHz 的信号，有说明前面的电路工作正常，无则检查发射 VCO U250 以及中频 U913 电路。测一下电容 C325 上有无信号 902.4MHz，有说明 Q455 正常，无则更换 Q455。测一下功放的输入输出使信号是否得到放大，没有放大则更换功放。

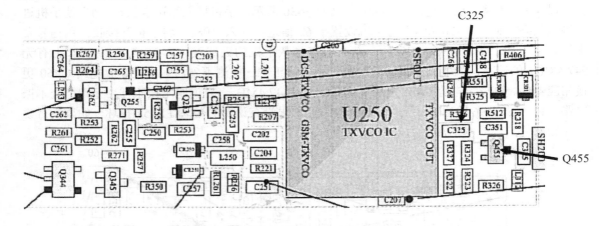

图 9-31　V998 接收和发射 VCO 电路

对于没有频谱仪维修无发射故障，大部分的故障出现在功放电路上。遇到此类故障可先更换功放，看故障是否排除。

9.3.3　显示故障

不显示、显示错乱等都属于显示故障，是手机故障中非常常见的，也是比较容易维修的。对于直板的手机出现不显示故障，重点查找显示屏和显示电路；对于翻盖和滑盖手机，则应重点检查排线及附近的电路。

V998 显示接口电路如图 9-32 所示。首先用一个好的显示屏代替一下，检查是不是显示屏的故障，查显示屏接口 J700 是否虚焊，是则重焊 J700；查 J700 的压条是否压紧，若松动更换压条或 J700；查一下 J700 旁边的负压发生器 U901 的 1 脚有无-5V 的电压，2 脚有无+5V 的电压。无+5V 的电压看一下是否到电源断线，没有的话换电源；无-5V 的电压则更换 U901。

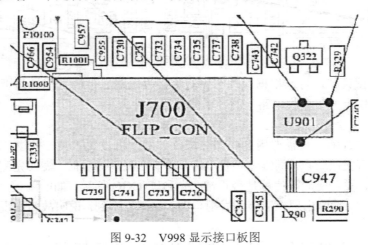

图 9-32　V998 显示接口板图

9.3.4　不读卡

不读卡的故障一般是卡的问题或接触不良等原因造成的，重点检查 SIM 卡接口是否清洁，再检查 SIM 卡的供电、I/O、复位、时钟、接地信号。

V998 不读卡故障，如图 9-33 所示，首先检查卡座 J900 有无虚焊，到电源有无断线。重焊 J900，断线到电源连线。SIM 卡座是接到电源 U900 再接到 CPU，同时给 SIM 卡提供工作电压，U900 虚焊或坏也会造成不识卡，重焊或更换 U900。

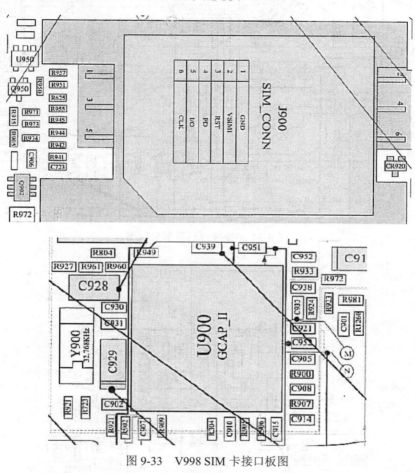

图 9-33　V998 SIM 卡接口板图

9.3.5　音频故障

手机的音频故障通常指的是，手机出现不送话、不受话、不振铃的故障。音频故障是手机中常见的故障之一。一般故障出现在相应的声电转换器件（如送话器）、电声转换器件（如听筒、振铃）的损坏。遇到故障首先检查相应的送话器、听筒、振铃等元件，然后检测信号放大电路。

V998 不送话故障，首先用代换的方法，检查是否是送话器损坏。不插卡拨打"112"或者插卡拨打电话，让手机处在发射状态，用万用表测量 C912 处是否有 2V 左右的电压，如图 9-34 所示。以上都没有问题，用示波器测量 C911、C910 处有无音频信号。如有音频信号，则 U900 芯片存在故障。

V998 不振铃故障，用万用表测量 AL900 的阻值是否正常，如图 9-35 所示。手机开机后，进入菜单调节铃音类型，用示波器测量 AL900 上有无波形，如无波形，则故障出在 U900。

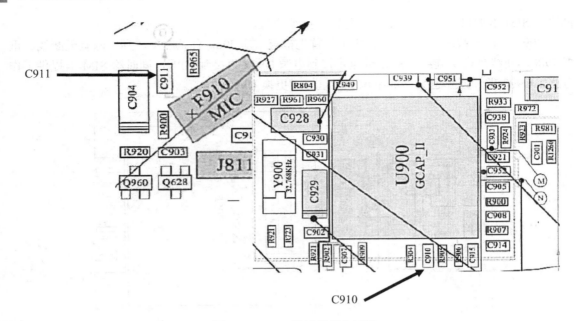

C911

C910

图 9-34 V998 送话器部分板图

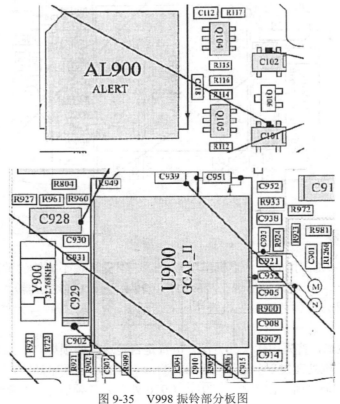

图 9-35 V998 振铃部分板图

V998 听筒无音故障，用直流稳压电源加在听筒上，看一下听筒是否能发出"咔咔"的声音，先判断听筒的好坏。用好的带排线的显示屏代换一下，排除是否排线引起的听筒无音。用示波器测量 R1000、R1001 处是否有音频信号，如图 9-36 所示。如果没有波形，故障在 U900，如图 9-37 所示。

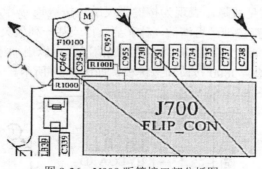

图 9-36　V998 听筒接口部分板图

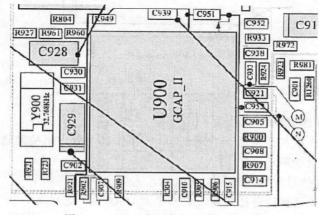

图 9-37　V998 电源音频芯片部分板图

9.3.6　充电故障

手机不充电故障也是常见故障之一，首先用代换的方法，排除是不是充电器损坏。确定是手机故障则检查充电电路。检查充电接口电路，测量充电器电压是否加到手机上。检查充电电路，如图 9-38 所示，充电二极管 CR932、限流电阻 R932、充电控制 Q932。有烧坏的元器件则更换。

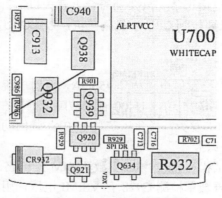

图 9-38　V998 充电部分板图

9.3.7　按键故障

按键故障也是手机常见故障，表现为按键不灵敏，按键连号等，一般是按键弹片和按键板有氧化物造成。首先检查按键是否清洁，对于某一行或某一列失灵的现象，重点测量这些按键所对应的行列扫描线是否电压不正常；对于断线情况，可以用细漆包线进行连接。

V998 按键故障重点检查 J800 接口和按键板，如图 9-39 所示。

图 9-39　V998 按键接口板图

9.3.8　V998 维修实例

故障实例：V998 摔过出现不送话

拆机检修：拆机仔细观察主板，发现 R900 没了，装上此电阻故障修复。R900、R965 是摔机引发无送话的常见故障点。

故障实例：V998 摔过出现无送话、无受话、无铃音

拆机检修：送、受话且铃音都没有，更换电源 U900 后不起作用，拆下电源 U900 和 CPU U700，测量主板间的连线，发现电源 U900 的 F5 脚到 CPU U700 的 D7 脚断路，用漆包线连线焊回 U900 和 U700，开机后试机修复。

故障实例：V998 手机无受话

拆机检修：在插入耳机状态下试机也无受话音，用万用表测量电源 U900 的受话输出端 H6、H7，发现与 H6 相通的 C952 和与 H7 相通的 C953 均无输出电压，拆下电源 U900 用万用表的短路挡测主板的焊盘与两个电容无断线，更换电源 U900 后装机试机故障排除。

故障实例：V998 手机翻盖自动关机

拆机检修：检测手机打电话正常，只要翻盖合上就关机，拆机用风枪取掉屏蔽罩后，开机用手指压主板试机，发现只要按到 CPU 手机就关机，说明 CPU 虚焊，加上焊油用风枪补焊，装机后试机修复。

故障实例：V988 手机发射大电流

拆机检修：拨 112 试机手机发射电流达到 450mA，发射电流明显偏高，拆下 1800M 功放 U300 试机故障依旧，再拆下 900M 功放 U400 试机故障依旧存在，继续拨打 112 用手摸手机主板，发现负压产生芯片 U901 发烫，换负压芯片 U901，装回功放后试机发射电流正常。

故障实例：V998 手机不识卡

拆机检修：手机进入测试状态输入"38#"激活 SIM 卡电路，测量到 J900 的供电脚时无 VSIMI 电压，拆下逻辑部分屏蔽罩检测 C928 有 VSIMI 电压，用漆包线连到 SIM 的第 2 脚，装卡试机故障排除。

故障实例：V998 手机不开机

拆机检修：此手机测量有 5V 电源，U900 各输出电压也正常，13MHz、32.768kHz 时钟也正常，判断故障应该在逻辑电路。对 RAM 进行重新植锡不起作用，用编程器重写 U701，多次写资料还是不能开机，更换 CPU U700，手机故障排除。

故障实例：V998 进水无信号

拆机检修：进水机拆机发现主板腐蚀，放进超声波清洗仪里用清洗剂清洗后取出吹干试机，手机电流在 50mA，检测中频 13MHz 信号，故障出在 13MHz，检测 13MHz 通路正常，发现中频 U913 左下角的 R1002 处无 5V 供电，而 R1002 是由 Q920 供电，拆下逻辑屏蔽罩发现 Q920 管脚已腐蚀出锈痕，且多处元器件也同样腐蚀出锈痕，用牙刷在超声波清洗仪里刷干净后吹干试机，手机出现信号。

故障实例：V998 手机无信号

拆机检修：在中频与 J6 脚相通的 R255 测 13MHz 频率和强度都正常，在 Q340 的 4 脚有接收启动信号，测 C240 有 RF_V1，测 C242 也有 RF_V2，测 C223 无 RF_V2，从 C956 连线 RF_V2 试机故障排除。

故障实例：V998 摔过不开机

拆机检修：拆机主板加上直流稳压电源，手机 550mA 漏电不开机，拆下逻辑部分屏蔽罩加电用手试温，找漏电故障点，电源 U900、CPU U700 无发热，拆下射频部分屏蔽罩发现功放发烫，拆下两个功放试机不漏电，手机为正常开机电流，换好的功放装上主板又漏电，在根据电路图检测到功放供电电路时，发现 R331 摔脱落，U330 的 4 脚无 R331 送过来的高电平，功放供电 U330 会输出发射电流，造成手机大电流不开机，根据对应阻值找到相应电阻装上，故障排除。

故障实例：V998 漏电 100mA

拆机检修：拆机主板加上维修电源，手机 100mA 漏电，用手测温找漏电故障点，当触摸到 Q950 时明显过热，更换故障排除。

故障实例：V998 开机出现"非认可电池"

故障分析：手机电池类型检测由 CPU 直接控制，开机出现"非认可电池"故障是由 CPU 虚焊损坏或 Q950 损坏造成，排除故障要重植更换 CPU、更换 Q950。

故障实例：V998 开机背景灯不亮

故障分析：V998 开机既无按键灯又无背光灯，大多是 LED 供电故障。

拆机检修：加上维修电源单板开机，测量内联 J800 的键盘灯及背光灯供电输出端第 2 脚、第 4 脚无电压，无正常的 3V 供电，怀疑 LED 供电管 Q939 坏，拆下逻辑部分屏蔽罩，用万用表电压挡测量 Q939 无输出电压，更换后装上按键板开机 LED 点亮，装屏蔽罩、装机故障排除。

故障实例：V998 摔过不开机

拆机检修：拆机单板加大电流，CPU U700 明显过热，更换小电流后不开机，怀疑是软件故障，重写软件后电流依旧，把主板放到放大镜台灯下仔细观察，发现 32.768kHz 时钟晶体已损坏，更换时钟晶体后试机故障排除。

故障实例：V998 手机显示缺行

故障分析：这种故障通常都是液晶显示器或显示器的接口故障引起。

故障检修：更换 LCD 或显示器的接口。

故障实例：V998 出现非认可电池

故障分析：用万用表的电阻挡测 V2 与电池接口的 BAT-SER-DAT（电池数据）有短路情况，确定 CPU 出现故障使其检测不到电池数据，出现非认可电池，更换 CPU 后试机修复。

故障实例：V998 手机不开机

故障检修：接上维修电源，手机不开机，电流在 10mA 左右抖动一下回零，短路开机维持信号，手机电流在 20mA 左右。测 V1=2.75V；V2；V3 供电正常，但有时电流又回落到 10mA，测 13M 无，测 R224 无 13M，再测 26M 正常，说明中频 U913 坏导致 13M 不正常，更换中频 U913 后不起作用，取下中频 U913 仔细观察发现中频与 Q240 的线已断路，连线后装回 U913 手机故障排除。

故障实例：V998 进水机不认卡

拆机检测：发现读卡器各脚的供电、时钟、复位、数据都不正常，仔细观测发现 Q902 各管脚腐蚀严重，取下 Q902，把主板清洗干净更换 Q902 后试机故障排除。

故障实例：V998 软件故障不开机

故障检修：用维修电源给手机供电，按下开机键，电流上升到 40mA 左右就停顿下来，怀疑是软件故障不开机。写过软件后手机仍不开机，取下程序存储器，用通用编程器重写，装回试机故障排除。

故障实例：V998 信号不稳定

故障检修：此机在无信号时手动菜单里能寻找到网络，说明收信部分正常，测功放正常，再测发射功率偏低，拆掉发射滤波器，直接短路，故障排除，更换新的发射滤波器。

故障实例：V998 手机能开机、接听电话，但手机无显示

故障分析：根据故障现象可知，手机无大的问题，V998 手机的这种故障通常出在翻盖排线、显示器电路，且以翻盖排线出故障居多。可将故障机拆开，观察翻盖排线上是否有折断的痕迹，更换 LCD 排线。

故障实例：V998 手机能打出、打入电话，但手机信号指示灯不能正常工作

故障分析：这种故障通常是其按键板上磁控管故障所致，少部分是其信号灯电路 Q805 工作不正常所引起，仔细检查按键板，判断磁控管是否损坏，其次检查信号灯电路。

故障实例：V998 手机能接听电话，但手机无翻盖功能

故障分析：无翻盖功能的故障通常都是其翻盖功能控制管（霍尔元件）损坏所致。直接查找霍尔元件，多数为损坏，更换即可。

故障实例：V998 手机背景灯不亮

故障分析：背景灯不亮，通常是背景灯控制电路和按键板接口接触不良所致。首先用一个好的按键板替换，开机如手机背景灯仍不能工作，则可怀疑故障在驱动电路 Q939。更换一个新的 Q939 器件，一般故障可排除。

故障实例：V998 手机能打电话，但听不到对方声音

故障分析：能打电话听不到声音说明手机故障是接收音频故障，应检查接收音频路径。利用测试指令"434#""36#"启动手机的音频回路。用示波器检查主机板与翻盖的连接座，在连接座处如能检查到音频信号，说明接收音频处理电路正常，故障应在翻盖上。此时可用万用表检查听筒，如其电阻无穷大，说明听筒损坏，更换听筒即可。如在连接座处不能检查到音频信号，则应检查前面的通路，甚至可能 U900 损坏。

故障实例：V998 手机大电流不开机

故障分析：大电流不开机，首先检查 B＋V1V2V3 对地阻抗值是否偏小（引起大电流）；

若某一组阻值偏小，检查相应负载，可解决。

故障实例：V998 手机小电流不开机

故障分析：小电流不开机，首先把开机维持信号接高电平，测量 V2＝2.75，V3＝1.8V，VQEF=2.75V，VBOOT1=5.6V；若不正常检查 L901、CR902 及 U900；若正常检查 U913 上的 13MHz；若没有，测量 Q201 上的 RF_V1、Q202 上的 RF_V2 及 U200、Y230；若正常，测 CPU 送出 CE0 片选信号是否正常；若没有则检查 U700；若正常则检查 U701、U700，一般可以解决小电流不开机问题。

故障实例：V998 手机不充电

1）当插入电池显示非认可电，测量电池触片 J604 第②脚（此脚为电池温度线）、J604 第③脚（此脚为电池数据线）是否为 2.75V，若是 2.75V 则换 U700，若数据线电压 1.8V 则 C603 漏电，换掉。

2）当插入电池显示有电池符号，插入充电器则电池符号消失，拔掉充电器符号又显示正常，这种现象一般为温度线电压故障，测 J604 第②脚电压，若是 2.75V 则换 U900。若电压为 0.6V 左右，则检查 Q628、R628、R627 或换掉。

3）当插入充电器，手机自动开机一般为 U900 损坏。

4）当插入充电器，显示二格但始终充不满电为 U700 故障。

故障实例：V998 手机写软件能通过，手机不开机，按开机键，电流上升到 50mA 处停留一会，然后回落到零。

故障检修：电流在 50mA 处能停留一会，说明 CPU、暂存和电源之间已经成功通信，手机不开机可能是软件资料不对引起的。用软件盒写资料手机能联机，也可顺利写过软件，但是手机不能开机，排除软件问题，重植电源 U900 试机，手机开机。

故障实例：V998 手机不开机

故障检修：按开机键，手机电流升到 40mA 停顿一下再升到 60mA，然后回落到零，把中频拆下测其各点的对地阻值，发现 J9#的对地阻值无穷大（正常值应为 1K，正反向阻值一样）。仔细观察 J9#的连线，发现电容 C227 的根部有一条裂缝，用线连好，装好中频试机故障排除。

故障实例：V998 手机合上翻盖自动关机

故障现象：打开翻盖，手机一切正常，合上翻盖 10 秒后自动关机

故障检修：故障机的 U703 的 2#波形没有，拆下 R712 测其输入端对地阻值为无穷大，说明 R712 到 U700 的 F3#已经断线，连线后故障排除。

故障实例：V8088 手机无信号

故障检修：插上维修电源试机，电流从 40mA 上升到 80mA 轻微回落到 70mA 处抖动约 3 秒，再向 110 处一抖然后回落到 10mA，判断故障出现在接收部分，重焊中频试机，手机可以找到网络，信号也稳定。

故障实例：V998 进水机发射关机

故障检修：把 900M 和 1800M 功放全部摘下，手机进入测试，键入"310#"，手机没有关机，更换 Q104，装上功放，开机故障排除。

故障实例：V998 无信号

故障检修：试机手机没有信号，进入功能菜单查找手机能搜到网络。打开射频部分屏蔽罩，加焊 900M 功放。装好试机手机出现信号，但不能发射，判断是手机发射功率小造成的，换一功放不起作用，拆下更换发射滤波器，故障排除。

故障实例：V8088 时无信号

故障检修：检查发现，手机在有信号的时候打 112 发射信号会一个一个往下掉，手机发射的时候掉信号是因为手机的功率控制部分没有工作，手机不能自行调节发射功率造成的。更换功控 U340 后，故障排除。

故障实例：V998 进水无信号

故障检修：手机进入测试状态，键入"310#"，发射正常。检测接收部分测量 U913 的 C2 脚无供电，测量 R228 断路，更换电阻 R228，故障排除。

故障实例：V8088 摔后无信号

故障检修：手机进入测试状态，键入"310#"有发射故障点，可初步判断在接收部分。检测 R1002 的时候发现该电阻的上端没有 5V 电压。用万用表测其阻值为无穷大，正常值应为 33Ω，直接短路 R1002 后 OK。

故障实例：V998 不开机

故障检修：测量电源 U900 输出各路电压，多路电压偏低不正常，更换电源 U900 无作用，测 V1 的电压低，把稳压管 Q920 拆掉、中频拆掉，VREF 的电压没有变化，还是 1.2V，在电容 C923、C924 处测 CPU-V2 电压的对地阻值，正常，在电容 C926、C927 处测 CPU-V3 电压的对地阻值只有 9K（正常为 16.8K），V3 的负载电路元件是 CPU U700，很可能局部损坏，更换后故障排除。

故障实例：V998 开机不正常

故障现象：能开机但不正常，按键声音时有时无，LCD 显示时有时无。

故障检修：在电容 C704 处测 13M 发现波形很小，用频率计测其频率，测量 16M，拆下中频 U913，主板上几个焊盘点都已腐蚀氧化，清洗干净后，装回重植过中频 U913，故障排除。

故障实例：V998 无信号

故障检修：手机进入测试状态，键入"310#"，手机有发射，发射电流正常，测量到 Q262 的 C 极时，发现电压为 2.63V 比正常的 1.6V 要高，更换 Q262 后故障排除。

故障实例：V998 发射关机

故障检修：手机进入测试状态，再键入"310#"，启动发射电路，手机电流上升到 500mA 静止不动，用手触摸一下功放很烫手，毫无疑问是功放短路引起的大电流，大电流又导致手机发射关机，更换功放后故障排除。

故障实例：V998++睡眠电路引起的开机不正常

故障现象：手机能开机但不维持，还没有完全开机就自动关机了

故障检查：仔细观察发现 U703-1# 连着的电阻 R701 已经错位，和 1# 连着的那一端连到了 R702 上，把其焊好试机，手机开机正常。

故障实例：V998 不开机

故障检修：在卡座下方的测试点测 32.768kHz 时钟的波形和频率，发现其频率正常，但波形不正常，把时钟晶体拆掉后再试机，手机能正常开机。可见 32.768kHz 晶体已经摔坏，更换好的晶体后试机，开机正常。

故障实例：V998 进水大电流不开机

故障检修：怀疑是 CPU 损坏，拆下后再试机，还是大电流，用表测 C926、C927 的对地阻值为 0，直接对地短路；仔细观察 CPU 四周和 V3 有直接关系的元件，发现 C738 的两端已经短路，更换后，再测 C926 对地阻值恢复正常，装上 CPU 故障排除。

故障实例：V998 进水找网关机

故障检修：手机进入测试状态后键入"310#"，手机不关机，进行射频各供电端检查，在 Q101 的 5#测-5V-SW 电压为-0.24（正常值应为-0.8V 左右），Q101 的 5#电压由 Q104 提供，此电压不正常很可能是 Q104 不正常引起的，更换 Q104 后故障排除。

故障实例：V998 软件引起的背光灯不正常

故障现象：用尾插供电时，背光灯能亮，用电池供电背光灯不亮。

故障检修：拆下主板，用尾插供电，测 Q939-2#的 BKLT-EN 背光灯使能控制信号电压 2.8V 正常，在 Q939 的 4#、5#测 BKLT+电压 2.8V 正常，在按键板接口的 1#、3#测 BKLT+电压 2.8V 正常，用电池供电，测 Q939 的 2# BKLT-EN 电压为 0V。由于 BKLT-EN 电压受 CPU 直接控制，又和软件有关系，此机的背光灯用尾插供电时能亮，怀疑软件有问题。重写软件后故障排除。

故障实例：V998 无信号

故障检修：手机进入测试状态，再键入"310#"，手机发射电流正常，发射电流 300mA，通过以上检查，初步判断此机故障点在接收部分，检查到电阻 R492 时测 SW-VCC 电压为 0.6V，此电压不正常，正常值应为 1.2V，SW-VCC 电压受中频 U913 控制，更换中频 U913 后试机正常。

故障实例：V998 能入网，打电话正常，待机大电流

故障检修：此机的大电流显然不是 CPU 短路引起的，因为手机是搜索到网络的时候才有大电流，逐个触摸发射部分的可疑元件，发现功放发热，更换无作用，把发射滤波器拆下后，再试机，手机发射关机，更换一新的发射滤波器故障排除。

故障实例：V998 进水不开机

故障检修：检测到字库的 D8#波形不正常，一般是 CPU、暂存、电源三者之间不能正常通信造成的，拆下字库再测 V1 是 2.75V。本着先简后繁的原则，先更换暂存，更换暂存后试机故障排除。

故障实例：V988 进水不开机

电流反映：按开机键电流上升到 100mA，随即回零。

故障检修：检查电容 C703 处测放大后的 13M 信号没有，拆下 U701 测其各脚电压和波形，在字库的 D8#测不到正弦波，在字库 B8#的时候发现其电压不正常（正常时应为 0.92V，此机是 0 伏），拆下暂存后字库 B8#的对地阻值为无穷大，CPU 的 C13#、字库的 B8#、暂存的 A5# 三者之间已经断线。拆下 CPU 后，从 CPU 的 C13#连线到暂存的 A5#，手机电流到 40mA 处能停留 2～3 秒再回零。用软件盒和手机不能联机，在电容 C929 处测 V1 只有 3.9V，更换一新的电源后，再用软件盒试机能与手机联机，测 V1 电压已为正常时的 5V，把 U701 用通用编程器写好资料装回，手机能正常开机。

故障实例：V988 大电流

故障检修：用万用表测 C926、C927 的对地阻值正常，测 C923、C924 的阻值，发现其对地阻值变小，断开逻辑部分供电电压，限流电阻 R732、R735、R737 电流没有变化，在 C923、C924 处测电压为 0V，更换一新的电源块无作用，拆下 U701 字库，电流恢复正常，V1 也有 5V，换新的 U701 写好资料装上试机 OK。

故障实例：V998 小电流漏电

故障检修：漏电 20mA，先把 Q942 去掉，加电没有漏电，在 Q942 的 5 脚焊一根导线，3.6V 直接加在 Q942 的 5 脚也没有漏电，将 Q942 的 1、2、3 和 5、6、7、8 脚短路，加电无漏电，说明电源部分也正常，所以确定是 Q942 漏电所致，更换 Q942 故障排除。

9.3.9　V998 部分测试指令

01#　退出手动测试模式

02xxyyy#　显示/修改发送功率级　DAC 和装　PA 校准表

03x#　DAI

05x#　开始执行错误处理器测试

07x#　关闭接收音频通道

08#　打开接收音频通道

09#　关闭发送音频通道

10#　打开发送音频通道

11xxx#　设置信道 ABC=000～124

12xx#　将发送功率级设置为固定值

13x#　显示内存块的使用情况

14x#　设置内存满的条件

15x#　发声

16#　关闭发声器

19#　显示呼叫处理器的 S/W 版本号

20#　显示调制解调器的 S/W 版本号

22#　显示语音编码器的 S/W 版本号

24x#　设置步进 AGC

25xxx#　设置连续 AGC

26xxxx#　设置连续 AFC

31x#　启动伪随机序列- with Midamble

32#　启动 RACH Burst 序列

33xxx#　与 BCH 载波同步

34xxxyy#　配置 TCH/FS，允许 TCH 回环 w/o 帧确认指示

36#　开始声音回环

37#　停止测试

38#　激活 SIM

39#　使　SIM 无效

40#　开始发送全　1

41#　开始发送全 0

42#　禁止回声处理

43x#　改变音频通道

45xxx#　提供蜂窝功率级

46#　显示当前 AFC DAC 值

47x#　设置声音大小

51#　允许侧音

52#　禁止侧音

57#　初始不可变内存

58#　显示安全码

58xxxxxx#　修改安全码

59#　显示锁定码

59xxx#　修改锁定码

60#　显示 IMEI

61#　显示 LAI 的 MCC 部分

61xxx#　修改 LAI 的 MCC 部分

62#　显示 LAI 的 MNC 部分

62xx#　修改 LAI 的 MNC 部分

63#　显示 LAI 的 LAC 部分

63xxxxx#　修改 LAI 的 LAC 部分

64#　显示定位更新状态

64x#　修改定位更新状态

65#　显示 IMSI

66xyyy#　显示/修改 TMSI

67#　显示 PLMN 选择器

68#　显示被禁 PLMN 名单

69x#　显示/修改密钥序列号

70xxyyy#　显示/修改 BCCH 分配表

71xx#　显示内部信息

72xx#　显示被动失效码

73xyyy#　显示/修改标记控制块

7536778#　开始转移到闪存

9820# DCS　模式

9821# GSM　模式

9822# PCS　模式

9823# PGSM&DCS1800

项目小结

1. 手机系统软件的作用是管理手机的硬件让它们协调工作，控制程序的运行。不管手机采用免拆机方式还是采用通用编程器进行了软件维修，除了确定故障并排除了以外，还都要对手机进行整体测试。

2. 手机硬件故障产生的原因：手机的表面焊接技术的特殊性、手机的移动性、用户操作不当、维修者维修不当、使用保养不当、质量问题。手机故障检测方法：电阻法、电压法、电流法、频率检测法、波形检测法、图解法。

3. 手机的故障分析与检修方法并不是固定不变的，根据手机设计的不同、电路实现的不同、故障的特点不同、维修设备的差异、维修员维修思路的不同等因素，维修流程可以是多种多样的。

习题与思考题

1. 简述手机故障产生的原因。
2. 简述手机故障的检测步骤。
3. 简述手机故障检测方法，说明各种方法的思路。
4. 简述手机故障的维修顺序。
5. 简述手机的开机电流。
6. 手机的工作电流对维修有哪些意义。
7. 对于人为损坏的手机在维修时要重点检查哪些？
8. 简述三无故障的维修思路。

附录　中英文缩写对照表

AB	Access Burst	接入突发（脉冲序列）
ADPCM	Adaptive Differential Pulse Code Modulation	自适应差值脉冲编码调制
AGCH	Access Grant Channel	允许接入信道
AIP	Application Interface Part	应用接口部分
AMPS	Advanced Mobile Phone Service	先进移动电话服务
AMR	Alarm Monitor Report	告警、监测报告
APC	Automatic Power Control	自动功率控制
ARQ	Automatic Report Request	自动重发请求
ASK	Amplitude Shift Keying	移幅键控
ATM	Asynchronous Transfer Mode	异步转移模式
AUC	Authentication Center	鉴权中心
BCC	Base-station Color Code	基站色码
BCH	Broadcast Control Channel	广播控制信道
BCS	Block Check Sequence	块校验序列
BCCH	Broadcast Channel	广播信道
BCU	Base Control Unit	基本控制单元
BER	Bit Error Rate	比特误码率
BSC	Base Station Controller	基站控制器
BSIC	Base Station Identification Code	基站识别码
BSS	Base Station Sub-system	基站子系统
BTS	Base Transceiver Station	基站收发信台
CAI	Common Air Interface	通用空中接口
CBSC	Centralized BSC	集中基站控制器
CCH	Control Channel	控制信道
CCCH	Common Control Channel	公共控制信道
CCITT	International Telegraph and Telephone Consultative Committee	国际电报电话咨询委员会
CCP	CDMA Channel Processor	CDMA 信道处理器
CCPCH	Common Control Physical Channel	公共控制物理信道
CCU	Channel Codec Unit	信道编解码单元
CDMA	Code Division Multiple Access	码分多址
CELP	Code Excited Linear Prediction(Coding)	码激励线性预测（编码）
CI	Cell Identity	小区识别码
CM	Code-Division Multiplexe	码分复用
CMS	CDMA Mobile System	CDMA 移动（通信）系统
CN	Core Network	核心网
CONS	Connection Oriented Network Service	面向连接的网络服务
COT	Central Office Terminal	局端机
CPCH	Common Packet Channel	公共分组信道
CPICH	Common Pilot Channel	公共导频信道
CRC	Cyclic Redundancy Check	循环冗余校验
CS	Coding Scheme	编码方案
CS	Circuit Switch	电路交换
CS-ID	Cell Station Identity	基站识别号

CSMA-CD	Carrier Sense Multiple Access Collision Detection	带冲突检测的载波侦听多路访问
DB	Dummy Burst	空闲突发（脉冲序列）
DCA	Dynamic Channel Allocation	动态信道分配
DCH	Dedicated Channel	专用信道
DCCH	Dedicated Control Channel	专用控制信道
DL	Downlink	下行链路
DTE	Data Link Connection Identifier	数据链路连接标识
DOA	Direction of Arrival	到达角
DPCH	Dedicated Physical Channel	专用物理信道
DPCCH	Dedicated Physical Control Channel	专用物理控制信道
DS	Direct（Sequence）Spread（Spectrum）	直（接序列频谱）扩（展）
DSCH	Downlink Shared Channel	下行共享信道
DSI	Digital Speech Interpolation	数字语音插空
DSP	Digital Signal Process	数字信号处理
DTMF	Double Tone Multi-Frequency	双音多频
DTX	Discontinuous Transmission	间断传输
DwPTS	Downlink Pilot Time Slot	下行导频时隙
EDGE	Enhanced Data Rates for the GSM Evolution	GSM 演进的增强数据速率
EIR	Equipment Identity Register	设备识别寄存器
ERP	Equipment Radiated Power	等效辐射功率
ETSI	European Telecommunication Standard Institute	欧洲电信标准协会
FACCH	Fast Associated Control Channel	快速随路控制信道
FACH	Forward Access Channel	前向接入信道
FB	Frequency-correction Burst	频率（校正）突发（脉冲序列）
FBI	Feedback Information	反馈信息
FCCH	Frequency Correction Channel	频率校正信道
FCS	Frame Check Sequence	帧校验序列
FDD	Frequency Division Duplex	频分双工
FDM	Frequency Division Multiplexed	频分复用
FDMA	Frequency Division Multiple Access	频分多址
FEC	Forward Error Correction	前向纠错
FER	Frame Error Ratio	误帧率
FH	Frequency Hopping	跳频
FM	Frequency Modulation	调频
FMUX	Fiber Optic Multiplexer	光纤多路复用器
FOX	Fiber Optic Extender	光纤扩展（模块）
FPACH	Fast Physical Access Channel	快速物理接入信道
FR	Frame Relay	帧中继
FSK	Frequency Shift Keying	频移键控
FSU	Fixed Subscriber Unit	固定（电话）用户单元
GCI	Global Cell Identity	全球小区识别码
GGSN	Gateway GPRS Supporting Node	网光 GSN
GLI	Group Link Interface	群线路接口
GMSC	Gateway MSC	网关 MSC
GMSK	Gauss-Minimum Shift Keying	高斯最小频移键控
GPRS	General Packet Radio Service	通用分组无线业务
GPS	Global Position System	全球定位系统
GSM	Global System for Mobile Communication	全球移动通信系统

GSN	GPRS Supporting Node	GPRS 支持节点
GTP	GPRS Tunnel Protocol	GPRS 隧道协议
GW	Gateway	网关
HCOMB	Hybrid Combiner	混合合路器
HLR	Home Location Register	归属位置寄存器
HON	Handover Number	切换号码
HSTP	High Signaling Transfer Point	高级信令转接点
IADU	Intergrated Antenna Distribution Unit	天线分配单元
ID	Identification/Identity/Identifier	识别/识别码/标识符
IDC	Instant (Frequency)Departure Circuit	瞬时频偏控制电路
IF	Intermediate Frequency	中频
IMEI	International Mobile Equipment Identity	国际移动设备识别码
IMSI	International Mobile Subscriber Identity	国际移动用户识别码
IMT2000	International Mobile Telecommunication 2000	国际移动电信 2000
IP	Internet Network Protocol	互联网协议
IPv4	IP version 4	IP 版本 4
ISDN	Integrated Service Digital Network	综合业务数字网
ISO	Internatioal Organization for Standardization	国际标准化组织
ISP	Internet Service Provider	互联网服务提供商
ISUP	ISDN User Part	ISDN 用户部分
ITU	International Telecommunication Union	国际电联
IWF	Inter Working Function	互连功能
LA	Location Area	位置区
LAC	Location Area Code	位置区代码
LAI	Location Area Identifier	位置区标识
LAN	Local Area Network	局域网
LCI	LPA Controller Interface	线性功率放大控制器接口
LCS	Location Service	定位服务
LCX	Leak Coaxial Line	泄漏同轴电缆
LLC	Logical Link Control	逻辑链路控制
LNA	Low Noise Amplifier	低噪声放大器
LPA	Linear Power Amplifier	线性功率放大器
LPC	Linear Predictive Coding	线性预测编码
LS	Local Switch	本地局
LSTP	Low Signaling Transfer Point	低级信令转接点
MAC	Medium Access Control	媒体接入控制
MAP	Mobile Application Part	移动应用部分
MC	Multi Carrier-wave	多载波
MCC	Mobile Country Code	移动国家代码
MCC	Multi-Channel CDMA Controller	多信道 CDMA 控制器
MCPP	Mobile Call Processing Part	移动呼叫处理部分
MCU	Main Control Unit	主控制单元
ME	Mobile Equipment	移动设备
MM	Mobile Management	移动性管理器
MS	Mobile Station	移动台
MSC	Mobile Service Switching Center	移动业务交换中心
MSISDN	Mobile Subscriber ISDN Number	移动用户 ISDN 号
MSRN	Mobile Subscriber Roaming Number	移动用户漫游号码
MT	Mobile Terminated	移动终端

MTP	Message Transfer Protocol	消息传输协议
MSK	Minimum(Frequency)Shift Keying	最小频移键控
MUD	Multi-user Detection	多用户检测
MX	Mobile Exchange	移动交换机
NB	Normal Burst	普通突发（脉冲序列）
NCC	Network Color Code	网络色码
NDC	National Destination Code	国内目的码
NIU	Network Interface Unit	网络接口单元
N-PDU	Network PDU	网络协议数据单元
NSAPI	Network SAPI	网络 SAPI
NSS	Network Subsystem	网络子系统
OAM	Operation And Maintenance	操作和维护
OMC	Operation Maintenance Center	操作维护中心
OSI	Open Systems Interconnected	开放系统互联
OSS	Operation Subsystem	操作子系统
P-TMSI	Packet Temporary Mobile Subscriber Identity	分组临时移动用户识别码
PACCH	Packet Associated Control Channel	分组随路控制信道
PAD	Packet Assembler/Disassembler	分组装拆器
PAGCH	Packet AGCH	分组 AGCH
PAS	Personal Access System	个人通信接入系统
PBCCH	Packet BCCH	分组 BCCH
PC	Power Control	功率控制
PCCCH	Packet CCCH	分组 CCCH
PCF	Packet Control Function	分组控制功能
PCH	Paging Channel	寻呼信道
PCM	Pulse Code Modulation	脉冲编码调制
PCPCH	Physical Common Packed Channel	物理公用分组信道
PCU	Packet Control Unit	分组控制单元
PD	Path Delay	路径时延
PDCH	Packet Data Channel	分组数据信道
PDCCH	Packet Data Control Channel	分组数据控制信道
PDN	Packet Data Network	分组数据网络
PDP	Packet Data Protocol	分组数据协议
PDSCH	Physical Downlink Shared Channel	物理下行共享信道
PDSN	Packet Data Service Node	分组数据服务节点
PDTCH	Packet Data Traffic Channel	分组数据业务节点
PDU	Packet Data Unit	分组数据单元
PDU	Power Distribution Unit	电源分配单元
PHS	Personal Hand-phone System	个人手机系统
PICH	Paging Indication Channel	寻呼指示信道
PIN	Personal Identification Number	个人识别码
PLL	Phase-Locked Loop	锁相环路
PLMN	Public Lands Mobile Network	分组陆地移动网络
PN	Pseudo-Noise	伪噪声
PNCH	Packet Notification Channel	分组通知信道
PPCH	Packet PCH	分组 PCH
PPP	Point-to-Point Protocol	点到点协议
PRACH	Packet RACH	分组 RACH
POTS	Primal Old Telephone System	普通老式电话系统

PS	Packet Switch	分组交换
PS	Personal Station	个人台（手机）
PSC	Primary Sync Code	主同步码
PSK	Phase Shift Keying	移相键控
PSLC	Personal Location Service Center	定位服务中心
PSPDN	Packet Switched Public Data Network	公众分组交换数据网
PSTN	Public Switching Telephone Network	公众电话交换网
PTCH	Packet TCH	分组 TCH
PTM	Point-to-Multipoint	点到多点
PTM-G	PTM Group Call	PTM 组播
PTM-M	PTM Multicast	PTM 多播
PTP	Point-to-Point	点到点
PUK	Personal Unlock	个人（SIM 卡）解锁码
QCELP	Qualcomm CELP	Qualcomm 码激励线性预测
QoS	Quality of Service	服务质量
QPSK	Quaternary Phase Shift Keying	四相移相键控
RA	Routing Area	路由区
RAC	Routing Area Code	路由区代码
RACH	Random Access Channel	随机接入信道
RAI	Routing Area Identity	路由区识别码
RAN	Radio Access Network	无线接入网
RAND	Random	随机数
RCP	Radio Control Protocol	无线（链路）控制协议
RF	Radio Frequency	无线频率
RFDS	Radio Frequency Diagnose Subsystem	射频诊断子系统
RFMF	Radio Frequency Modulation	射频调制解调器
RLC	Radio Link Control	无线链路控制
RP	Radio Port	基站
RPC	Radio Port Controller	基站控制器
RPE-LTP	Regular Pulse Excited-Long Term Prediction	规则脉冲激励长期线性预测
RRC	Radio Resource Controller	基站控制器
RSL	Radio Signaling Link	无线信号链路
RSSI	Received Signal Strength Indicator	接收信号强度
RTD	Round Trip Delay	环回时延
RTNMS	Real-Time Network Management System	实时网络管理系统
RX	Receiver	接收机
SACCH	Slow Associated Control Channel	慢速随路控制信道
SAP	Service Access Point	业务接入点
SAPI	Service Access Point Identity	业务接入点标识
SB	Sync Burst	同步突发（脉冲序列）
SCCP	Signaling Connect Control Part	信令连接控制部分
SCH	Sync Channel	同步信道
SDCCH	Stand-alone Dedicate Control Channel	独立专用控制信道
SDMA	Space Division Multiple Access	空分多址
SGSN	Service GPRS Supproting Node	服务 GSN
SID	Silence Description	寂静描述
SIF	Station Interface	基站接口
SIM	Subscriber Identity Module	用户识别模块
SIR	Signaling Interface Rate	信噪比

SMGW	Short Message Gateway	短消息网关
SMSC	Short Message Service Center	短消息中心
SMS	Short Message Service	短消息业务
SN	Subscriber Number	用户号码
SNDCP	Subnetwork Dependent Convergence Protocol	子网依赖汇聚协议
SP	Signaling Point	信令点
SRES	Signed Response(authentication)	已签字的（鉴权）响应
SS	Switching Subsystem	交换子系统
SSDT	Site Selection Diversity Transmission	站点选择发射分集
TA	Time Advance	时间提前
TACS	Total Access Communication System	全接入通信系统
TCAP	Transaction Capabilities Application Part	事务处理能力应用部分
TCH	Traffic Channel	业务信道
TCU	Transceiver Control Units	收发控制单元
TCP	Transmission Control Protocol	传输控制协议
TDD	Time Division Duplex	时分双工
TDM	Time Division Multiplexed	时分复用
TDMA	Time Division Multiple Access	时分多址
TD-SCDMA	Time Division-Sync Code Division Multiple Access	时分—同步码分多址接入
TE	Terminal Equipment	终端设备
TFI	Transport Format Indicator	传输格式指示
TFCI	Transport Format Combination Indicator	传输格式组合指示
TH	Time Hopping	跳时
TID	Tunnel Identifier	隧道标识
TM	Tandem	汇接局
TMSC	Tandem MSC	汇接 MSC
TMSI	Temporary Mobile Subscriber Identity	临时移动用户识别码
TLLI	Temporary Logical Link Identifier	临时逻辑链路标识
TPC	Transmit Power Control	发射功率控制
TS	Time-Slot	时隙
TS	Toll Switch	长途局
TSTD	Time Switched Transmit Diversity	时间交替发送分集
TTI	Transmission Time Interval	传送时间间隔
TUP	Telephone User Part	ISDN 电话用户部分
TX	Transmit	发信
UDP	User Datagram Protocol	用户数据报协议
UHF	Ultra High Frequency	超高频
UIM	User Identity Module	用户识别模块
UL	Uplink	上行链路
UMTS	Universal Mobile Communication System	全球移动通信系统
UNI	User and Network Interface	用户和网络的（无线）接口
UpPTS	Uplink Pilot Time Slot	上行导频时隙
USF	Uplink State Flag	上行链路状态标识
UTRAN	UMTS Terrestrial Radio Access Network	UMTS 陆地无线接入网
VHF	Very High Frequency	甚高频
VLR	Visited Location Register	访问位置寄存器
VPN	Virtual Private Network	虚拟专用网
VMSC	Visited MSC	访问 MSC

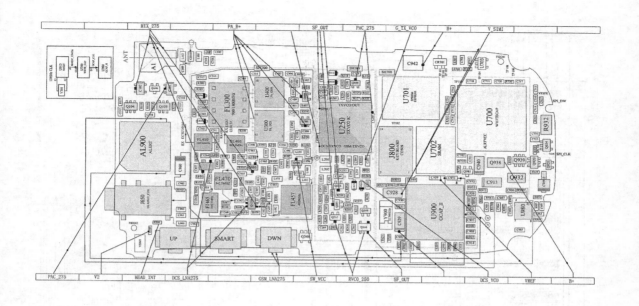

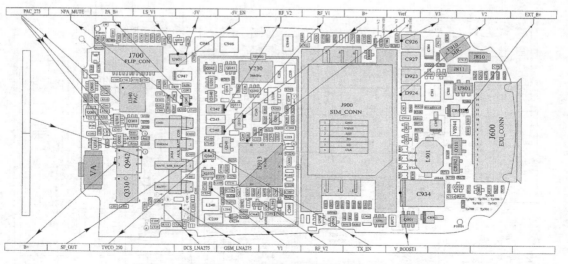

附图1　摩托罗拉 V998 型手机机板故障维修及信号流程图

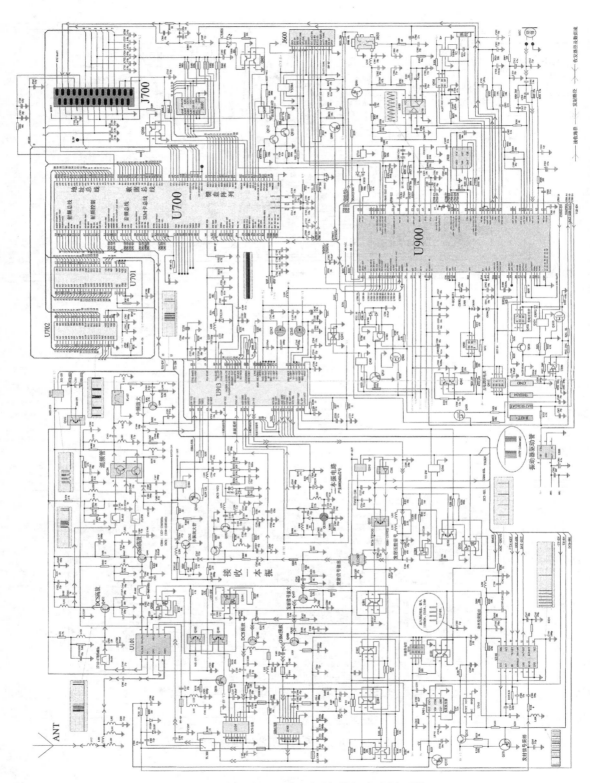

附图 2　摩托罗拉 V998 型手机整机电路原理图

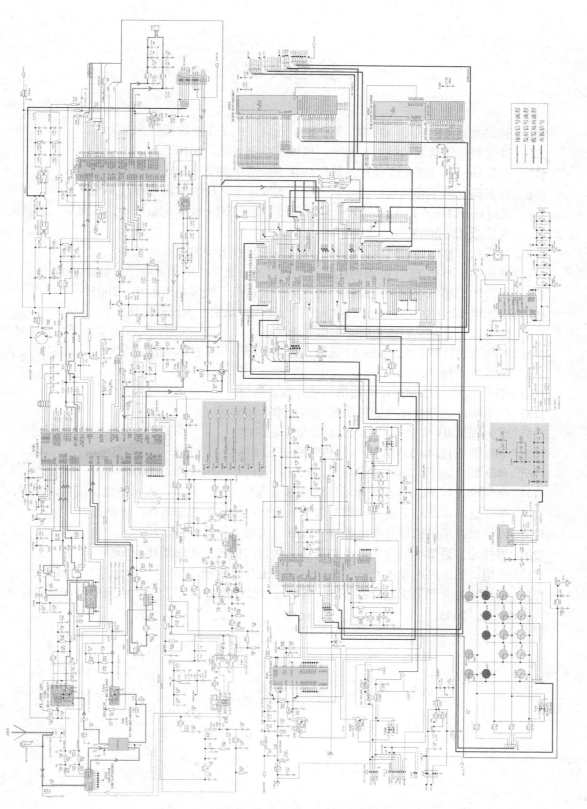

附图 3　诺基亚 3310 型手机整机电路原理图

参考文献

[1] 孙龙杰. 移动通信与终端. 第 2 版. 北京：电子工业出版社，2007.

[2] 罗文兴. 移动通信技术. 北京：机械工业出版社，2010.

[3] 李斯伟. 移动通信无线网络优化. 北京：清华大学出版社，2014.

[4] 张重阳. 数字移动通信技术. 西安：西安电子科技大学出版社，2006.

[5] [芬] Harri Hntti Toskala 著，陈泽强等译. WCDMA 技术与系统设计. 北京：机械工业出版社，2005.

[6] 崔雁松. 移动通信技术. 西安：西安电子科技大学出版社，2010.

[7] 谢显中. 基于 TDD 的第四代移动通信技术. 北京：电子工业出版社，2009.

[8] 罗凌等. 第三代移动通信技术与业务. 北京：人民邮电出版社，2005.

[9] 李怡滨等. CDMA2000 1x 网络规划与优化. 北京：人民邮电出版社，2009.

[10] 邮电部设计院. YD5003-94 电信专用房屋设计规范. 北京：人民邮电出版社，1995.

[11] 邮电部设计院. YD5039-97 通信工程建设环境保护技术规定. 北京：北京邮电大学出版社，1997.

[12] 李军. TD-SCDMA 移动通信系统开发及进展. 电信科学. 2002（8）.

[13] 樊明辉. 第四代移动通信系统网络技术. 2005.

[14] 郎为民. 4G 关键技术研究. 信息通信，2007.

[15] 李世鹤. TD-SCDMA 第三代移动通信系统标准. 北京：人民邮电出版社，2003.

[16] 孙立新. 第三代移动通信技术. 北京：人民邮电出版社，2001.

[17] 佟学俭，罗涛. OFDM 移动通信技术原理与应用. 北京：人民邮电出版社，2008.

[18] 李延廷. 移动通信设备原理与维修. 北京：机械工业出版社，2008.

[19] 陈子聪. 手机原理及维修教程. 北京：机械工业出版社，2008.

[20] 周祥瑜. 通信终端设备原理与维修. 北京：机械工业出版社，2006.

[21] 金明. 通信终端设备维修. 北京：机械工业出版社，2008.

[22] 劳动和社会保障部教材办公室. 用户通信终端维修员（中级）. 中国劳动社会保障出版社，2005.